GAO DENG JI GOU YUAN LI
JI QI YING YONG

朱莉莉　王广欣　著

高等机构原理及其应用

上海科学技术文献出版社
Shanghai Scientific and Technological Literature Press

图书在版编目（CIP）数据

高等机构原理及其应用 / 朱莉莉等著．—上海：上海科学技术文献出版社，2018
ISBN 978-7-5439-7731-0

Ⅰ．①高… Ⅱ．①朱… Ⅲ．①机构学—教材 Ⅳ．①TH112

中国版本图书馆 CIP 数据核字 (2018) 第 171116 号

责任编辑：应丽春
封面设计：袁 力

高等机构原理及其应用
GAODENG JIGOU YUANLI JIQI YINGYONG
朱莉莉 王广欣 著
出版发行：上海科学技术文献出版社
地 址：上海市长乐路 746 号
邮政编码：200040
经 销：全国新华书店
印 刷：常熟市华顺印刷有限公司
开 本：787×1092 1/16
印 张：15.25
字 数：315 000
版 次：2018 年 9 月第 1 版 2018 年 9 月第 1 次印刷
书 号：ISBN 978-7-5439-7731-0
定 价：68.00 元
http://www.sstlp.com

内容简介

《高等机构原理及其应用》共分8章，对机械学的经典理论及最新研究成果做了较全面的阐述。本书主要介绍了机械结构理论、机构运动分析的解析法、导引机构综合、函数机构综合、导向机构综合、平面高副机构理论基础及其设计、组合机构的分析与综合以及机械系统动力学。《高等机构原理及其应用》可作为“机械设计及理论”专业的研究生教材，也可供从事机械学理论研究与机械设计的科技人员参考。

前　言

机构学是在机械力学基础上逐步发展起来，研究各种机械中有关机构的结构、运动和受力等共性问题的一门学科。高等机构学则是在机构学的基础上继续深入地研究机械结构、机构运动分析和各种常用机构的综合及其应用。

本书在十年前就已经初建架构，这十年来在研究中不断丰富其内容，希望能将成熟的理论成果，例如完整的导引机构综合、函数机构综合、导向机构综合以及常用组合机构的分析与综合都集于本书，可以帮助读者更好地利用这些科研成果，使之转化为生产力，或者启迪自己的思维，在生产、教学和科研工作中得到进一步的发展和创新。为了能让读者快速地领会书中的内容，也将机构学的一些基本理论基础，例如机械结构和运动分析等基本理论、机械系统动力学等知识列于书中，方便读者查阅。

本书旨在为从事机械设计与制造的设计和研究人员提供进一步学习机构原理和进行专题研究时的理论基础，亦可作为机械学、机械设计与制造等相关专业的研究生教材。高等机构学是机械设计及理论学科研究生的主要学位课程之一，本书在内容上选择了宽口径的模式，由简入繁，可以为硕士生课程选用。各高等工科学校可以结合自己的专业特点，选用本书作为研究生教材，只需结合各自的特色适当增减教学内容即可。

在本书的编写过程中，汪萍教授和侯慕英教授提供了大量研究成果，王广欣副教授在本书内容、体系、方法等许多方面都做了大量工作，一些研究生也在公式推导与录入方面做了很多有意义的贡献，在这里向他们表示感谢。在本书的出版过程中，万朝燕教授也给予了作者大力支持和帮助，作者深表感谢。

限于作者的水平和时间，本书必然存在不少的缺点和错误，恳请读者和各方面专家批评指正。

作　者

目　录

第一章
机构结构理论

1 平面机构结构分类

机构的分类常用如下两种方法：

1）实用分类法。这是按机构外形特征进行分类的一种方法。例如，将机构划分成连杆机构、凸轮机构、槽轮机构等。此种分类法的目的主要是为了便于对这些同类机构的特性和设计方法进行分析研究。

2）结构分类法。这是按机构组成原理将机构拆分成基本组后，根据基本组类型进行分类的方法。例如，将机构分成Ⅰ级机构、Ⅱ级机构等。此种分类法的目的是为了便于针对各种基本组所具有的共同特征，建立起系统、规范的运动分析和力分析的方法，以及建立结构综合的基本理论体系。

在机械原理课程中，主要采用前一种分类法，而本章着重于讨论结构分类法，以便建立系统的结构理论和分析方法。

1.1 平面机构组成原理

按照俄国机构学者阿苏尔（Accyp）提出，以后又被发展了的机构学派的观点认为：机构是由一个或若干个自由度为零的运动链依次联接到原动件和机架上去而组成的。这些自由度为零的不可再拆分的杆组称为基本组。此种组成原理以后逐步发展成为机构结构学的理论基础。

图 1.1 是按阿苏尔组成原理将机构分解成基本组的图形。

由机械原理课程知，机构自由度与原动件数目是相等的，因此若在图 1.1 的机构中将原动件和机架分离出来，则剩下的是一个自由度为零的从动件杆组。这个从动件杆组还可以拆分成更小的自由度为零的三个杆组，这三个不可再拆分的自由度为零的杆组称为基本组（也称阿苏尔组）。由此可以认为：图示机构是依次将基本组 3、2、1 联接到原动件和机架上而形成的。这就是阿苏尔机构学派所提出的机构组成原理。

根据这一结构理论，当设计新机构时，可以按照将一个个基本组依次联接到原动件和

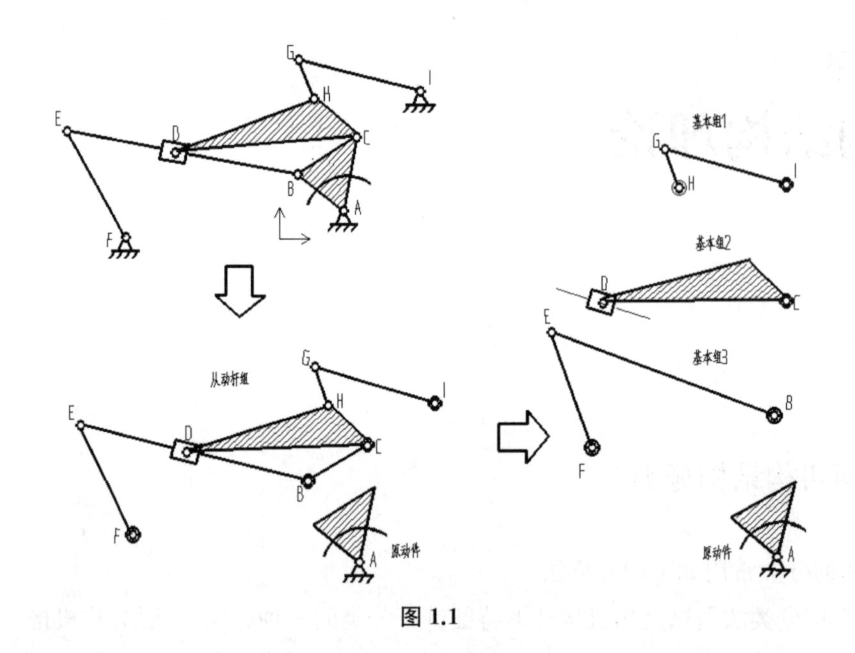

图 1.1

机架上去的过程进行；反之，对已有机构进行运动分析或力分析时，将基本组一个个拆下来，然后按基本组的级别采用相应的规范化方法进行分析。

拆分基本组应遵循如下原则进行：

1）沿传动路线，由离原动件最远的构件处开始拆分；

2）拆下来的杆组必须是不可再拆分的最简单的自由度为零的杆组；

3）当拆下一部分杆组后，剩下部分仍应是一个自由度与原机构相同的完整机构；

4）基本组内不含机架，拆分到最后剩下的是联接于机架的原动件。

1.2　基本组的属性与分类

1.2.1　基本组的属性

1）由于基本组是不可再拆分的自由度为零的杆组，因此其构件数 n 和运动副（指低副）数目 p 之间必有如下关系

$$3n-2p=0 \tag{1.1}$$

按 n、p 必为整数的要求，则有以下各种搭配

$$\left.\begin{matrix} n=2 & p=3 \\ n=4 & p=6 \\ n=6 & p=9 \\ \cdots\cdots & \end{matrix}\right\} \tag{1.2}$$

2）基本组具有运动的确定性。这一属性可由其自由度为零来说明。自由度为零意味着基本组没有独立运动的可能性，只要基本组中与外部相联接的运动副在某瞬时已有

确定的位置，则基本组中各构件的位置在该瞬时也必是确定的，因此该瞬时的速度、加速度也是确定的。

3）基本组具有力学静定性。由机械原理课程知，转动副约束反力有大小方向两个未知数，移动副约束反力有大小、作用点两个未知数，所以 p 个低副共有 $2p$ 个未知数；而每个构件可列出三个独立的力平衡方程式，n 个构件可列出 $3n$ 个方程式。按式(1.1)有 $3n=2p$，这说明基本组中约束反力的未知数数目与力平衡方程数目相等，故必为静定的。

1.2.2　基本组的级和序

基本组的分类有几种不同的学说，目前广泛应用的是前苏联科学院院士阿尔托包列夫斯基(Apmoбoлebcкuй)学说。此学说是按基本组中存在的封闭廓形的最多边数来分级，按与外部相联接的运动副数目来分序进行分类。图 1.2 表示了三种基本组分级分序的例子。

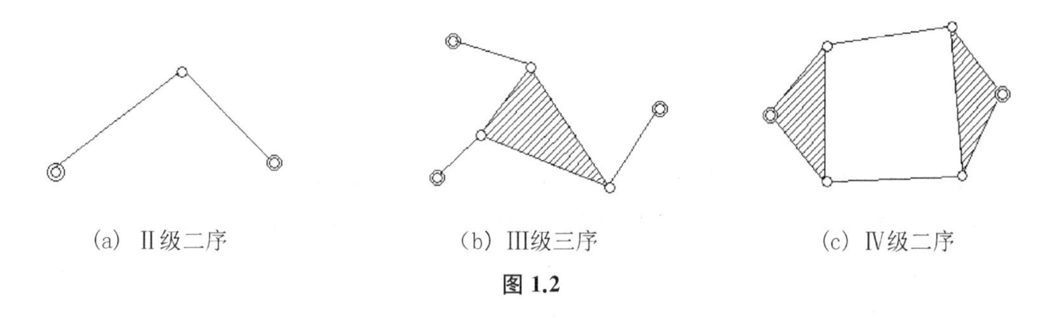

图 1.2

图 1.3 是一些较为常见的Ⅱ、Ⅲ、Ⅳ级基本组的结构型式。

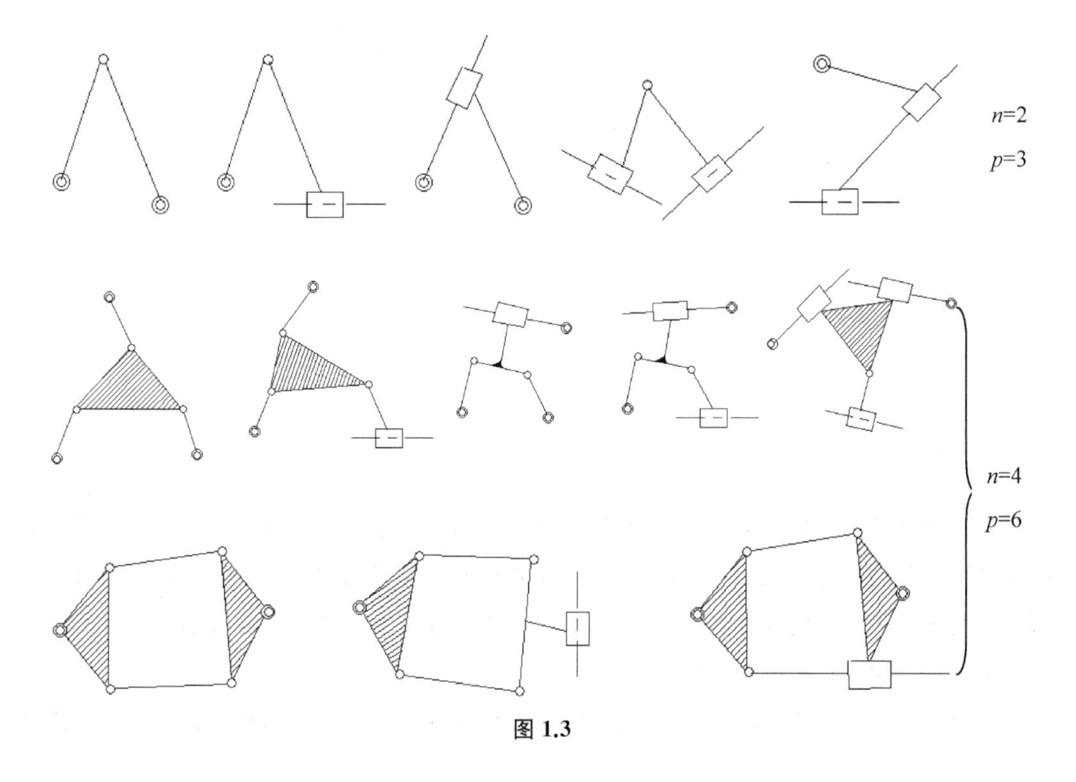

图 1.3

图 1.4 为几种较为复杂的基本组结构型式。

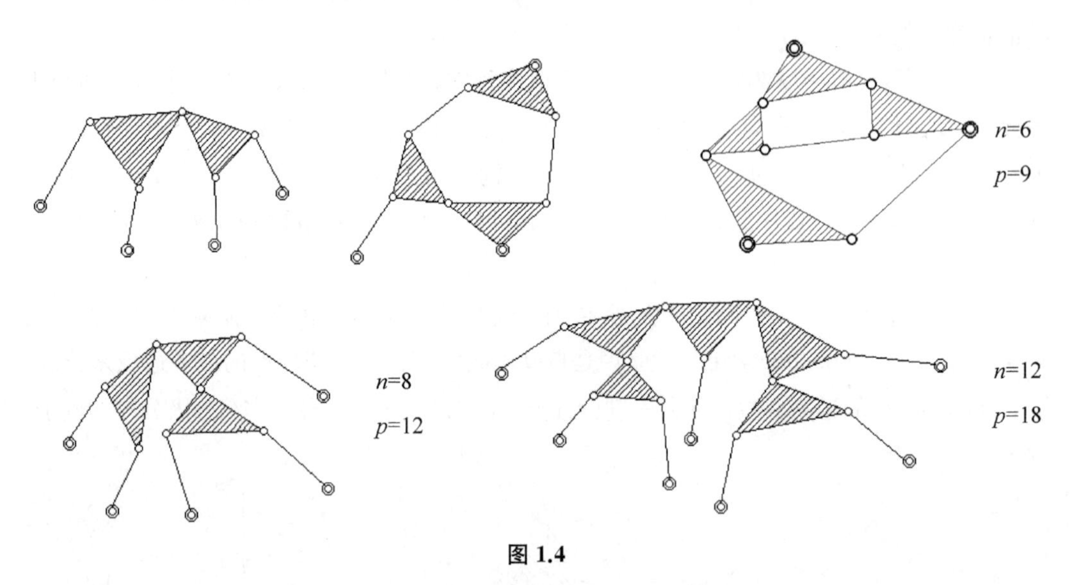

图 1.4

目前机械中还广泛应用着液压或气动的动力源。在这种情形下，往往是原动件不与机架相连，而动力源存在于基本组中的液压油缸或气缸之中，这种带有动力源的基本组称为有源基本组。有源基本组是普通基本组的推广和延伸，其自由度已不再为零，自由度数与缸数相等。图 1.5 是几种不同级别的有源基本组。

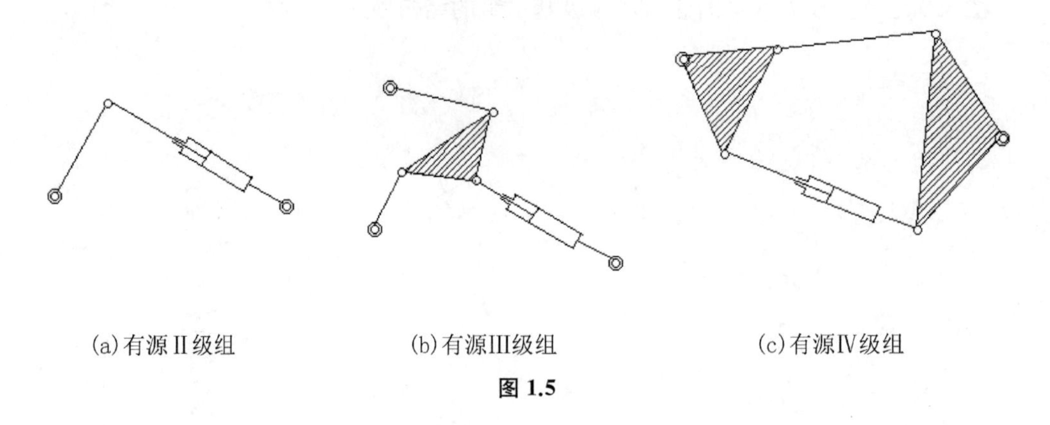

(a)有源Ⅱ级组　(b)有源Ⅲ级组　(c)有源Ⅳ级组

图 1.5

1.3　机构的级别

机构的级别按拆分出来的若干基本组中的最高级别的基本组来确定。例如，图 1.6 中的机构，可以拆分出一个Ⅱ级基本组和一个Ⅲ级基本组，则机构属于Ⅲ级机构；而图 1.7 所示的液压式铲斗机构，可拆分出四个Ⅱ级基本组，其中二个属于有源Ⅱ级基本组，因此该机构尽管结构比较复杂，仍属于Ⅱ级机构。

上面介绍的全是低副机构。如果机构中尚含有高副，则为了分析研究的方便，可根据

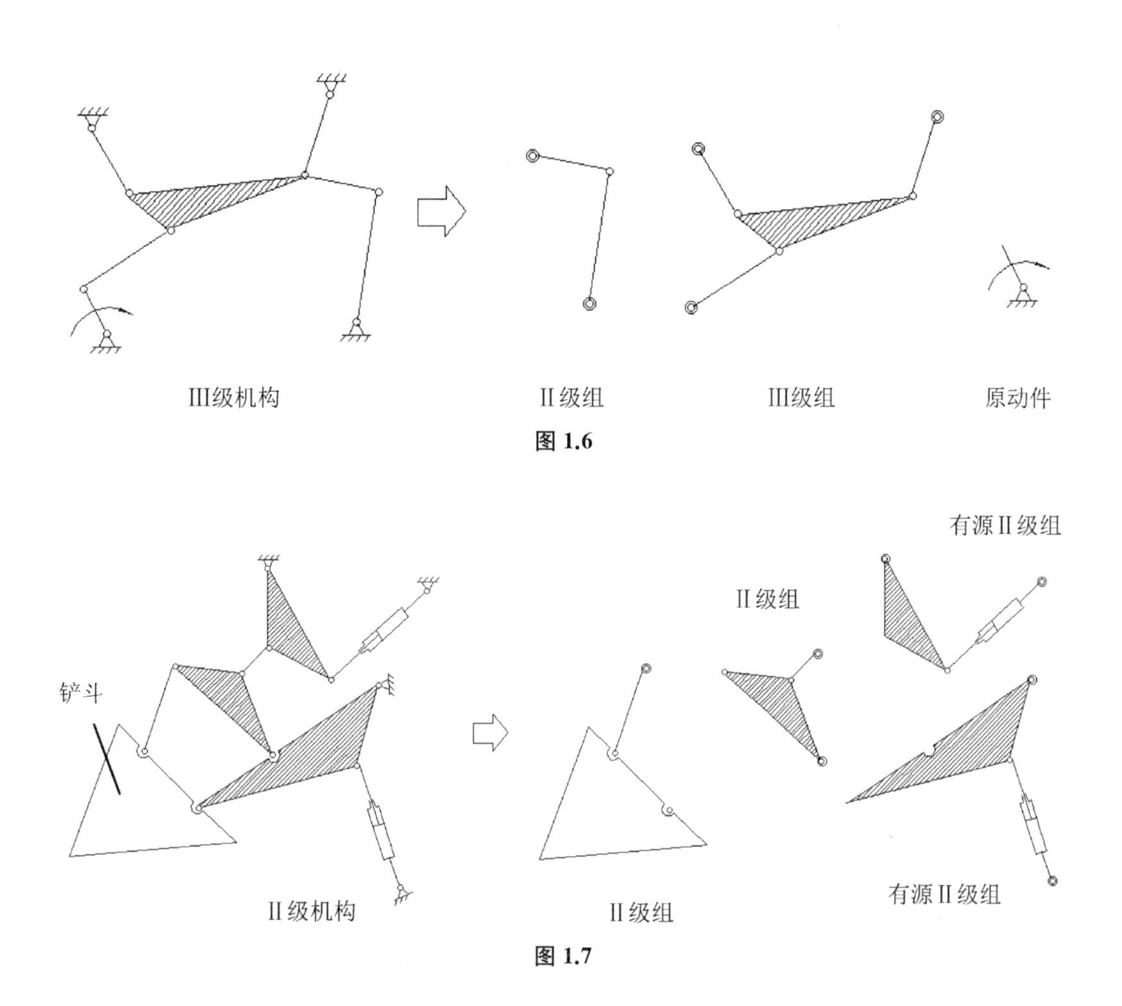

图 1.6

图 1.7

一定的条件将机构中的高副虚拟地以低副来代替,然后再用上述的基本组分解和结构的分类方法确定机构的级和序。下面介绍以低副代替高副的方法。

1.4　高副低代

用低副代换高副必须满足下列 2 个条件:

1）代替前后的自由度不变;

2）代替前后机构中各构件的瞬时速度和瞬时加速度与原机构相同。

根据前一个条件,一个高副显然只能用一个虚拟构件和二个低副来替代,因为它们具有相等的约束数;根据第二个条件,若高副元素是曲线的,应在曲率中心处虚拟一个转动副;若高副元素为直线的,应虚拟一个移动副。

例如,图 1.8(a)所示的高副元素为圆,则在圆心 O_1、O_2处虚拟加入两个转动副,并以虚拟构件 3 相连,得一铰链四杆机构。由于 O_1、O_2两点间距离仍保持 R_1+R_2 的恒定数值,故低代机构中构件 1、2 的瞬时位置、速度、加速度均与原机构相同。图(b)的高副元素

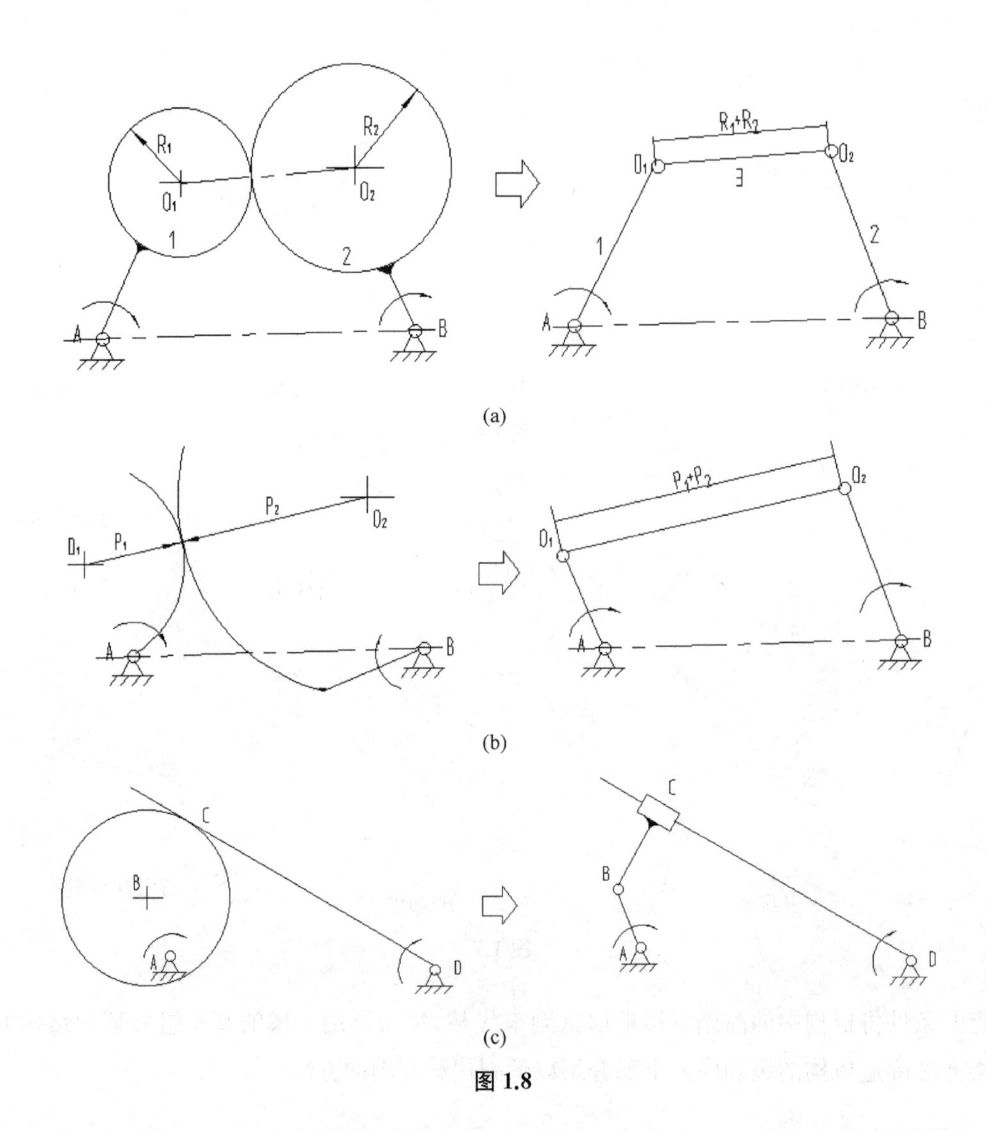

(a)

(b)

(c)

图 1.8

是变曲率的曲线，则右边的替换低副机构具有瞬时的性质，当机构位置不同时，其低副替代机构的尺寸将发生变化。图(c)所示的有直线高副元素的，则由于直线可以看成为曲率中心在垂直于直线元素的无穷远处，因此虚拟转动副应改成虚拟移动副。

按照上述的原则和方法，不难将各种不同情况的高副用虚拟的构件和低副来替换，从而高副机构等价地被替代成低副机构。

2 空间机构自由度计算

在机械原理课程中主要介绍了平面机构的自由度计算。本章重点讨论空间机构的自由度计算问题，而平面机构可以看成为空间机构的一种特例。对于空间机构，当两个构件通过接触组成运动副后，其相对运动受到的约束最多为五个，也即形成运动副的两构件的剩余相对运动自由度为 1～5。因此，空间机构中的运动副，可以按剩余自由度的数目分成Ⅰ、Ⅱ、Ⅲ、Ⅳ、Ⅴ五类：自由度为 1 的称为Ⅰ类运动副，自由度为 2 的运动副称为Ⅱ类运动副，依次类推来定义其余各类运动副。图 1.9 为常见的几类运动副，图中表示出了它们的简图符号和字母符号。其中转动副 R、移动副 P、螺旋副 H 都是Ⅰ类运动副；圆柱副 C 和球销副 S' 属于Ⅱ类副；球面副 S 则是Ⅲ类副。

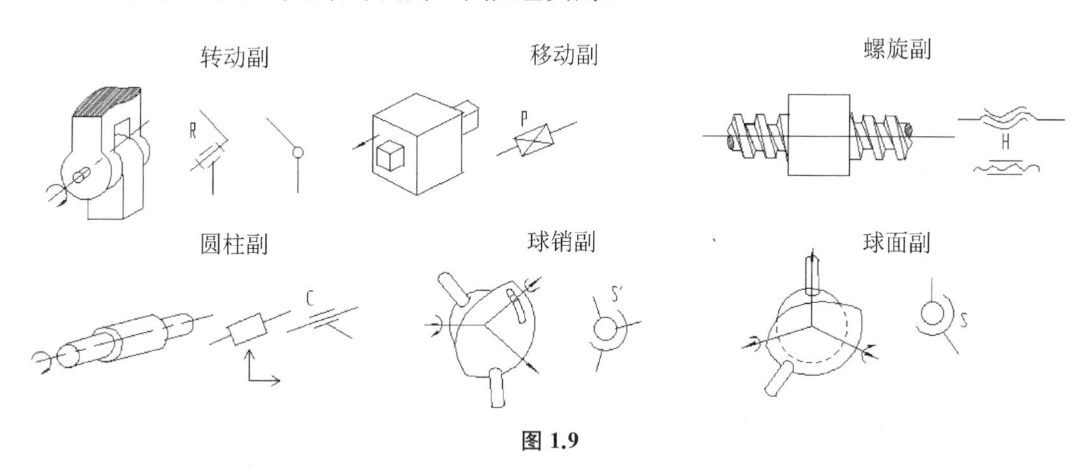

图 1.9

构件用运动副相联接以后，便组成了运动链。运动链构成封闭环路的称为闭链，不构成封闭环路的称为开链。在闭环运动链中，按封闭环路的数目，又可分成单环闭链、双环闭链或更多环的闭链。图 1.10 中，(a)图为单环闭链，(b)图为双环闭链，(c)图是由开链组成的一种机械手机构图，其外形图如(d)图所示。

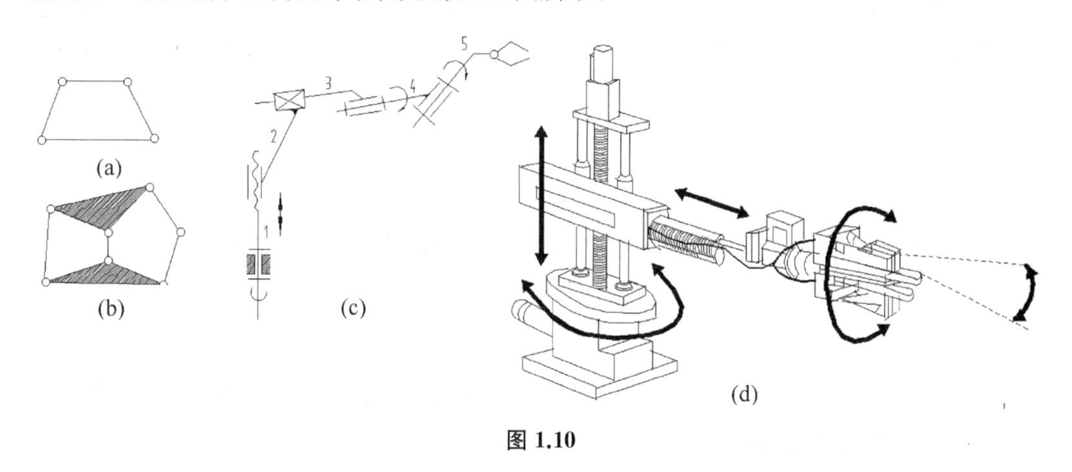

图 1.10

2.1　空间机构自由度的一般关系式

在空间运动链中，固定其中一构件为机架，并给出与机构自由度数相同数目的原动件，则就构成了一个具有确定运动的空间机构。为了正确确定机构中应给出的原动件数目，必须首先对拟定的机构计算其自由度。

设机构中的可动构件数目为n,第i类的运动副数目为$p_i(i=1、2、\cdots 5)$,则因每个构件在空间有6个自由度,第i类运动副受$6-i$个约束,机构自由度应等于可动构件自由度总和减去各类运动副所受约束数的总和,故有机构自由度关系式

$$F=6n-5p_1-4p_2-3p_3-2p_4-p_5 \tag{1.3a}$$

或

$$F=6n-\sum_{i=1}^{5}(6-i)p_i \tag{1.3b}$$

上式也可写作 $$F=6n-(6\sum_{i=1}^{5}p_i-\sum_{i=1}^{5}ip_i)$$

由于$\sum_{i=1}^{5}p_i=p$,p为机构中的运动副总数,代入上式可得

$$F=6(n-p)+\sum_{i=1}^{5}ip_i \tag{1.4}$$

式(1.3)和(1.4)便是空间机构自由度的一般关系式。

但是,由于空间机构有开式的、闭式的,闭式机构中又有单环的或多环的,而且还有许多特殊的问题需要加以考虑,计算比较复杂,因此下面再分别对不同情况进行深入的分析。

2.2 开链机构的自由度计算

在开链机构中,每个可动构件都是以一个运动副与其他构件依次相联,因此机构中可动构件数n必与运动副总数p相等,即$n=p$,故由式(1.4)可写出开式机构的自由度计算公式为

$$F=\sum_{i=1}^{5}ip_i \tag{1.5}$$

上式中的ip_i实际上就是第i类运动副的总自由度,因此上式也可改写成

$$F=\sum_{j=1}^{p}f_j \tag{1.6}$$

式中的f_j是第j个运动副的自由度。式(1.5)、(1.6)都表示同一含义,即开链机构的自由度等于机构中全部运动副自由度的总和。

例一 试计算图1.10(c)所示的机械手机构的自由度。

解 由机构图可知,它是由五个Ⅰ类副联接各构件所组成的一个开式机构,用运动副的规定字母符号,称为RHPRR机构。显然,因有$p=p_1=5$,故

$$F=\sum_{j=1}^{5}f_j=5\times 1=5$$

例二　试计算图1.11所示的RPRCRRR机械手的自由度。

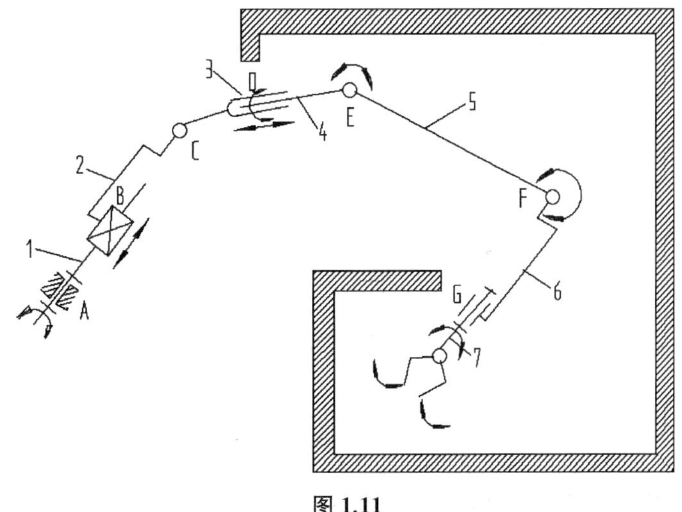

图1.11

解　图中有Ⅰ类副数目 $p_1=6$，即A、B、C、E、F、G六个Ⅰ类副，Ⅱ类副数目 $p_2=1$，指圆柱副D，故机构自由度 $F=\sum_{j=1}^{7} f_j=6\times1+1\times2=8$。

由上面两个例子可以看出，开式链所组成的机构具有较多的自由度，其末端执行件可在空间灵活地占有任意空间位置，易于绕过障碍物进入作业区，因此在机械手方面的应用较广。当然，为了使机构具有确定的运动，所需的原动件数目也必将相应增多，结构较为复杂。

2.3　单环闭链空间机构的自由度计算

对于单环闭链，由于运动链的首、末两构件必须用运动副相联而构成封闭环，因此运动副数目比开链多一个，不再是 $p=n$，而应是 $p-n=1$，于是根据式(1.4)用于单环闭链空间机构有

$$F=\sum_{i=1}^{5} ip_i-6 \tag{1.7}$$

或

$$F=\sum_{j=1}^{p} f_j-6 \tag{1.8}$$

这便是单环闭链机构的自由度计算公式。

例题　试计算图1.12所示两个空间机构的自由度。

解　对于图(a)所示的RCCC机构，三个圆柱副A、B、C为Ⅱ类副，即 $p_2=3$，一个转动副D为Ⅰ类副，即 $p_1=1$，故机构自由度 $F=\sum_{j=1}^{4} f_j-6=(3\times2)+(1\times1)-6=1$。

对于图(b)所示的RRSC机构，圆柱副A为Ⅱ类副，转动副B、C为Ⅰ类副，球面副D

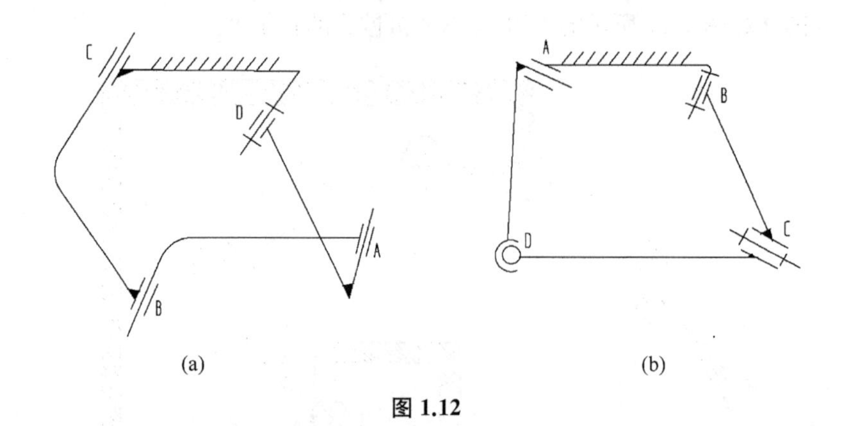

图 1.12

为Ⅲ类副，故机构自由度 $F=\sum_{j=1}^{4} f_j-6=(1\times 2)+(2\times 1)+(1\times 3)-6=1$。

2.4 具有公共约束的单环闭链空间机构自由度计算

在某些机构中，由于运动副或构件几何位置的特殊配置，使机构中全部构件共同失去了某些运动的可能性，这就是所谓机构中的公共约束。举一个显见的例子来说，对于平面机构，由于运动副的特殊配置，各构件只能作平面运动，因此全部构件共同失去了三个自由度，即受到了三个公共约束。

对于有公共约束的空间机构，在计算自由度时需要对式(1.7)和(1.8)进行修正。

设空间构件中的公共约束数为 m，则该机构中任一可动构件只有 $(6-m)$ 个自由度，而每个运动副的实际约束数应从原约束数中减去公共约束数 m，运动副的类别号 i 也就不可能大于 $5-m$，即 $i\leqslant 5-m$，于是式(1.7)修正为

$$F=\sum_{i=1}^{5-m} i p_i-(6-m) \tag{1.9}$$

式(1.8)修正为

$$F=\sum_{j=1}^{p} f_i-(6-m) \tag{1.10}$$

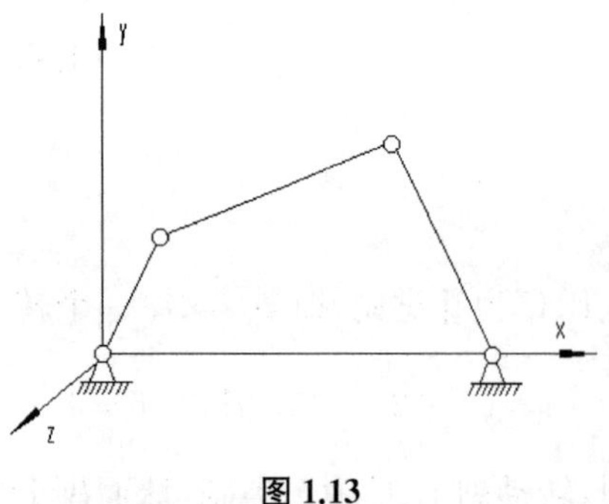

图 1.13

公共约束数 m 对于简单的机构可以用直接观察法来判定。

例一 计算图 1.13 所示铰链四杆机构的自由度。

解 此题按机械原理课程中讲的平面机构自由度计算公式计算是一个十分简单的问题，现将它作为空间机构的特例来处理当然也可以的。此机构的公共约束数 $m=3$，全部构件没有沿 z 方向运动和绕

x、y 轴的转动，故机构自由度

$$F=\sum_{j=1}^{4} f_j-(6-m)=4\times 1-(6-3)=1$$

例二　试计算图 1.14 所示万向联轴节机构的自由度。

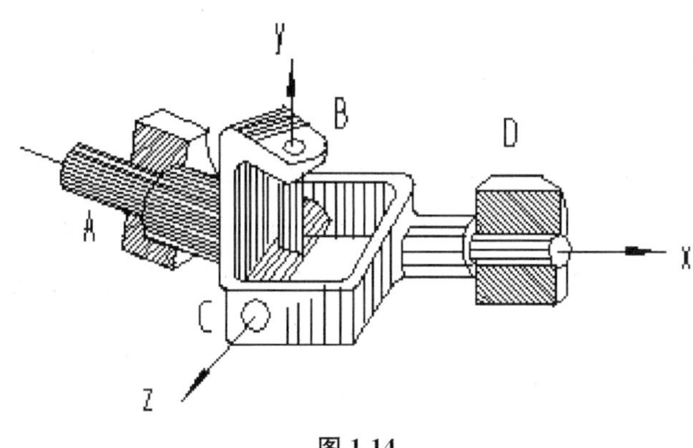

图 1.14

解　此机构中的四个转动副 A、B、C、D 都是Ⅰ类副，它们的位置有特殊的配置：各转动副的转动轴线汇交于十字叉构件的中心，故全部构件都没有沿 x、y、z 三个方向移动的可能性，故也有三个公共约束，$m=3$，机构自由度为

$$F=\sum_{j=1}^{4} f_j-(6-m)=4\times 1-(6-3)=1$$

对于比较复杂的空间机构，为正确判断机构的公共约束数 m，常引入所谓闭合约束数 λ 来代替 $(6-m)$，即令 $\lambda=6-m$，则式(1.10)改写为

$$F=\sum_{j=1}^{p} f_j-\lambda \tag{1.11}$$

式中闭合约束数 λ 可用下节的分析方法予以确定。

2.5　闭合约束数 λ 的确定

闭合约束数的确定通常采用所谓的“断开机架法”。在图 1.15 的 RRHRR 机构中，设想将机架 5 断开成二截短杆 5 和 $5'$，并将 $5'$视作为可以运动的开式机构的末端构件。那么，式(1.11)中的 $\sum_{j=1}^{p} f_i$ 即是在断开机架后开式机构的自由度(参看式 1.6)。当把此开式机构的末杆 $5'$再接到机架上成为闭式机构时，机构自由度就需减去这末杆 $5'$的自由度。因此，末杆 $5'$的自由度就是式(1.11)

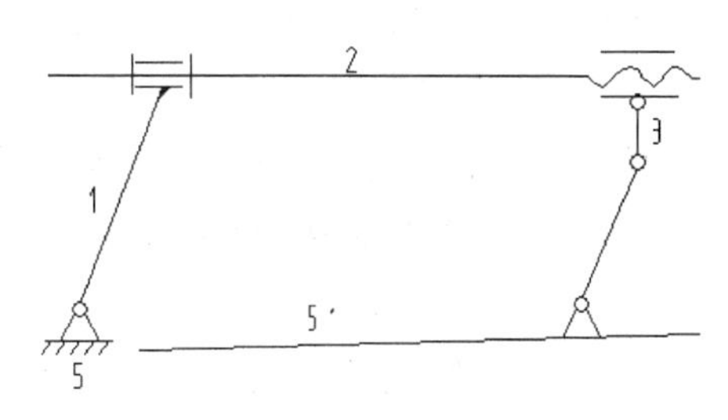

图 1.15

中的 λ，称为闭环约束数。由上述分析可知，确定闭合约束数 λ 可以采用观察断开机架后的末杆自由度数来加以判断的方法，所以这种方法称为断开机架法。

按照理论力学的概念，末杆自由度可以分解成为转动自由度 λ_r 和移动自由度 λ_t 两部分。末杆的转动自由度 λ_r 和移动自由度 λ_t 最大值都是 3，即 $\lambda_r \leqslant 3$，$\lambda_t \leqslant 3$。对于移动自由度 λ_t 又包括两种情况：一种是它原有的基本移动自由度 λ_{tt}，另一种是由末杆转动而形成的衍生移动自由度 λ_{tr}，即有 $\lambda_t = \lambda_{tt} + \lambda_{tr}$，故末杆自由度的组成关系是

$$\lambda = \lambda_r + \lambda_{tt} + \lambda_{tr} \tag{1.12}$$

其中的 λ_r 和 λ_{tt} 可以分别从所有运动副中所允许的相对转动和相对移动的轴线方向来进行判断。若机构中有转动自由度的运动副的各转动轴线呈空间三维布置，则 $\lambda_r = 3$；如分别平行于两个不同方向，则因角速度矢量共面而 $\lambda_r = 2$；当全部转动轴线相平行，则因角速度矢量共线而 $\lambda_r = 1$。同理，若机构中有移动自由度的运动副的各移动导路方向线呈空间三维布置，则 $\lambda_{tt} = 3$；如分别平行于两个不同方向，则 $\lambda_{tt} = 2$；当全部移动导路相互平行，则 $\lambda_{tt} = 1$。

在末杆基本移动自由度 $\lambda_{tt} < 3$ 的情况下，就有必要考虑由于转动而衍生的移动自由度 λ_{tr} 问题。λ_{tr} 的判定比较困难，下面举几个例子来说明由转动而衍生的末杆移动自由度分别为 0、1、2、3 的几种情况。

(1) $\lambda_{tr} = 0$

图 1.16 所示的球面机构为一个典型例子。图中的四个转动副轴线汇交于一点 A，末杆 4′为断开后的机架，它的运动只能是绕球心 A 的球面运动。若选择末杆 4′上的 A 点作基点，则由于基点的速度总为零，故 4′为绕 A 的定点转动，无衍生的移动自由度。

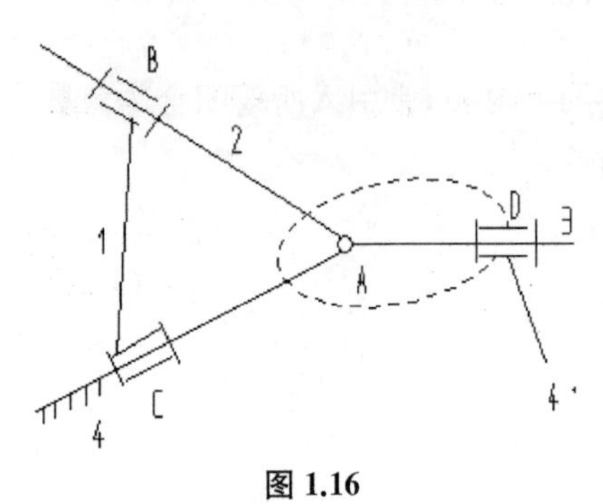

图 1.16

另一种情形是，若机构中含有两个或者多个有相对移动的运动副，而各转动副所衍生的移动与上述运动副中的基本移动又是重复的，并不产生新的移动。例如，图 1.17 所示的断开机架的开式机构中，图(a)已有两个移动副 B、D，导路方向不平行，末杆 4′的基本移动自由度 $\lambda_{tt} = 2$，而由转动副 A、C 使 4′产生的移动自由度仍在纸平面内，并没有在垂直于纸面的方向产生新的移动自由度，故 $\lambda_{tr} = 0$。在图(b)中，圆柱副 D 和转动副 A 的轴线平行，而两个移动副 B、C 的导路中心线与圆柱副 D 的移动方向呈不平行的一般空间三维布置，于是末杆 4′的基本移动自由度 $\lambda_{tt} = 3$，故有 A、D 副转动所产生的末杆移动是重复的，不产生新的移动自由度，故 $\lambda_{tr} = 0$。

(2) $\lambda_{tr} = 1$

这种情况一定发生在 $\lambda_{tt} \leqslant 2$ 的机构中。图 1.18 所示的断开机架机构中，A、B 两副及 C、D 两副的轴线分别平行，此机构的基本移动自由度 $\lambda_{tt} = 2$，由图可知，末杆 4′由运动副

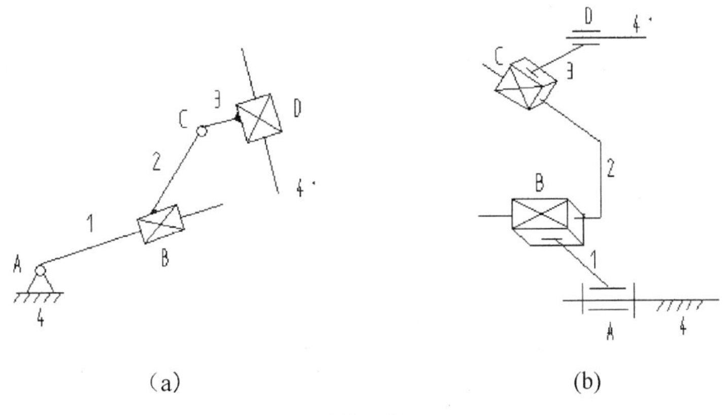

（a）　（b）

图 1.17

A、B、C 中的相对转动而衍生的移动速度 V_r 显然不在两圆柱副移动轴线所决定的平面内，因此有 $\lambda_{tr}=1$。

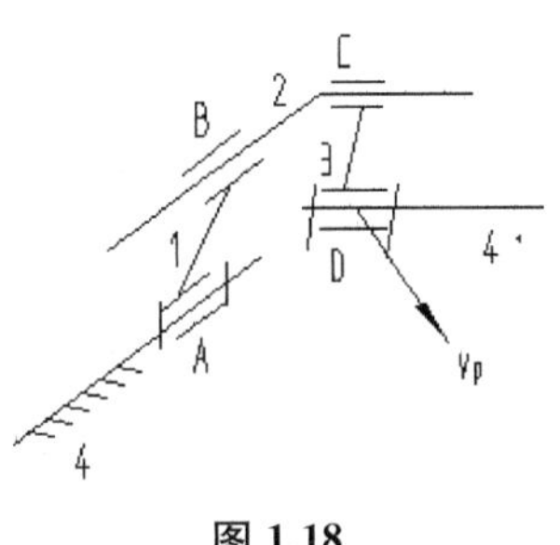

图 1.18

(3) $\lambda_{tr}=2$

这种情况一定发生在 $\lambda_{tt}\leqslant 1$ 的机构中。图 1.19(a)所示的断开机架机构中，观察末杆 4′上基点 D 的运动，它可以在水平方向和垂直方向分别独立地运动，但不能在垂直于纸面的方向移动，因此由 A、B、C 三个转动副所衍生的末杆 4′的移动自由度 $\lambda_{tr}=2$。图(b)所示的 3RH 机构中，转动副 C 与螺旋副 D 共轴线，如取末杆 4′在螺旋副轴线上的 D 点为基点，则运动副 C、D 对该点所衍生的移动速度矢量，仍位于与转动副 A、B 轴线相垂直的平面(即纸面)内，故末杆 4′由转动衍生的移动自由度 $\lambda_{tr}=2$。

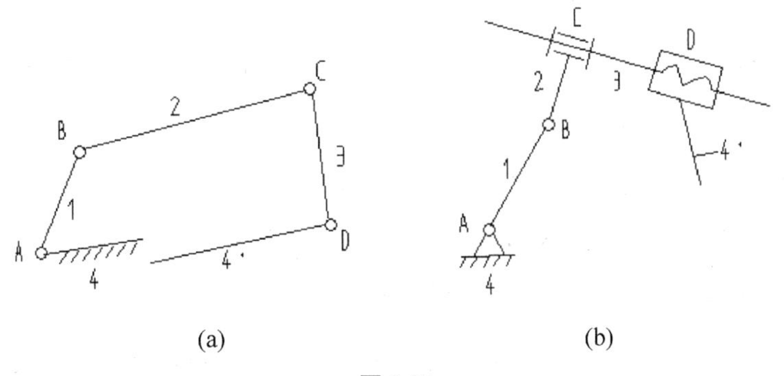

(a)　(b)

图 1.19

(4) $\lambda_{tr}=3$

这种情况一定发生在所有运动副都没有基本移动自由度的机构中，即 $\lambda_{tt}=0$ 的机构。图 1.20 中，转动副 A、B、C 的转动轴线相互平行，而转动副 D、E 的轴线相互平行且垂直于纸面。观察末杆 5′上的基点 E 的运动：在垂直于 x 轴的平面内，由转动副 A、B、C 可衍生二个移动自由度，而在纸平面内 E 点又有一个独立移动的速度，这些移动速度矢量不共面，故末杆 5′有三个衍生移动自由度，即 $\lambda_{tr}=3$。

在判断由转动而衍生的移动自由度时，需要注意消去那些非独立的衍生移动。一般情况下用观察法来判定非独立衍生移动并非易事，往往要建立位移矩阵后利用求矩阵秩数的方法来确定，此处不再讨论。

下面举几个例题来说明单环闭链空间机构的自由度计算。

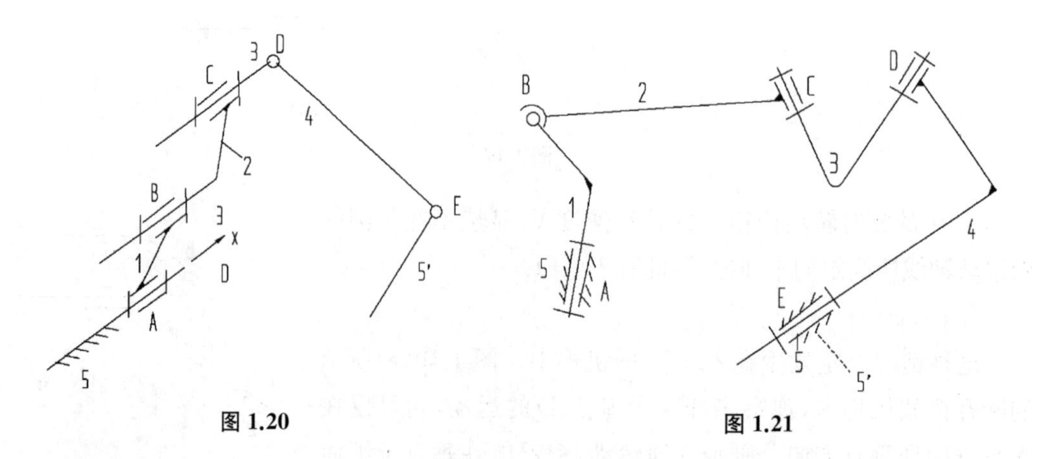

图 1.20　　图 1.21

例一　计算图 1.21 所示空间五杆机构的自由度。

解　机构中有四个转动副 A、C、D、E，全是Ⅰ类副，球面副 B 为Ⅲ类副，故运动副的自由度总数 $\sum_{j=1}^{5} f_i=(4\times 1)+(1\times 3)=7$。

现用断开机架法确定闭合约束数 λ。设想将机架 5 断开，有末杆 5′，由于各转动副的轴线呈空间三维布置，故基本转动自由度 $\lambda_r=3$。全部运动副没有相对移动自由度，故末杆 5′没有基本移动自由度 $\lambda_{tt}=0$。再以末杆 5′上的 E 点作基点来观察，由各运动副的转动而衍生的 E 点之速度可呈不共面的三矢量方向，故 $\lambda_{tr}=3$。于是 $\lambda=\lambda_r+\lambda_{tt}+\lambda_{tr}=3+0+3=6$，按式(1.11)，可得机构自由度 $F=\sum f_i-\lambda=1$。

例二　图 1.22 为用于起落耕犁的 RRHRR 空间五杆机构，通过转动手柄 2 使铰于杆 4 上的犁轮从陇沟抬上地面。试计算机构的自由度。

解　机构中的五个运动副全为Ⅰ类副，故 $\sum_{j=1}^{5} f_j=5$。此机构用直接判断公共约束数 m 是比较方便的。观察机构中的所有构件不可能有沿 x 轴(指垂直纸面的轴，图中已示出)的移动和绕 z 轴的转动，因此公共约束数 $m=2$，闭合约束数 $\lambda=6-m=4$，故机构自由度

$$F=\sum f_j-\lambda=1$$

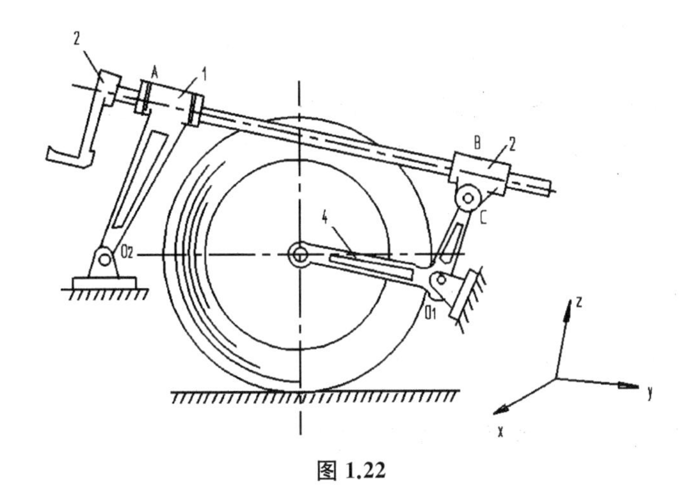

图 1.22

2.6 多环闭链空间机构的自由度计算

仿照单环闭链空间机构的自由度计算式(1.11),可直接写出多环闭链空间机构自由度计算式为

$$F=\sum_{j=1}^{P} f_j-\sum_{i=1}^{L} \lambda_i \tag{1.13}$$

式中,p 为机构中运动副的总数,L 为机构中闭环的数目,λ_i 为第 i 个闭环中的闭合约束数,其判定方法同前。

例题 计算图 1.23 所示的双闭环空间机构的自由度。

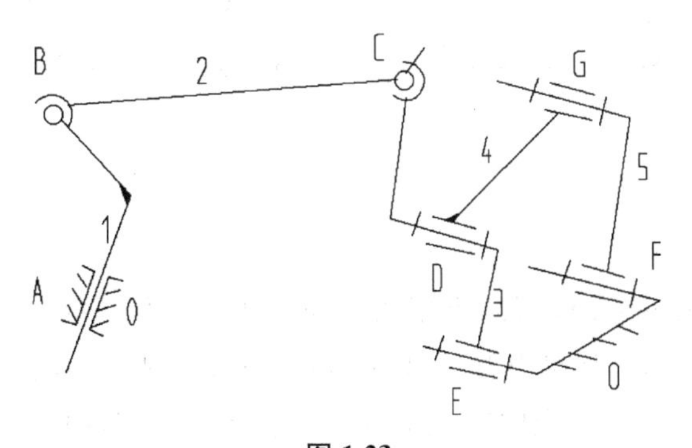

图 1.23

解 机构中有Ⅰ类运动副 5 个,全为转动副;Ⅱ类副 1 个,指球销副;Ⅲ类副 1 个,指球面副,故 $\sum_{j=1}^{7} f_j=(5\times1)+(1\times2)+(1\times3)=10$。

下面来判断闭合约束数。

对于Ⅰ环 ABCDE,因有球面副,则 $\lambda_r=3$;基本移动没有,$\lambda_{tt}=0$;因有球面副,假想末杆 O′(图中未画)的衍生移动自由度 $\lambda_{tr}=3$,故

$$\lambda_1 = \lambda_r + \lambda_{tt} + \lambda_{tr} = 3 + 0 + 3 = 6$$

对于Ⅱ环EDGF，由于各转动副轴线均平行，$\lambda_r = 1$；所有运动副均无移动自由度$\lambda_{tt} = 0$；由转动衍生的移动在垂直于转动副轴线的平面内，$\lambda_{tr} = 2$，故

$$\lambda_2 = \lambda_r + \lambda_{tt} + \lambda_{tr} = 1 + 0 + 2 = 3$$

总闭合约束 $\sum_{i=1}^{2} \lambda_i = \lambda_1 + \lambda_2 = 6 + 3 = 9$

机构自由度 $F = \sum f_j - \sum \lambda_i = 10 - 9 = 1$

2.7 关于局部自由度、消极自由度和消极约束

2.7.1 局部自由度

与平面机构中局部自由度类似，空间机构中同样存在着不影响输入与输出构件运动的局部自由度。

图1.24(a)中，构件2有绕自身轴线$\overline{BC}$的转动自由度，但这一自由度对输入杆1和输出杆3的运动没有影响，是一种局部的转动自由度，在计算机构自由度时应消去。

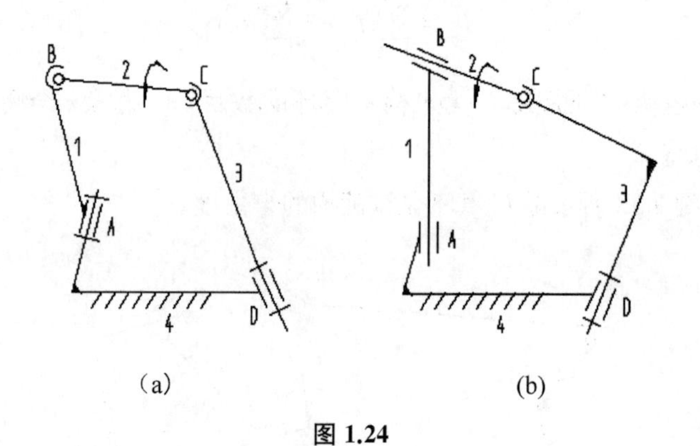

图1.24

图(b)中杆2绕自身轴线的转动同样是局部自由度，应予以消去。

图1.25中则有局部移动自由度。因图中的构件2的两个运动副，它们的导路方向平行，故构件2的局部移动不改变构件1、3的位置，因此这种局部移动自由度在计算机构自

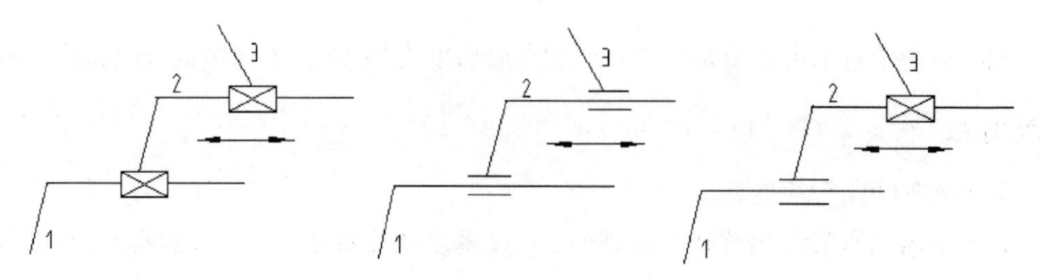

图1.25

由度时也是应该予以消去的。

图 1.26 是在单环机构中螺旋副产生局部自由度的情况：当一个运动副的移动导路与螺旋副轴线重合时(图 a)或平行时(图 b)，由螺旋副转动而产生构件 3 的移动不影响整体机构其他构件的运动，因而螺旋副的自由度就成了局部自由度。但是它若是在多环机构中，且带有螺旋副的构件 3 有驱动其他环路的作用时，螺旋副就成为有效的了，不能再认为是局部自由度。

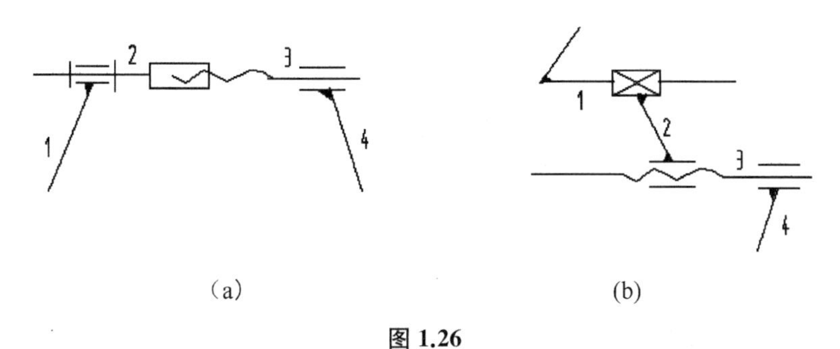

(a)　　(b)

图 1.26

2.7.2　消极自由度

由于机构中存在一些特殊的几何约束条件，从而使运动副失去的某些自由度称为消极自由度。

图 1.27(a)所示的铰链四杆机构中，为了消除由于各转动副轴线在制造中的不平行度而产生的运动阻滞，在 D 处改用了球面副。在此机构中，构件 1、2、3 仍在同一平面内运动，球面副实际起作用的自由度不是 3 而是 1，其余两个自由度是不起作用的，这就是消极自由度，在计算机构自由度时应消除这种消极自由度。

图 1.27(b)所示的机构中，由于 A、B 两运动副轴线平行于 Z 轴，这就决定了构件 2 的转动只能绕 Z 的轴线方向，而圆柱副 C、D 的轴线不平行于 Z 轴，因此 C、D 两副不可能有相对转动产生，即 C、D 圆柱副的相对转动自由度均为消极自由度，只剩下了两个移动自由度。

图 1.27(c)所示的 RSS′R 机构中，由于转动副 A、D 之轴线相交于 O 点，这就决定了

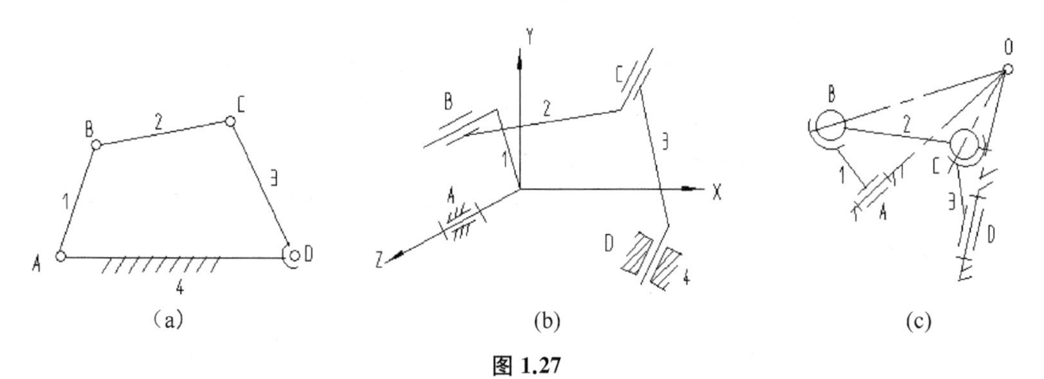

(a)　　(b)　　(c)

图 1.27

B、C 两点是绕 O 点的等距离运动，即构件 2 只能是绕 O 点的定点转动。因此 B、C 处的球面副和球销副只能起到绕轴线 $\overline{OB}$、$\overline{OC}$ 转动的 R 副之作用，于是球面 B 处有两个消极自由度，球销副 C 处有一个消极自由度，机构共有三个消极自由度。

2.7.3 消极约束

消极约束是在多环空间机构中出现的一种问题。当两个环的封闭约束条件重合时，这种重合的约束条件就称为消极约束。

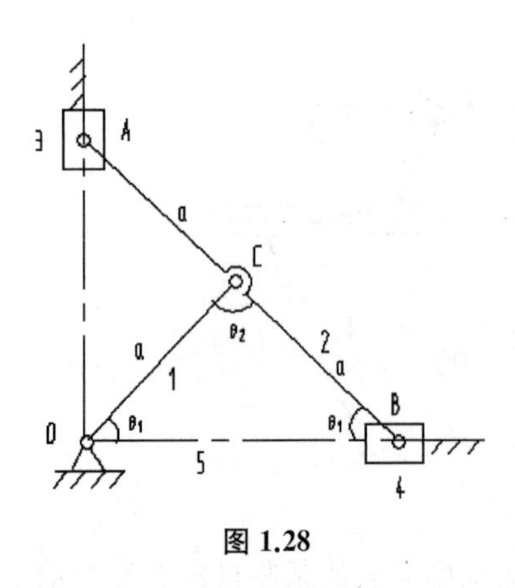

图 1.28

举一个图 1.28 所示的一个平面机构的例子来说明。在机械原理课程中已讲过此类问题，称为虚约束，这是同一含义。观察脱开铰链 C 后，由于 $\overline{OA}=\overline{AC}=\overline{CB}=a$ 的特殊几何关系，C_1点和 C_2点的轨迹都是以 O 为圆心 a 为半径的圆，轨迹重合，故构件 1 和转动副 O、C 构成的约束是虚约束。

现再用多环空间机构的消极约束概念说明之。

此机构中有二个封闭环$\triangle OCA$ 和$\triangle OCB$。按闭环$\triangle OCB$ 写出角度约束方程为

$$2\theta_1+\theta_2=\pi$$

而按闭环$\triangle OCA$ 写出角度约束方程为

$$2\left(\frac{\pi}{2}-\theta_1\right)+(\pi-\theta_2)=\pi，即\ 2\theta_1+\theta_2=\pi$$

显然两个闭环的约束方程重复，故消极约束数为 1。计算机构自由度时应注意除去消极约束。

综合考虑局部自由度、消极自由度和消极约束的问题，多环闭链空间机构的自由度计算公式(1.13)应完善为

$$F=\sum_{j=1}^{P}f_j-\sum_{i=1}^{L}\lambda_i-f_p-f_o+\lambda_o \tag{1.14}$$

式中，f_p 为机构中的局部自由度总数，f_o 为消极自由度总数，λ_o 为消极约束总数。

下面举几个综合考虑上述诸问题的空间机构自由度计算例子。

例一 计算图 1.29 所示摆盘式活塞机构的自由度。

解 此机构有Ⅰ类副二个(D、F)，Ⅱ类副二个(圆柱副 A 和空间齿轮副 E)，Ⅲ类副二个(球面副 B、C)，故运动副总自由度数为

$$\sum_{j=1}^{6}f_j=(2\times 1)+(2\times 2)+(2\times 3)=12$$

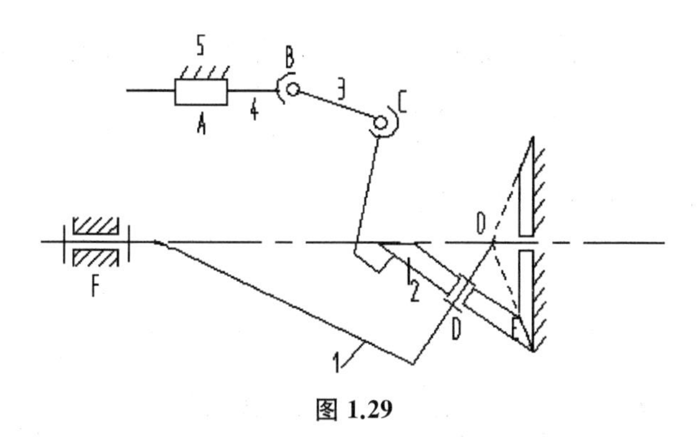

图 1.29

此机构为双闭环机构。闭环Ⅰ为 ABCDF,是无公共约束的一般空间机构,$\lambda_r=3$,$\lambda_{tt}=1$,$\lambda_{tr}=2$,故 $\lambda_1=6$。闭环Ⅱ为 FDE,三个运动副的转动轴线汇交于 O 点,属球面机构,故 $\lambda_2=3$。机构的闭合约束总数

$$\sum_{i=1}^{2}\lambda_i=\lambda_1+\lambda_2=6+3=9$$

机构中的构件 3、4 绕自身轴线转动的自由度都是局部自由度,即 $f_p=2$,故机构自由度

$$F=\sum f_j-\sum\lambda_i-f_p=12-9-2=1$$

例二　计算图 1.30 所示机构的自由度。

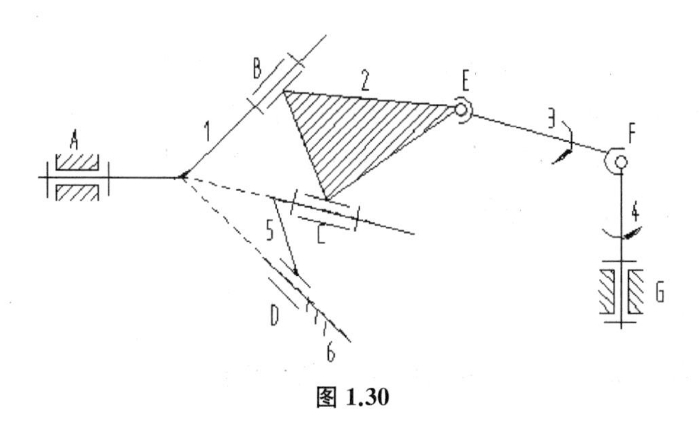

图 1.30

解　机构中的 A、B、C、G 为四个Ⅰ类副,圆柱副 D 是一个Ⅱ类副,球面副 E、F 为二个Ⅲ类副,故运动副总自由度数为

$$\sum_{j=1}^{7}f_j=(4\times1)+(1\times2)+(2\times3)=12$$

闭环Ⅰ是 ABCD 环,这是一个球面机构环,各转动轴线交于一点,故 $\lambda_1=3$;闭环Ⅱ是 DCEFG,$\lambda_r=3$,$\lambda_{tt}=1$,$\lambda_{tr}=2$,故 $\lambda_2=\lambda_r+\lambda_{tt}+\lambda_{tr}=6$。机构的闭合约束总数为

$$\sum_{i=1}^{2}\lambda_i=\lambda_1+\lambda_2=3+6=9$$

机构中构件 3、4 绕自身的转动为局部自由度，即 $f_p=2$，故机构自由度

$$F=\sum f_j-\sum\lambda_i-f_p=12-9-2=1$$

例三 计算图 1.31 所示机构的自由度。

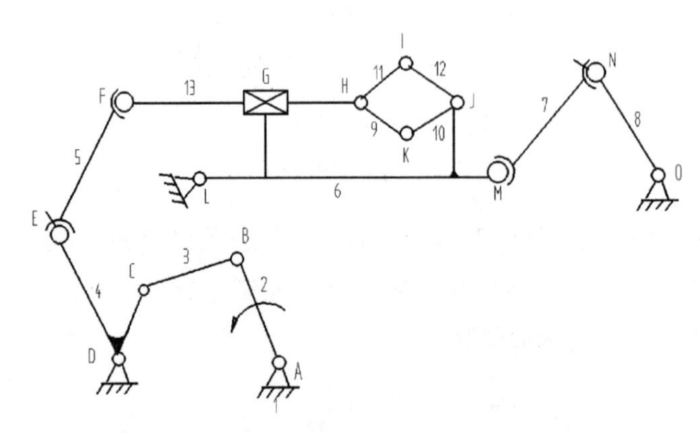

图 1.31

解 机构中共有 12 个转动副(H、J 处有复合铰链)和 1 个移动副，即Ⅰ类副共有 13 个；球销副 E、N 是 2 个Ⅱ类副；球面副 F、M 是 2 个Ⅲ类副，故运动副总自由度数为

$$\sum_{j=1}^{17}f_j=(13\times1)+(2\times2)+(2\times3)=23$$

闭环Ⅰ为 ABCD，是一个平面机构，$\lambda_1=3$；闭环Ⅱ是 DEFGL，它属于一般空间闭环，$\lambda_r=3$，$\lambda_{tt}=1$，$\lambda_{tr}=2$，即 $\lambda_2=6$；闭环Ⅲ是 LGHIJ，它又是一个平面机构，$\lambda_3=3$；闭环Ⅳ是 HIJK，属平面环，$\lambda_4=3$；闭环Ⅴ是 LMNO，是一般空间机构，$\lambda_r=3$，$\lambda_{tt}=0$，$\lambda_{tr}=3$，$\lambda_5=6$。于是机构的闭合约束总数为

$$\sum_{i=1}^{5}\lambda_i=\lambda_1+\lambda_2+\lambda_3+\lambda_4+\lambda_5=3+6+3+3+6=21$$

机构中无局部自由度、消极自由度和消极约束，故机构自由度

$$F=\sum_{j=1}^{17}f_j-\sum_{i=1}^{5}\lambda_i=23-21=2$$

3 平面机构的结构综合

3.1 型综合与数综合[1]

机构结构综合所研究的是两个基本问题：其一是，在一定的闭环数和自由度条件下，研究机构应由多少构件和哪些类型的运动副来组成，这称为型综合问题；其二是，在型综

合的基础上，已知一定数量的构件和一定类型的运动副，研究能组成一定自由度的运动链共有多少种，这称为数综合问题。

下面主要讨论结构综合中的数综合问题，重点是平面机构的数综合，对空间机构数综合只作概略的介绍。

3.2　单自由度平面机构的结构基本关系式

由于平面机构中的高副可用低副来代换，转动副和移动副又都是属于约束数为 2 的低副，因此在研究平面机构的型综合问题时，以单自由度的、全由转动副组成的平面连杆机构来讨论是具有代表性的。下面就来研究它的构件数目和运动副数目之间的关系。

在单自由度平面机构中，如果解除机架的约束，可以得到具有四个自由度的运动链，因此进行单自由度机构型综合与进行四自由度的运动链型综合是完全一致的。设运动链中的构件数目为 n，运动副（低副）数目为 p，则自由度为四的运动链应满足下列关系式

$$3n-2p=4 \tag{1.15}$$

闭式运动链中，每个构件至少有两个运动副与其他构件相连，也可能有多个运动副与其他构件相连。设具有 i 个运动副与其他构件相连的构件数目为 n_i，则显然有

$$\sum n_i=n \tag{1.16}$$

且因每个运动副必与二个构件相连，故 $2n_2+3n_3+\cdots\cdots+in_i$ 必为运动副总数的二倍，即

$$\sum in_i=2p \tag{1.17}$$

对于单环运动链来说，构件数目 n 与运动副数目 p 显然是相等的。而在多环运动链中，每增加一个环，构件增加数总比运动副增加数少 1，因此多环运动链可以看成是在单环运动链基础上再迭加运动链组成，而每增加一个环，应迭加的运动链需满足 $p-n=1$。

例如在图 1.32 中所示的实线为原单环运动链 ABCD，在此基础上迭加运动链 EFG 后，即获得一个双环运动链，迭加运动链的构件数 $n=2$（构件 5、6），运动副数 $p=3$（运动副 E、F、G），显然 $p-n=1$。

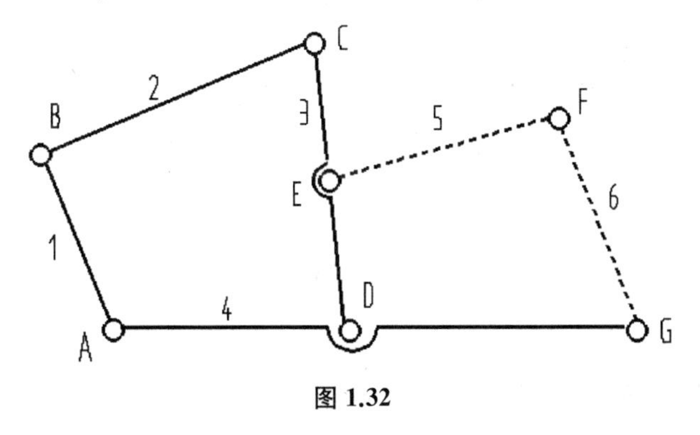

图 1.32

因此，运动链的环数 L、构件数 n、运动副数 p 三者间的关系为

$$L = 1 + (p - n) \tag{1.18}$$

将式(1.18)代入(1.15)可得

$$p - 3L = 1 \tag{1.19}$$

和

$$L = \frac{n}{2} - 1 \tag{1.20}$$

式(1.18)～(1.20)就是单自由度平面机构中的环数 L、构件数 n 和运动副数目 p 三者之间的基本关系式。满足这些关系式的运动链有无穷多，其中常用的环数 $L = 1 \sim 4$，故可能组合有以下几组：

$$\left.\begin{array}{lll} L=1 & p=4 & n=4 \\ L=2 & p=7 & n=6 \\ L=3 & p=10 & n=8 \\ L=4 & p=13 & n=10 \end{array}\right\} \tag{1.21}$$

对于一定数量的构件和运动副，又可以组成许多种不同的机构型式，究竟可以排列出多少种类型，这就是上面所说的数综合问题了，所以有的文献[2]也称数综合为类型综合。

数综合常用图论的方法进行，所以下面先介绍一些图论的基本知识。

3.3 图论的基本知识

3.3.1 图的组成

图论中的图，指的是网络图或拓扑图，它由节点(或称顶点)和边组成。图 1.33 中用数码 1、2、3、……表示的即为顶点或节点，用 A、B、C、……表示的为边。若用 v 代表节点，e 代表边，图的组成符号可写作 $G(v, e)$。

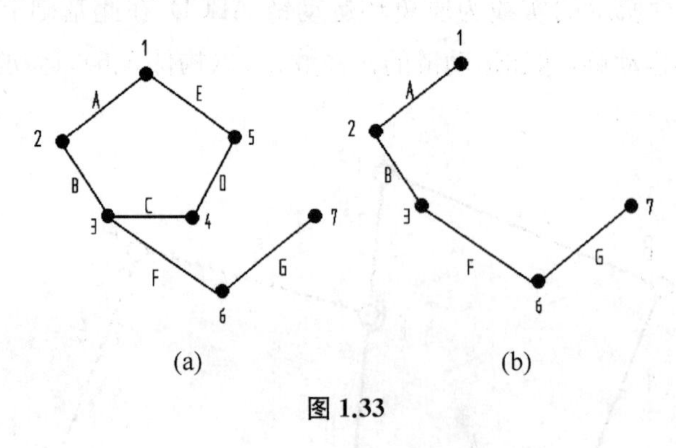

图 1.33

3.3.2 支路与环路

支路是一系列边的集合，且每二个相继的边连接于一个节点。如图 1.33(a)中的

ABCD 的集合就是一个支路，ABFG 也是一个支路。

环路是指支路的始点与终点重合而构成的环形支路，图 1.33(a)中的 ABCDEA 即为环路，从节点 1 开始而又终止于该节点。构成环的边数称为环的长度或环的周长，如环路 ABCDEA 的周长为 5。

3.3.3 子图和平面图

一图为另一图的子集，组成该集合的图称为子图。如图 1.33 中的(b)图即为图(a)的一个子图。

若一个图的所有边都只相交于节点，在非节点处都不相交，则这样的图称为平面图。例如，图 1.34 中的 a 图，所有边的交点均为节点，故它是平面图。b 图则不然，有许多边的交点不是节点，故为非平面图。图 c 貌似非平面图，但若将它画成 d 所示的等价图以后发现，它实际上是一个平面图，因此在画图时应尽可能把平面图清晰地表达出来。在机构结构综合中的图都应该是平面图。

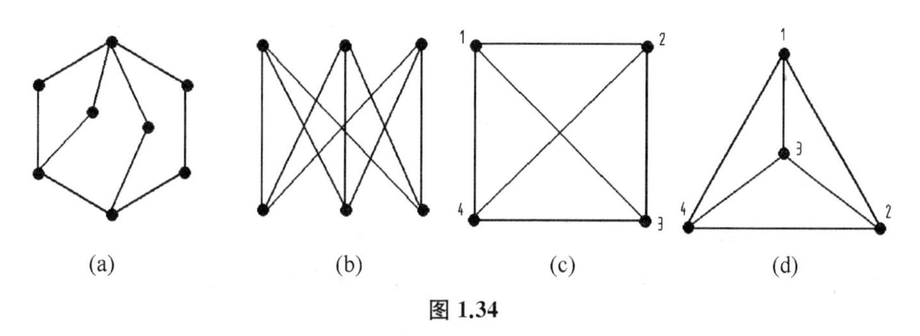

图 1.34

3.3.4 关联矩阵与同构图

将图的结构用数学矩阵式表示，称为图的关联矩阵。规定：用矩阵的每一行看作一个节点，每一列看作一条边，凡是节点与边是关联的，则其相应的矩阵元素记为 1，不关联的记为 0。按此规则，对图 1.35 中的 a 图即可写出 b 图所示的一个关联矩阵，称为 $v-e$ 关联矩阵。

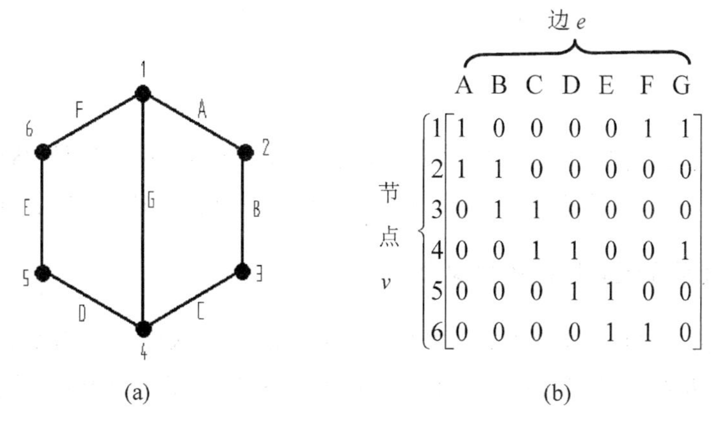

图 1.35

图的 $v-e$ 关联矩阵表示了图的结构。同一结构的图，尽管因其表示形式不同而貌似结构不同，但只要其关联矩阵相等，实质上它们的结构是完全相同的，这样的图称为同构图。图 1.36 中的(a)、(b)两图貌似不同，但它们的 $v-e$ 关联矩阵都是(c)所示的矩阵，因此(a)、(b)两图属于同构图。

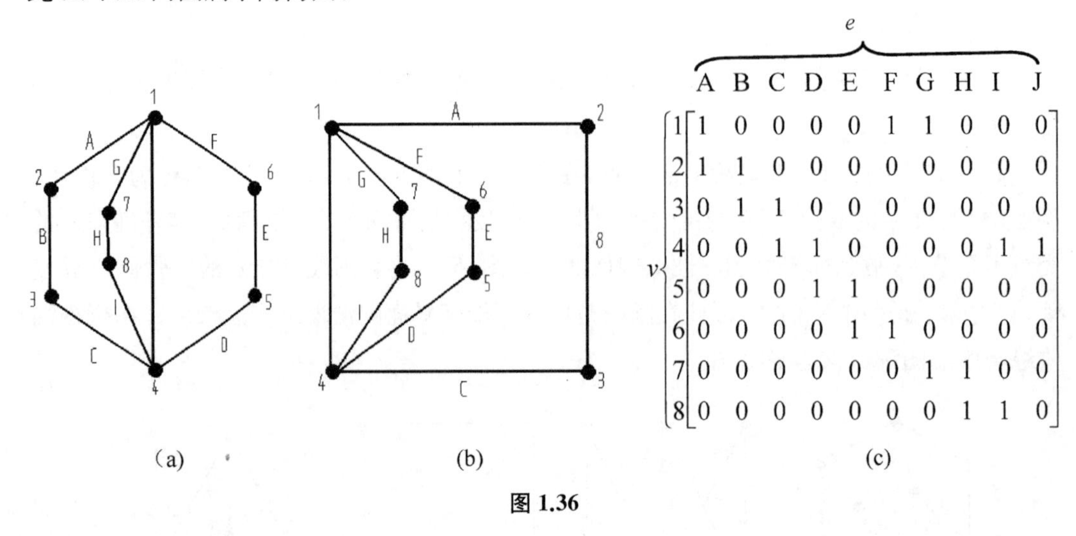

图 1.36

3.3.5　图的变换

若一个图的节点在另一图中对应为边，而前图中的边又对应为后一图中的节点，则称后一个图为前一个图的变换图。例如，图 1.37 中的右图就是左图的变换图。

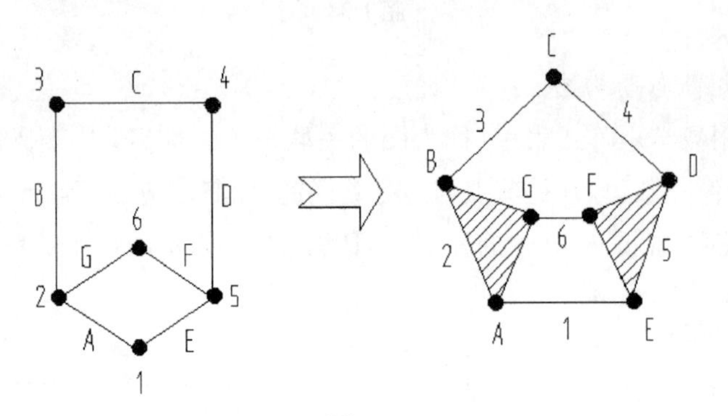

图 1.37

应用图论进行机构的结构综合，正是采用这种图的变换方法，将图的结构变换成右图的运动链结构。图中的边成了运动链中的运动副，图中的节点则变换成了机构中的构件。

3.4　单自由度平面低副机构的数综合

在作平面低副机构数综合时，用图论的分析方法，先以构件数 n 为图的节点数，运动副数 p 为图的边数，画出各种可能的不同构的图，再将这些图转化为变换图，即可得到各种类型的运动链结构。

3.4.1　构图的原则和规则

针对运动链的性质，构图时应遵循下列原则：

(1) 两顶点只允许连一条线，实际意义就是两个构件间只能用一个运动副相连。如图 1.38 左图是违反原则的。

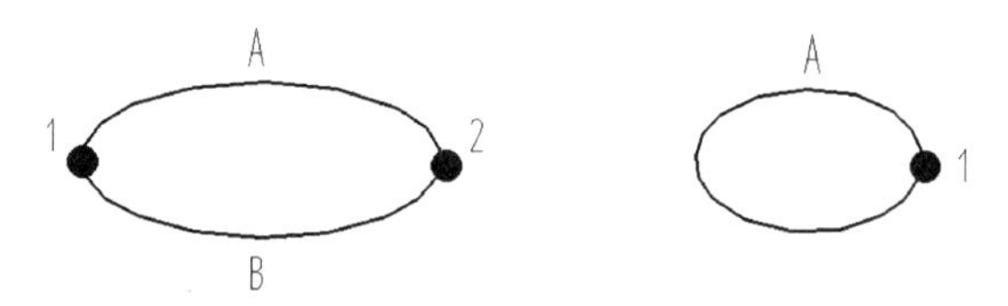

图 1.38

(2) 一个顶点不允许用线将自身相连，实际意义是一构件不能用运动副将自身联接，故图 1.38 右面所示的图也是违反原则的。

(3) 图中应不含有固定桁架的子图。因为一个固定桁架的子图所对应的运动链是一个自由度为零的桁架，这在机构中成了一个刚性构件，也即在图中相当于一个节点。

图 1.39 中列出了这类固定桁架的子图。上面一栏是桁架子图，下面一栏是相对应的变换图，它们都是桁架结构。

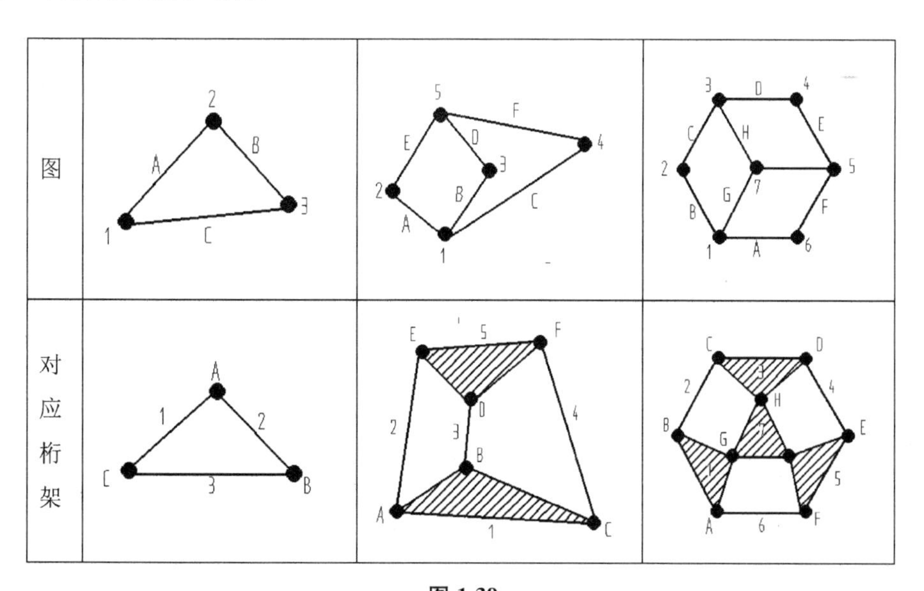

图 1.39

(4) 图的环数 L、节点数 n 和边数 p 的关系必须满足式(1.18)～(1.20)。对于 $L = 1 \sim 4$ 的情况，它们的匹配数需符合式(1.21)。

(5) 排列图时若发现有同构图，则应予以剔除。

为了使图画得清晰，以方便于判别不同的图是否属于同构，构图时应尽量考虑以下规则：

(a) 尽量表达为平面图，即画图时避免边的非节点相交。

(b) 先尽量以可能的最大周长环作为外环来构图,然后按周长递减的规则来作外环,逐一找出全部可能构成的图。

(c) 将连接边数最多的节点安排在图的上方。

3.4.2 应用图论作平面机构数综合的方法

(1) 单环运动链的数综合

按式(1.21),单环运动链 $n=4$, $p=4$,图应是 4 个节点和 4 条边所组成。这种情况,可能构成的图只有一种,对应的变换图也只有一种,如图 1.40 所示。这就是最简单的四杆运动链。

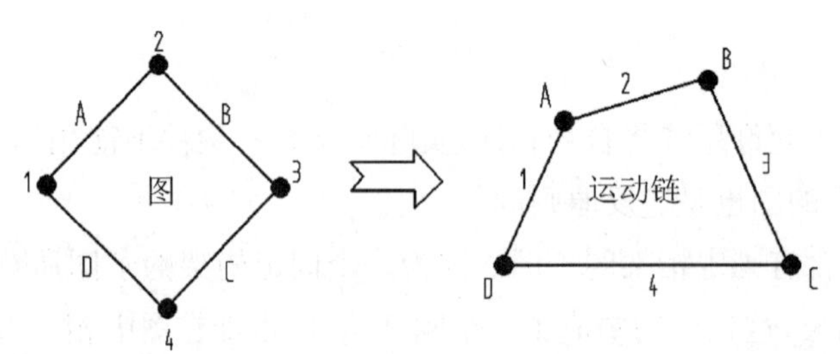

图 1.40

(2) 双环运动链的数综合

按式(1.21),对于双环运动链有 $L=2$, $n=6$, $p=7$。根据 $n=6$ 应有六个节点,则可能的最大周长为 6,故先可画出一个周长为 6 的外环,见图 1.41(a)。要将这个外环分成双环时,由于边数为 3 的环是桁架图,不允许构造,因而第七条边只有如图(a)左边所示的一种连接方案。当然,若连接 3、6 或连接 2、5 也是可以的,但它们属于同构图,没有新的图产生。

然后取外环周长为 5 再构造图。这时剩下的两条边要将外环分成两个环,只有将它们串联起来划分,如图(b)所示,将 G、F 两边串接后再连到节点 2、5 上去构成了一个新图。当然 G-F 串接链也可连到 1、4 或 5、3 等其他节点上,但都属于同构图,没有新图出现。

能不能再将周长为 4 的环作为外环来构图呢?显然不能。因为如果要画出来,它只能是图(c)所示的那样,仔细观察和分析图(c)和图(a),它们的联接结构是完全相同的,属于同构图。若再以更少的边长 3 作外环,则将出现三角形的桁架子图,就违反构图原则了。

综合上面的分析,双环运动链总共能获得(a)、(b)两种不同构的图,它们所对应的运动链如图中右边所示。它们分别被称为 Watt 型和 Stephnson 型运动链。

(3) 三环运动链的数综合

对于 $L=3$, $n=8$, $p=10$ 的三环运动链,最大可能周长为 8。若按外环周长依次取为 8、7、6、5 的顺序,一共可以排出 16 种图,列于图 1.42 中。构图的思路如下。

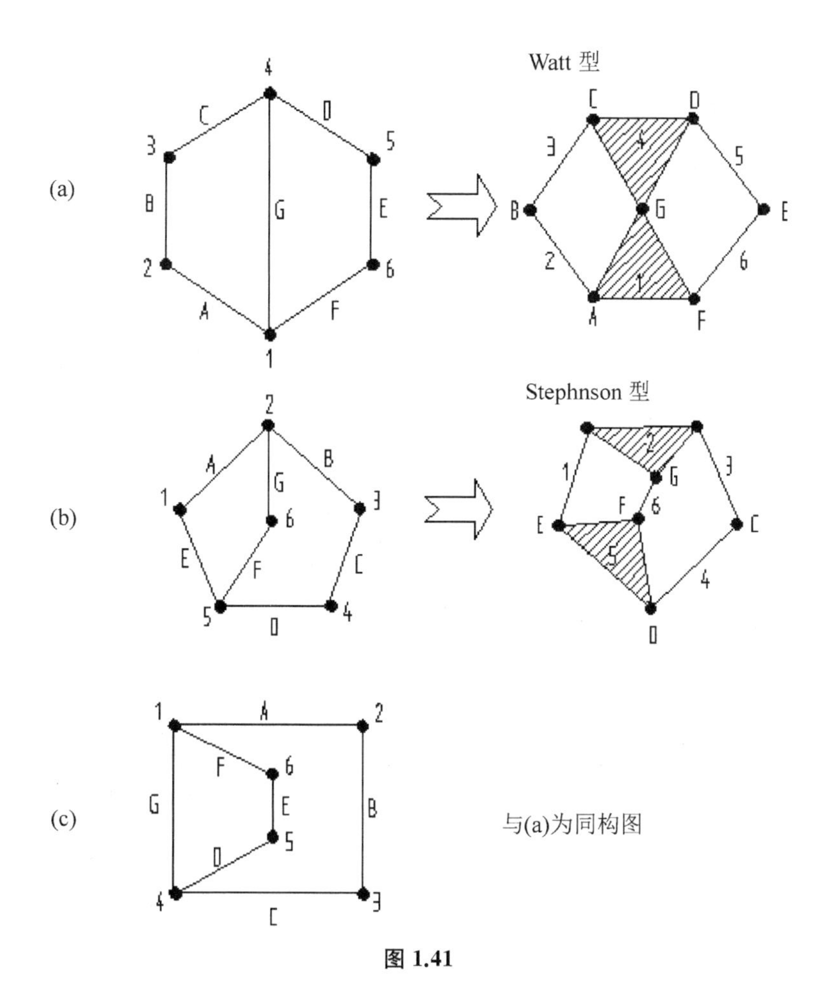

图 1.41

当周长为 8 时，另外二条边都必须单独作对角线使用，表示为 1+1，因此只可能有图 1.42 第一行的两种图结构。

周长为 7 时，另外的三条边分配为 2+1。这两条支路可以作为外环的对角线来构图，如图 1.42 中第二行中的(b)、(h)、(n)三种。也可以将两条支路作 Y 形联接构成(d)图。这一行的最后一个图，因其中包含有用虚线表示的桁架子图而不能使用。故一共构成四种图。

周长取为 6 时，另外的四边可按 2+2 或 3+1 两种方式组合，并可分别用对角线或 Y 形的形式加以联接，得到图示第三、四两行的 8 种图，其余两种因含有虚线表示的桁架子图而不能使用。

外环周长取为 5 时，另外五条边可按 3+2 和 4+1 两种方式组合。由于五边形的对角线长不能大于 2(否则会出现周长大于 5 的环)，故这两种组合方式不能作为对角线连接而只能作 Y 形连接，于是只能构成最后一行中的两种图。

周长取 4 时，不能构成新图。因为如果用 3+3、4+2 或 5+1 的组合方式作对角线联

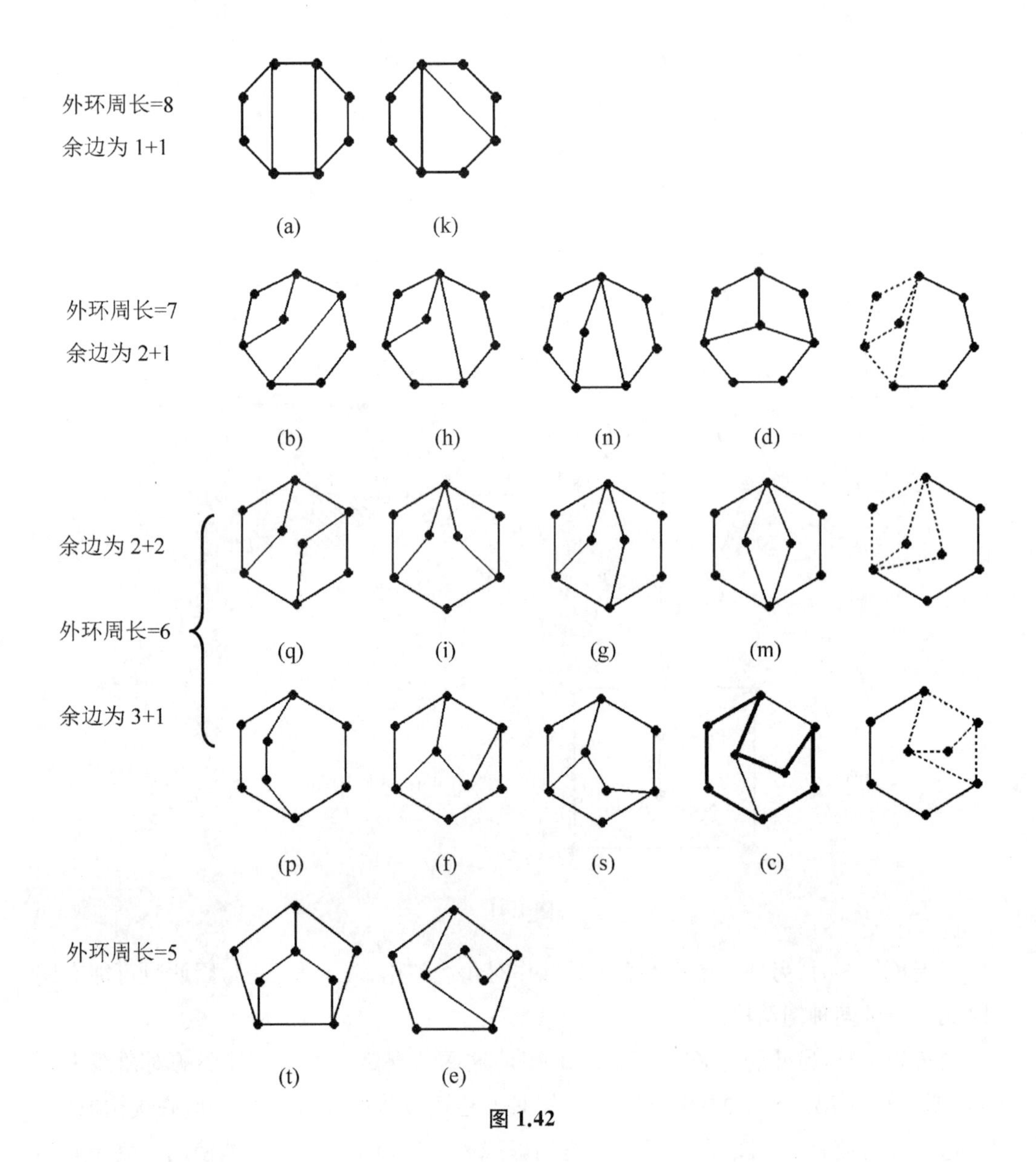

图 1.42

接，所得图中都会出现长度大于 4 的环。这些图都与前面讨论过的周长较多的某些图同构，因而得不到新的种类。

由于限定所构成的一定是平面图，因而并不能保证外环的周长一定是最大的。例如图 1.42 中的(c)图，它的内部存在一个周长为 8 的环(用粗实线画出)，但若它作为外环时，作出的图将不是平面图。

综合上面的分析，对于三环运动链一共可作出 16 种不同构的图，对应就一共有 16 种运动链结构。例如图 1.42 中的(a)图所对应的变换图，就是如图 1.43 右边所示的那样，是此图所对应的运动链结构。

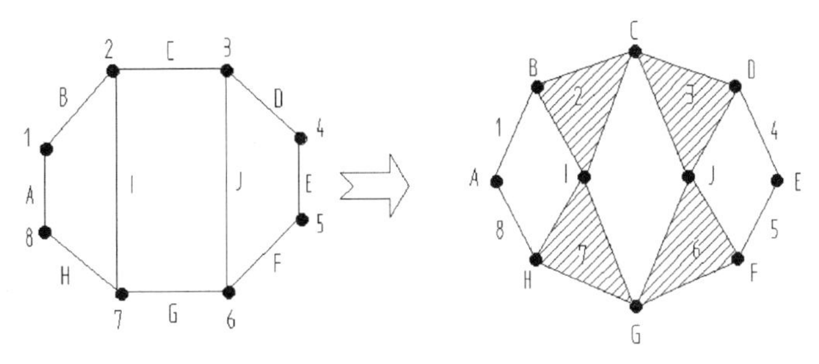

图 1.43

(4) 四环运动链的数综合

$L=4$，$n=10$，$p=13$ 的四环运动链，同样可以用图论的方法排列出全部不同构的图。根据 L.S.Woo 在论文“Type Synthesis of Plan Linkages”[Trans. ASME(B). Vol.89, No.1, 1967, P.159～172]中的分析结果，共可得 230 种不同构的图。由于多环运动链数综合的排列工作量很大，故应在计算机上编程进行。其方法是将 $v-e$ 关联矩阵的元素按一定规律变换，剔除其中有桁架子图的和同构图形的关联矩阵，排列出全部关联矩阵，最后根据这些关联矩阵绘制出全部的运动链结构图。

3.5 运动链到机构的演化

上面的数综合，只是在一定的环数 L、构件数 n 和运动副数 p 的条件下，确定不同结构运动链的种数。当由运动链转变为机构时，又因具体选定条件的不同可得到更多的机构演化型式。这些选定的条件主要包括如下几个方面：

(1) 固定不同的构件为机架；

(2) 选定不同的构件为原动件；

(3) 将某些转动副改换为移动副；

(4) 某些低副用高副来替代。

图 1.44 表示了 Watt 型双环链结构通过各种条件的变化所得到的多种机构的演化型式。

4 空间运动链结构综合概述

空间运动链的结构综合问题十分复杂，这里只简述不存在公共约束的单自由度低副单环闭链的结构综合问题。

对于单环闭链，构件数目 n 和运动副数目 p 必相等，即 $n=p$。而单自由度运动链，因释放了机构中的机架，故多了六个自由度，因此运动副的总自由度数为 7，即 $\sum f_j=7$。又因运动副的自由度最少为 1，故运动链中的运动副数目最多为 7，即 $p\leqslant 7$。

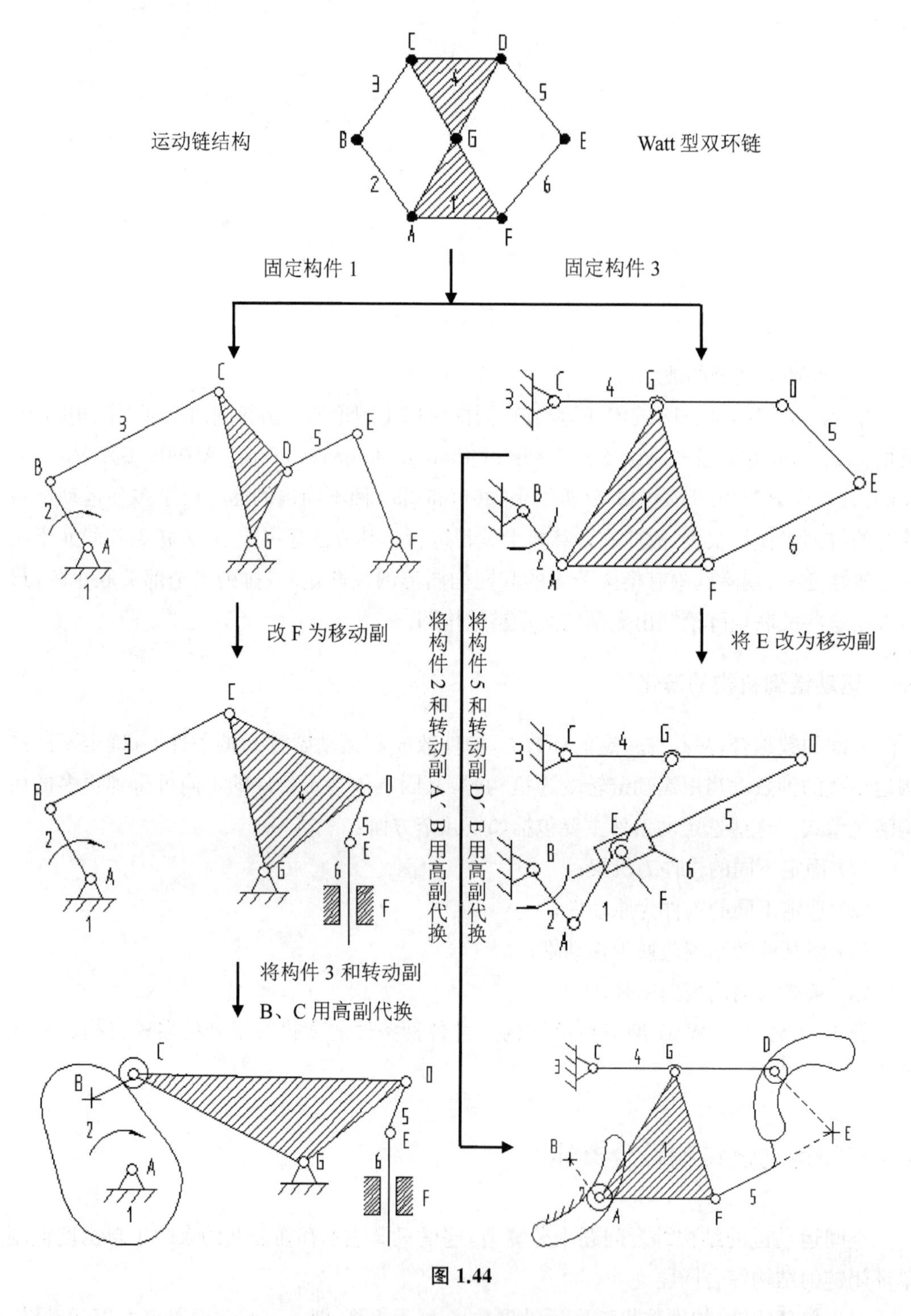

图 1.44

对空间运动链进行结构综合时，将它分成类、型、种来加以研究。

(1) 类是以运动副类别的不同组合方式来分的。

正如本章第 2 节所述，运动副是按其自由度分类的：具有一个自由度的转动副 R、螺旋副 H、移动副 P 等都是Ⅰ类副；具有二个自由度的圆柱副 C、球销副 S′则属于Ⅱ类副；具有三个自由度的球面副 S 是Ⅲ类副等。根据单闭环单自由度空间链有 $\sum f_j=7$ 的特点，可将各类空间低副进行不同数目的组合，列出下表所示的八大类，其中 p_1、p_2、p_3分别表示Ⅰ、Ⅱ和Ⅲ类运动副。

类号	运动副组合方式	构件数	类号	运动副组合方式	构件数
1	$7p_1$	7	5	$2p_1+p_2+p_3$	4
2	$5p_1+p_2$	6	6	p_1+3p_2	4
3	$4p_1+p_3$	5	7	p_1+2p_3	3
4	$3p_1+2p_2$	5	8	$2p_2+p_3$	3

（2）型是将各类运动副用具体明确的运动副符号 R、P、S、……表示出来而组成一定的运动链型式。

例如，$7p_1$这一类运动链可写成如下许多种不同的型式：7R、6HP、7H、6RP、4R3H、4P2RH、……等，一共可组合成 35 种运动链型式。又如 $3p_1+2p_2$ 这第 4 类运动链可写出 2RPCS′、3H2S′、RHPCC、……等。

（3）种是指同一型式的运动链中，各种运动副尚有不同的前后排列次序，每个排列次序就是一种。

例如，3R2P2H(属 $7p_1$类)型的运动链尚有以下各种排列次序 PHRRRHP、HPRRRPH、RPHRHRP、……，一共可有 18 种排列。

在排列时，要注意剔除同构运动链。同构运动链常发生在下列几种情况下：

a. 循环排列。例如在图 1.45 中，排列①PHRRRPH 和排列②HRRRPHP 是同构运动链，因为它们只是在排列时取的起始副不同而已。对于闭环来说，只要各运动副的排列次序不变，从哪里的运动副作为起始来写是无关紧要的，仍是属于同一种运动链结构。

b. 反排列。这是指排列写序时可以顺时针方向来写，也可以逆时针方向来写，这两种写序实际上不影响运动链的结构。例如，图 1.45 中的排列①和排列③即属于反排列，实际上排列①的 PHRRRPH 和排列③的 HPRRRHP 都属于图 1.45 的同一种结构。

c. 同文字的几个运动副的重复排列。例如第①种排列方式的 PHRRRPH 中的三个 R 副相互交换位置并不会产生新的运动链结构，所以仍属同一种。

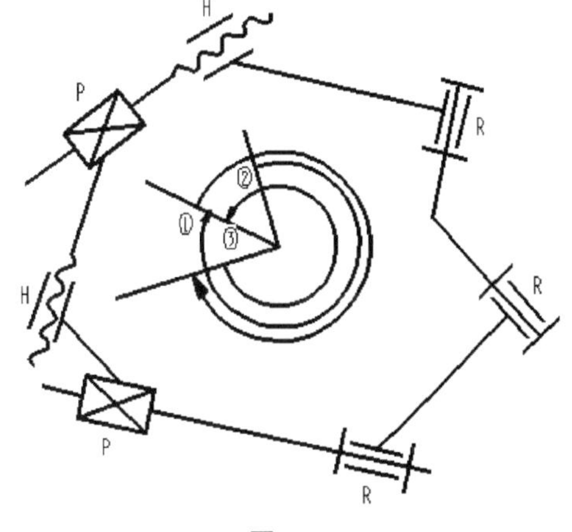

图 1.45

按照上述方法，并注意到剔除同构，对于单自由度单闭环空间运动链进行结构综合的结果，可共得 8 类、188 型、776 种。若再固定不同构件为机架，一共可得到 3 862 个不同结构的机构。

在上述的空间运动链结构综合叙述中，按照单自由度单环闭链总自由度 $\sum f_j = 7$ 的原则，组合出八类不同构件数和运动副类别数的工作就是第 3.1 节中所述的型综合的内容。而进一步针对一定数量的构件和一定类型的运动副，进行型和种的排列就是所谓的数综合的内容。

第二章
机构运动分析的解析法

1　环矢量方程及机构运动的确定性

机构运动分析的解析方法，由于所用数学工具的不同而异，但基本出发点都是建立构件矢量的封闭环方程式，简称为环矢量方程。

1.1　环矢量方程

绝大部分机构都属于闭链机构。在运动分析时，若将各构件视为矢量，并依一定的顺序依次连接起来，构成一个或多个封闭形的矢量环，则按此种矢量关系建立起来的构件矢量方程就是环矢量方程。

例如，图 2.1(a)所示的铰链四杆机构，按所标注的构件矢量情况，可以写出如下的环矢量方程

$$\vec{a}+\vec{b}=\vec{d}+\vec{c}$$

或

$$\vec{a}+\vec{b}-\vec{d}-\vec{c}=0$$

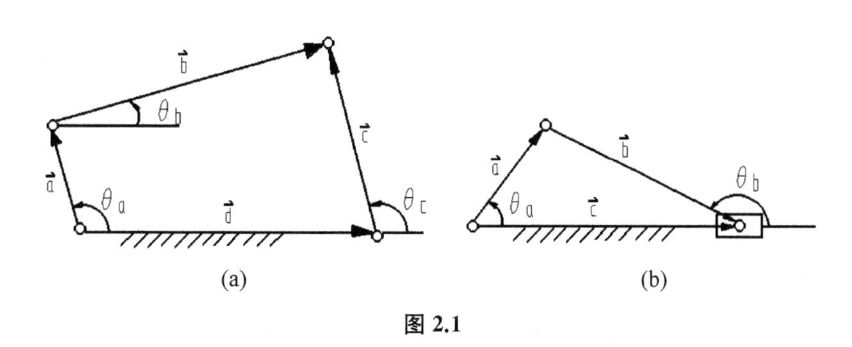

图 2.1

图 2.1(b)所示的曲柄滑块机构按图示标注的各构件矢量情况，其环矢量方程是

$$\vec{a}+\vec{b}=\vec{c} \text{ 或 } \vec{a}+\vec{b}-\vec{c}=0$$

以上两个例子的四杆机构都是单环机构，因此只能建立一个环矢量方程。若是六杆

机构，则属于双环机构，可建立两个独立的环矢量方程。如图 2.2 所示的铰链六杆机构，可建立如下两个独立的环矢量方程：

闭环 ABCDA 的矢量方程为

$$\vec{a}+\vec{b}=\vec{d}+\vec{c}$$

闭环 DCEFGD 的矢量方程为

$$\vec{c}+\vec{e}+\vec{f}=\vec{h}+\vec{g}$$

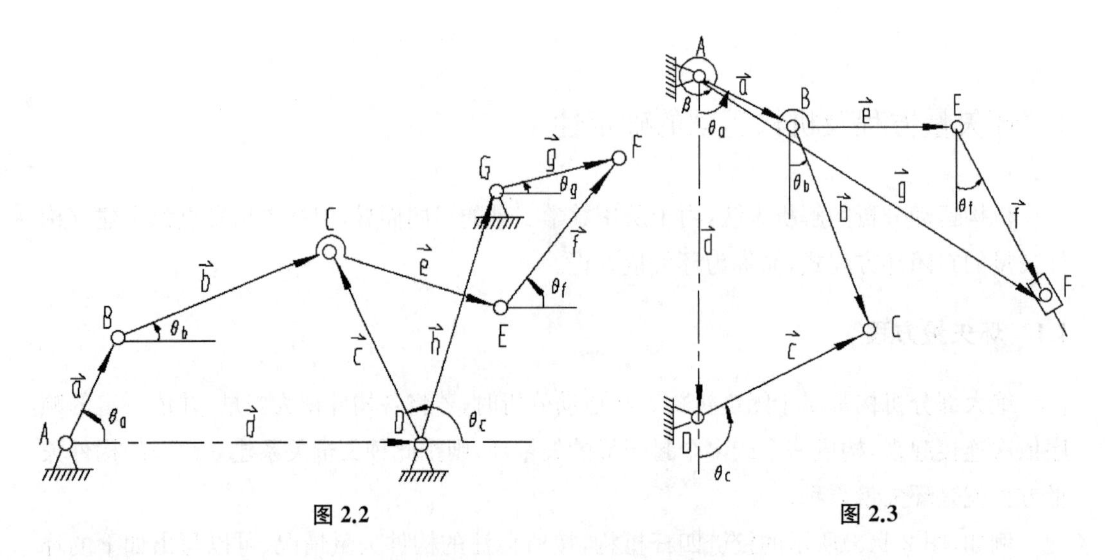

图 2.2　　图 2.3

图 2.3 是一个六杆复合式机构，按图示的构件矢量标注情况，也可建立两个独立的环矢量方程：

闭环 ABCDA 的矢量方程是

$$\vec{a}+\vec{b}=\vec{d}+\vec{c}$$

闭环 ABEFA 的矢量方程是

$$\vec{a}+\vec{e}+\vec{f}=\vec{g}$$

同理，可以依此类推地对八杆机构建立三个独立的环矢量方程等。

1.2　机构的运动确定性

由第一章的分析知，凡是按基本组依次连接到机架和原动件上去的方法而组成的机构，因基本组自由度 $F=0$，故只要原动件的运动规律已知，则基本组中各构件的位置、速度、加速度即被确定，即机构必具有运动的确定性。这一点也可由机构的环矢量方程予以说明。

每个环矢量方程可以解两个未知数，包括矢量的大小和方向。对于单环机构，在已知各构件尺寸和原动件位置的情况下，未知参数也只有两个。例如图 2.1(a)所示的铰链四杆机构中，已知 a、b、c、d 和 θ_a，其未知参量为 θ_b、θ_c两个方向角。又如图 2.1(b)所示的曲柄滑块机构中，已知 a、b 和 θ_a，未知参数为方向角 θ_b和 $\vec{c}$ 矢量的模 c。对于双环机构，因有两个环矢量方程，因此可以解四个未知数。例如图 2.3 中，已知 a、b、c、d、e、g、β 和θ_a，未知参数为 θ_b、θ_c、θ_f三个方向角和 $\vec{f}$ 矢量的模 f。图 2.2 中的未知参数为四个方向角 θ_b、θ_c、θ_f、θ_g。更多环数的机构也是如此。

因此只要机构原动件数目等于机构自由度，当给定原动件的运动规律后，机构就有了运动的确定性。

2 运动分析的代数法

2.1 代数法的基本思路

代数法的基本思路是，由环矢量方程沿 x、y 坐标轴投影，写出两个代数方程式，从中解出未知参数，再将位置参数(位置角或线位移)对时间求导，解出其速度和加速度。

例如，已知图 2.4 所示铰链四杆机构中，各构件的尺寸为 a、b、c、d，原动件 1 作等角速转动，位置角参数 $\theta_1=\theta_1(t)$，求位置角 θ_2、θ_3，角速度 ω_2、ω_3，角加速度 α_2、α_3。

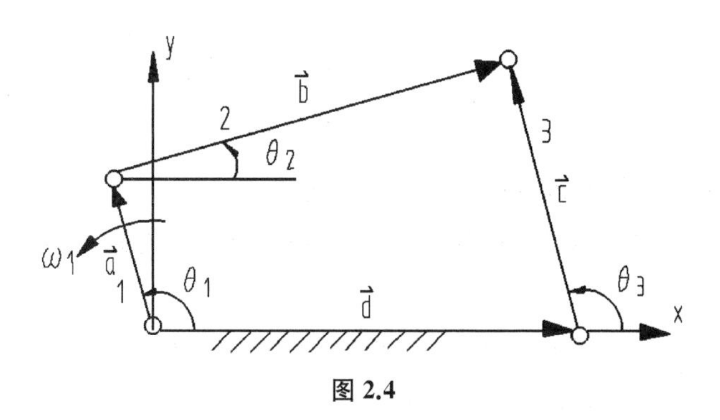

图 2.4

首先将各构件作为矢量，如图上标注所示，写出环矢量方程

$$\vec{a}+\vec{b}-\vec{d}-\vec{c}=0$$

取图示坐标系，将环矢量方程在 x、y 坐标轴上写出投影代数方程

$$\left.\begin{aligned}a\cos\theta_1+b\cos\theta_2-c\cos\theta_3-d=0\\a\sin\theta_1+b\sin\theta_2-c\sin\theta_3=0\end{aligned}\right\}\tag{2.1}$$

这是关于 θ_2、θ_3的非线性方程组，从该两式中消去 θ_2，可得三角方程

$$A\sin\theta_3+B\cos\theta_3=C\tag{2.2}$$

式中，$A=\sin\theta_1$，$B=\cos\theta_1-d/a$，$C=(a^2-b^2+c^2+d^2)/2ac-\dfrac{d}{c}\cos\theta_1$。为从式(2.2)中解出 θ_3，利用三角关系式，令 $x=\mathrm{tg}(\theta_3/2)$，则有

$$\sin\theta_3=\frac{2x}{1+x^2}\qquad \cos\theta_3=\frac{1-x^2}{1+x^2}$$

代入式(2.2)得代数方程式

$$(B+C)x^2-2Ax-(B-C)=0$$

解此方程得

$$\theta_3=2\mathrm{arctg}\frac{A\pm\sqrt{A^2+B^2-C^2}}{B+C}\tag{2.3}$$

用同样的方法，由式(2.1)中消去 θ_3，可推出三角方程式

$$A\sin\theta_2+B\cos\theta_2=D\tag{2.4}$$

式中，A、B 同前，$D=\dfrac{d}{b}\cos\theta_1-(a^2+b^2-c^2+d^2)/2ab$。

解三角方程(2.4)得

$$\theta_2=2\mathrm{arctg}\frac{A\pm\sqrt{A^2+B^2-D^2}}{B+D}\tag{2.5}$$

式(2.4)、(2.5)中的"±"号取舍视机构初始条件而定。

求角速度 ω_2、ω_3 时，只需将方程组(2.1)对时间 t 求导，得到以 ω_2、ω_3 为未知量的线性方程组：

$$\left.\begin{aligned}-b\sin\theta_2\omega_2+c\sin\theta_3\omega_3&=a\sin\theta_1\omega_1\\ b\cos\theta_2\omega_2-c\cos\theta_3\omega_3&=-a\cos\theta_1\omega_1\end{aligned}\right\}\tag{2.6}$$

或写成矩阵形式如下：

$$\begin{bmatrix}-b\sin\theta_2 & c\sin\theta_3\\ b\cos\theta_2 & -c\cos\theta_3\end{bmatrix}\begin{Bmatrix}\omega_2\\ \omega_3\end{Bmatrix}=\begin{Bmatrix}a\sin\theta_1\\ -a\cos\theta_1\end{Bmatrix}\omega_1\tag{2.6'}$$

按克莱姆(Cramer)定理，可直接写出方程组(2.6)的解

$$\omega_2=\frac{A_1}{A}=\frac{a\sin(\theta_3-\theta_1)}{b\sin(\theta_2-\theta_3)}\omega_1$$

$$\omega_3=\frac{A_2}{A}=\frac{b\sin(\theta_2-\theta_1)}{c\sin(\theta_2-\theta_3)}\omega_1$$

式中，$A=\begin{vmatrix} -b\sin\theta_2 & c\sin\theta_3 \\ b\cos\theta_2 & -c\cos\theta_3 \end{vmatrix}$，$A_1=\begin{vmatrix} a\sin\theta_1\omega_1 & c\sin\theta_3 \\ -a\cos\theta_1\omega_1 & -c\cos\theta_3 \end{vmatrix}$，

$A_2=\begin{vmatrix} -b\sin\theta_2 & a\sin\theta_1\omega_1 \\ b\cos\theta_2 & -a\cos\theta_1\omega_1 \end{vmatrix}$。

求角加速度时，将式(2.6)再对时间求一次导数，得到以 α_2、α_3 为未知量的线性方程组：

$$\left.\begin{aligned} -b(\cos\theta_2\omega_2^2+\sin\theta_2\alpha_2)+c(\cos\theta_3\omega_3^2+\sin\theta_3\alpha_3)=a\cos\theta_1\omega_1^2 \\ b(-\sin\theta_2\omega_2^2+cos\theta_2\alpha_2)-c(-\sin\theta_3\omega_3^2+\cos\theta_3\alpha_3)=a\sin\theta_1\omega_1^2 \end{aligned}\right\} \tag{2.7}$$

从中可以解出

$$\alpha_2=\frac{-\omega_1^2a\cos(\theta_1-\theta_3)-\omega_2^2b\cos(\theta_2-\theta_3)+\omega_3^2c}{b\sin(\theta_2-\theta_3)}$$

$$\alpha_3=\frac{\omega_1^2a\cos(\theta_1-\theta_2)+\omega_2^2b-\omega_3^2c\cos(\theta_3-\theta_2)}{c\sin(\theta_3-\theta_2)}$$

2.2 代数方程的一般表达式及其解法

由上面的分析可知，机构的位移方程组通常都为非线性方程组，待求量与已知量之间呈非线性的隐函数形式，其一般表达式为

$$f_i(\bar{x})=f_i(x_1,\ x_2,\ \cdots,\ x_n)=0,\ i=1,\ 2,\ \cdots,\ n \tag{2.8}$$

式中，x_1，x_2，…，x_n 为从动件的未知位置参变量。而速度、加速度方程组则全为线性方程组，其一般表达式用矩阵形式表示为

$$[A]\{\omega\}=\{B\}\omega_1 \tag{2.9}$$

$$[A]\{\alpha\}=-[\dot{A}]\{\omega\}+\{\dot{B}\}\omega_1 \tag{2.10}$$

式中，$[A]$—机构从动件位置参数矩阵

$\{\omega\}$—机构从动件角速度列阵

$\{B\}$—原动件位置参数列阵

$\{\alpha\}$—从动件角加速度列阵

$[\dot{A}]$—矩阵$[A]$对时间 t 的导数矩阵，即 $d[A]/dt$

$\{\dot{B}\}$—列阵$\{B\}$对时间 t 的导数矩阵，即 $d\{B\}/dt$

非线性方程组求解在阶数较高时常采用牛顿—莱弗逊(Newton - Raphson)算法，这是一种迭代的逐步逼近法，具体解法如下。

对式(2.8)形式的非线性方程组，首先确定一个近似解，例如在运动分析中采用图解

方法求出，设近似解为

$$\bar{x}^{(k)}=(x_1^{(k)},\ x_2^{(k)},\ \cdots,\ x_n^{(k)})^T$$

应用泰勒(Taylor)公式将方程组(2.8)在 $\bar{x}^{(k)}$ 点展开，并只保留增量的线性项，得矩阵式

$$\{f(\bar{x}^{(k+1)})\}=\{f(\bar{x}^{(k)})\}+[A^{(k)}]\Delta\bar{x}^{(k)} \tag{2.11}$$

式中，$[A^{(k)}]$ 为 $f_i(\bar{x})$ 在点 $\bar{x}^{(k)}$ 处的偏导数矩阵，称雅克比(Jacob)矩阵，写作

$$[A^{(k)}]=\begin{bmatrix}\dfrac{\partial f_1}{\partial x_1} & \dfrac{\partial f_1}{\partial x_2} & \cdots\cdots & \dfrac{\partial f_1}{\partial x_n}\\ \dfrac{\partial f_2}{\partial x_1} & \dfrac{\partial f_2}{\partial x_2} & \cdots\cdots & \dfrac{\partial f_2}{\partial x_n}\\ \cdots\cdots & & & \\ \dfrac{\partial f_n}{\partial x_1} & \dfrac{\partial f_n}{\partial x_2} & \cdots\cdots & \dfrac{\partial f_n}{\partial x_n}\end{bmatrix}_{\bar{x}=\bar{x}^k}$$

为求方程组(2.8)的解，令 $\{f(\bar{x}^{(k+1)})\}=0$，由式(2.11)得解

$$\Delta\bar{x}^{(k)}=-[A^{(k)}]^{-1}\{f(\bar{x}^{(k)})\} \tag{2.12}$$

当 $\bar{x}^{(k)}$ 为已知时，式中的右端部分均为可求，于是第一次迭代的改进解为

$$\bar{x}^{(k+1)}=\bar{x}^{(k)}+\Delta\bar{x}^{(k)} \tag{2.13}$$

若进一步以 $\bar{x}^{(k+1)}$ 作为新的近似解，可按同样的步骤求得下一次迭代的改进解，每一次迭代使解更趋于精确解，最后可以预先设定一精度指标 ε，当

$$f_i(\bar{x}^{(k+1)})\leqslant\varepsilon_i,\ i=1,\ 2,\ \cdots,\ n \tag{2.14}$$

时，终止迭代过程，输出方程组(2.8)的解。

至于速度、加速度的线性方程组求解，则有高斯消去法、主元消去法等多种方法，低阶的线性方程组也可用克莱姆定理直接解出。

3 运动分析的复数矢量法

3.1 矢量的复数表示

矢量 $\vec{R}$ 在一般的 $x-y$ 坐标系内可表示为

$$\vec{R}=x\vec{u}_x+y\vec{u}_y \tag{2.15}$$

x、y 分别为矢量 $\vec{R}$ 在坐标轴上的投影值，$\vec{u}_x$、$\vec{u}_y$ 分别为沿 x、y 坐标轴正向的单位矢量，如图 2.5 左图所示。

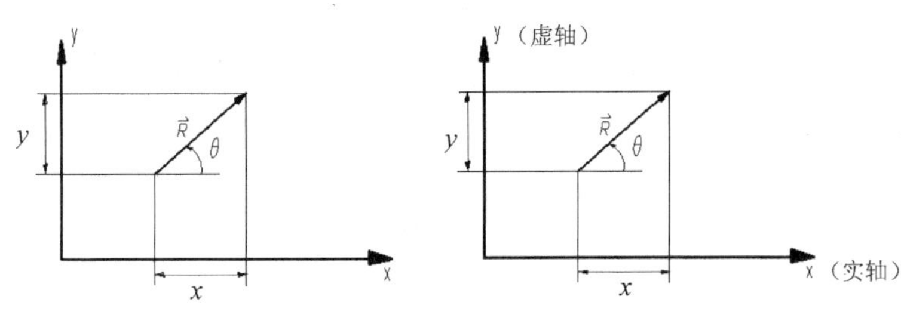

图 2.5

今设置一个特殊的坐标系，如图 2.5 右图所示，取其水平坐标轴为实轴，单位矢量的长度取为 1，即 $\|\vec{u}_x\|=1$；取垂直坐标轴为虚轴，单位矢量长度取为 $i=\sqrt{-1}$，即 $\|\vec{u}_y\|=i$。这个由实轴和虚轴组成的坐标平面称为复数平面。若将矢量 $\vec{R}$ 置于复数平面内，则由式(2.15)和 $\|\vec{u}_x\|=1$ 和 $\|\vec{u}_y\|=i$ 的关系，矢量 $\vec{R}$ 可表示为

$$\vec{R}=x+iy$$

式中，x 称为实部，y 称为虚部。设 $\vec{R}$ 的模为 r，则有

$$\vec{R}=r\cos\theta+ir\sin\theta$$

由德茅付雷(de Moivre)定理有

$$\cos\theta+i\sin\theta=e^{i\theta}$$

于是矢量有了如下的复数(复极)表示形式

$$\vec{R}=re^{i\theta} \tag{2.16}$$

该式实际上已包含了矢量极坐标的两个要素：模 r 和方向角 θ，所以也称为复极矢量的表达式。式中的 $e^{i\theta}$ 可视为沿 $\vec{R}$ 方向的单位矢量。这种将矢量的模和方向角归结在同一项中的复极表示法，在使用中带来了许多方便。

3.2　矢量旋转的复极表示

在图 2.6 中，矢量 $\vec{R}$ 用复极形式写出有

$$\vec{R}=e^{i\alpha}$$

若将矢量 $\vec{R}$ 沿逆时针方向旋转 β 角成为矢量 $\vec{R}'$ 时则有

$$\vec{R}'=re^{i(\alpha+\beta)}=re^{i\alpha}\cdot e^{i\beta}=\vec{R}\cdot e^{i\beta}$$

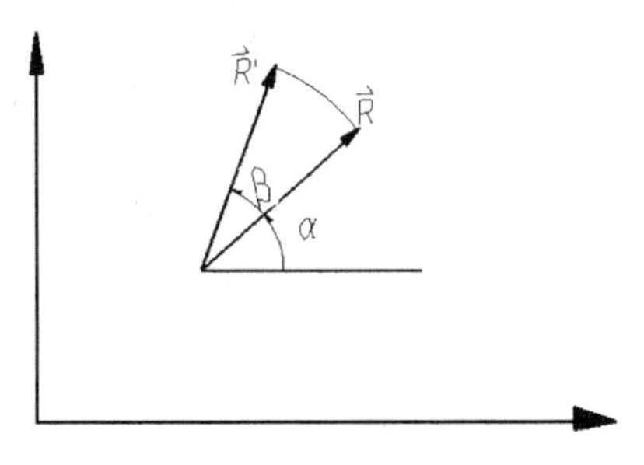

图 2.6

因此，矢量 $\vec{R}$ 旋转 β 角后的新矢量 $\vec{R}'$ 一般可用下式表达

$$\vec{R}'=\vec{R}\cdot e^{\pm i\beta} \tag{2.17}$$

式中的“±”号决定于矢量的旋转方向，逆时针转动为“+”，反之为“−”。

若矢量逆时针旋转 90°，则因

$$e^{i\frac{\pi}{2}}=\cos\frac{\pi}{2}+i\sin\frac{\pi}{2}=i$$

故有

$$\vec{R}'=\vec{R}\cdot e^{i\frac{\pi}{2}}=i\vec{R} \tag{2.18}$$

顺时针转 90°时，则应有

$$\vec{R}'=-i\vec{R} \tag{2.18$'$}$$

3.3 复数矢量的导数

矢量 $\vec{R}=re^{i\theta}$ 对时间 t 的导数，按最一般的情况来分析，r 和 θ 都看作为时间的函数，故有

$$\dot{\vec{R}}=\frac{d\vec{R}}{dt}=\dot{r}e^{i\theta}+r\frac{d}{dt}(e^{i\theta})=\dot{r}e^{i\theta}+re^{i\theta}\cdot i\frac{d\theta}{dt}$$

整理得

$$\dot{\vec{R}}=\dot{r}e^{i\theta}+i\dot{\theta}re^{i\theta} \tag{2.19}$$

我们可以用机构运动学中的物理意义来解释上面导数式中的各项量值。设动点 A 在图 2.7 中沿虚线所示的轨迹作运动，动点 A 在复数平面中用复极矢量 $\vec{R}$ 表示其每一瞬时的位置。A 点的速度 $\vec{V}_A$ 必相切于轨迹曲线，且必有 $\dot{\vec{R}}=\vec{V}_A$。$\vec{V}_A$ 可分解成为两项：

$$\vec{V}_A=\vec{V}_A'+\vec{V}_A''$$

此式中的 $\vec{V}_A'$ 和 $\vec{V}_A''$ 即对应于式(2.19)中的 $\dot{r}e^{i\theta}$ 和 $i\dot{\theta}re^{i\theta}$。

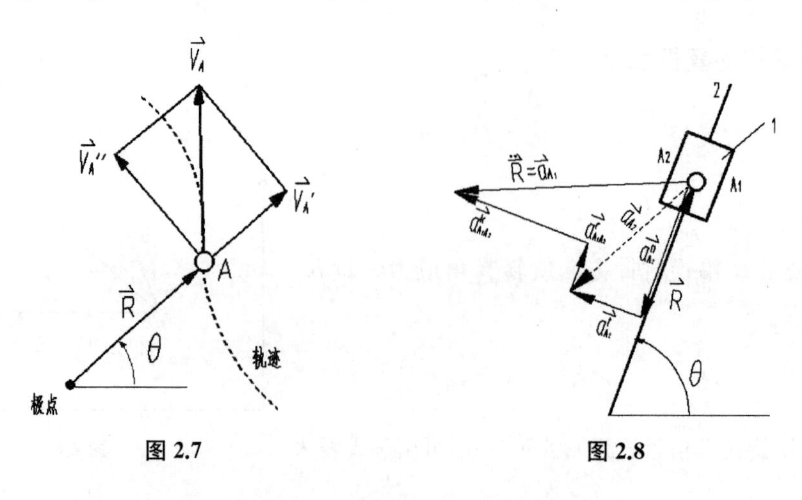

图 2.7　　图 2.8

同理，对式(2.19)再求一次导数，可整理成复数矢量的二阶导数为

$$\ddot{\vec{R}}=-\dot{\theta}^2re^{i\theta}+i\ddot{\theta}re^{i\theta}+\ddot{r}e^{i\theta}+i2\dot{\theta}\dot{r}e^{i\theta} \tag{2.20}$$

式(2.20)中的各项对应于点的运动中的各项加速度。如图 2.8 所示，$\ddot{\vec{R}}$ 为动点 A_1的加速度 $\vec{a}_{A_1}$，若以构件 2 上的 A_2为牵连点，则按相对运动的加速度方程式可写出

$$\vec{a}_{A_1}=\vec{a}^n_{A_2}+\vec{a}^t_{A_2}+\vec{a}^r_{A_1A_2}+\vec{a}^k_{A_1A_2}$$

与式(2.20)相比较，正好是一一对应的关系。例如其中的式右端的第二项 $a^t_{A_2}=\varepsilon r=i\ddot{\theta}re^{i\theta}$，式中 $\varepsilon=\ddot{\theta}$，$ie^{i\theta}$ 是表示 $a^t_{A_2}$ 的方向角为 θ 沿逆时针方向旋转 90°。

3.4　机构运动分析复数矢量法举例

设在图 2.9 所示的导杆机构中，已知机构的尺寸 a、b、m 和原动件的运动参数 φ_1、$\dot{\varphi}_1$、$\ddot{\varphi}_1$，欲求导杆 3 的运动参数 φ_3、$\dot{\varphi}_3$、$\ddot{\varphi}_3$ 和滑块 2 相对导杆 3 的运动参数 c、$V_{A_3A_2}$、$a^r_{A_3A_2}$。

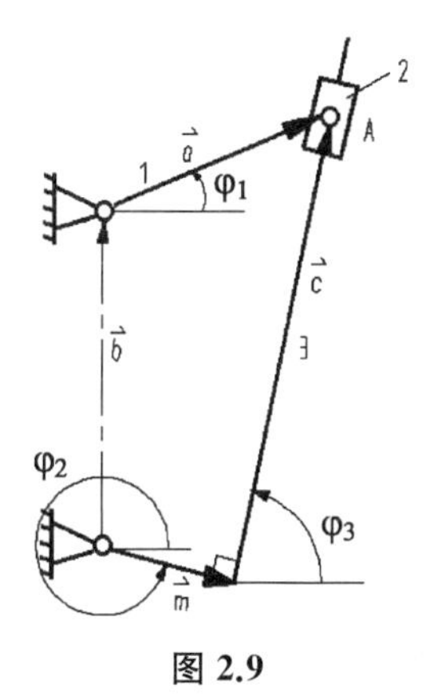

图 2.9

首先将各构件标注成矢量，并建立环矢量方程

$$\vec{a}+\vec{b}=\vec{m}+\vec{c}$$

写成复数式

$$ae^{i\varphi_1}+be^{i\frac{\pi}{2}}=me^{i\varphi_2}+ce^{i\varphi_3}$$

因有 $e^{i\frac{\pi}{2}}=i$ 和 $\varphi_2=\dfrac{3\pi}{2}+\varphi_3$，代入上式，可得

$$ae^{i\varphi_1}+ib=-mie^{i\varphi_3}+ce^{i\varphi_3} \tag{2.21}$$

按照式(2.21)即可作位移分析。对式(2.21)按德茅付雷定理展开，并分别取其实部和虚部有

$$\left.\begin{aligned}a\cos\varphi_1&=m\sin\varphi_3+c\cos\varphi_3\\a\sin\varphi_1+b&=-m\cos\varphi_3+c\sin\varphi_3\end{aligned}\right\} \tag{2.22}$$

将两式平方相加，消去 φ_3 得

$$c=\sqrt{a^2+b^2-m^2+2ab\sin\varphi_1} \tag{2.23}$$

由式(2.22)中的第一式，解三角方程，得

$$\varphi_3=2\mathrm{arctg}\frac{m+b+a\sin\varphi_1}{c+a\cos\varphi_1} \tag{2.24}$$

速度分析时，可将式(2.21)对时间求导有：

$$a\dot{\varphi}_1 i e^{i\varphi_1} = m\dot{\varphi}_3 e^{i\varphi_3} + \dot{c} e^{i\varphi_3} + c\dot{\varphi}_3 i e^{i\varphi_3} \tag{2.25}$$

为求出 $\dot{\varphi}_3$，在上式的两边同乘以 $e^{-i\varphi_3}$，化简后得

$$a\dot{\varphi}_1\left[\cos\left(\frac{\pi}{2}+\varphi_1-\varphi_3\right)+i\sin\left(\frac{\pi}{2}+\varphi_1-\varphi_3\right)\right]=m\dot{\varphi}_3+\dot{c}+c\dot{\varphi}_3 i$$

取上式中的实部得

$$\dot{c} = V_{A3A2} = -[m\dot{\varphi}_3 + a\dot{\varphi}_1\sin(\varphi_1-\varphi_3)]$$

取其虚部得

$$\dot{\varphi}_3 = \frac{a\cos(\varphi_1-\varphi_3)}{c}\dot{\varphi}_1$$

进行加速度分析时，可对式(2.25)再求导一次，并分别取其虚部和实部，即可解出其加速度参数

$$\ddot{\varphi}_3 = \frac{1}{c}[a\ddot{\varphi}_1\cos(\varphi_1-\varphi_3) - a\dot{\varphi}_1^2\sin(\varphi_1-\varphi_3) - 2c\dot{\varphi}_3 - m\dot{\varphi}_3^2]$$

$$\ddot{c} = a^r_{A3A2} = c\dot{\varphi}_3^2 - m\ddot{\varphi}_3 - a\ddot{\varphi}_1\sin(\varphi_1-\varphi_3) - a\dot{\varphi}_1^2\cos(\varphi_1-\varphi_3)$$

4 利用标准子程序作运动分析

应用上述各种方法对多种多样的具体机构进行运动分析时，需要细心推导其计算公式和编制计算机程序，这是一种相当繁复的工作。为了解决各种机构的运动分析问题能使用通用的标准化子程序以简化分析工作，机构学者已研究了将各种机构中具有共性的部分归纳成一些基本单元，进而将它们编制成计算机子程序，以备分析时调用，这种方法既方便，又少出差错。下面介绍两种子程序系统。

4.1 基本组子程序系统

按照机构组成的阿苏尔理论，机构是由若干基本组依次连接到原动件、机架而组成。因此，只要已知基本组外部运动副的运动，基本组中各构件的运动即被确定。许多文献[4][10]已将各种基本组的运动分析编成了标准子程序供直接调用。现举一个例子予以说明。

图 2.10 所示的铰链六杆机构，已知各构件的尺寸以及原动件 1 的运动规律为以等角速度 ω_1 的转动。在运动分析时，首先把机构按组成原理拆分成两个 3R 基本组 Ⅰ、Ⅱ 和由原动件、机架组成的曲柄部分。然后用图 2.11 的方块图表示出其解法结构。此图表示：与机架相连的曲柄是原动件，黑三角表示为动力源，3R 基本组 Ⅰ 的外部运动副为 B、D。B 的运动由曲柄子程序输出，D 与机架相连，因而对 3R 基本组 Ⅰ 来说，外部运动 B、D 的运

动为输入的已知值，从中可以解出 C、E 两点的运动。求解内部运动副 C 的运动可调用 3R 基本组子程序。求解 E 的运动可调用三角形刚体子程序。对于 3R 基本组Ⅱ来说，则与基本组Ⅰ相同，已知 E、G 两点的运动，再次调用 3R 基本组子程序，即可求出内部运动副 F 点的运动。于是，机构各构件的全部运动获解。

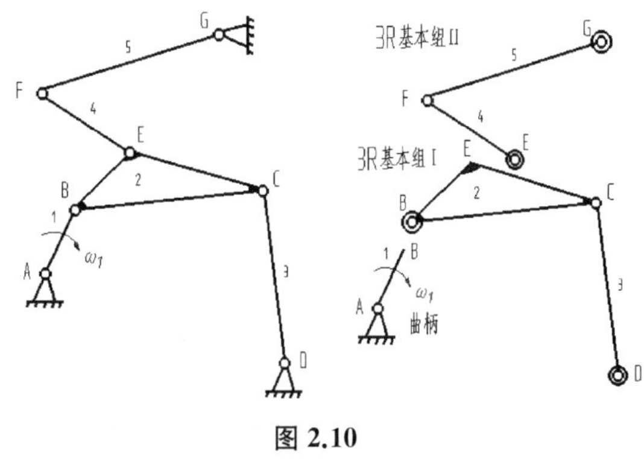

图 2.10

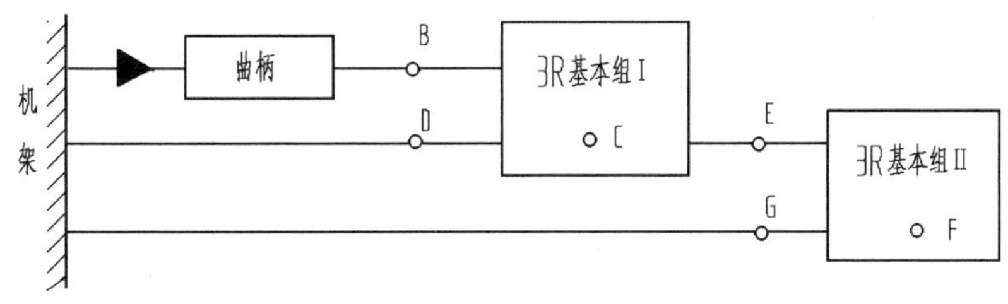

图 2.11

按文献[6]所提供的子程序及其名称，设计者的主程序可拟订如图 2.12 所示的流程图后编写出来。其中的 CRANK 是一个曲柄子程序，通过该子程序可以求出曲柄上 B 点的位置、速度和加速度。图中的 DYIPT、DYIVT、DYIAT 三个子程序是针对 3R 基本组而编制的，只要输入基本组外部运动副的运动参数，即可解出其内部运动副的运动。三个子程序分别用于位置分析、速度分析和加速度分析。图中的 COSRL 是一个刚体运动分析子程序，只要已知刚体上两点的运动，即可解出任意一个三角点的运动。

4.2　复数三角解子程序系统

用复数矢量法解机构运动时，是以矢量三角形解为基础的，这样可便于建立标准子程序。

按照平面矢量的长度和方向的每一个量是否为已知，将矢量作如下的分类。

表 2.1　平面矢量的分类

矢量要素		矢量代号	说　　明	矢端轨迹
长度	方向			
√	√	$\vec{K}$	已知矢量，但随时间而变化	已知平面曲线
√	√	$\vec{C}$	常数矢量，例如机架矢量	某一定点
√	?	$\vec{B}$	方向未知矢量	圆周
?	√	$\vec{L}$	长度未知矢量	直线
?	?	$\vec{P}$	全未知矢量	平面上

表注：表中“√”表示为已知，“?”表示为待求量。

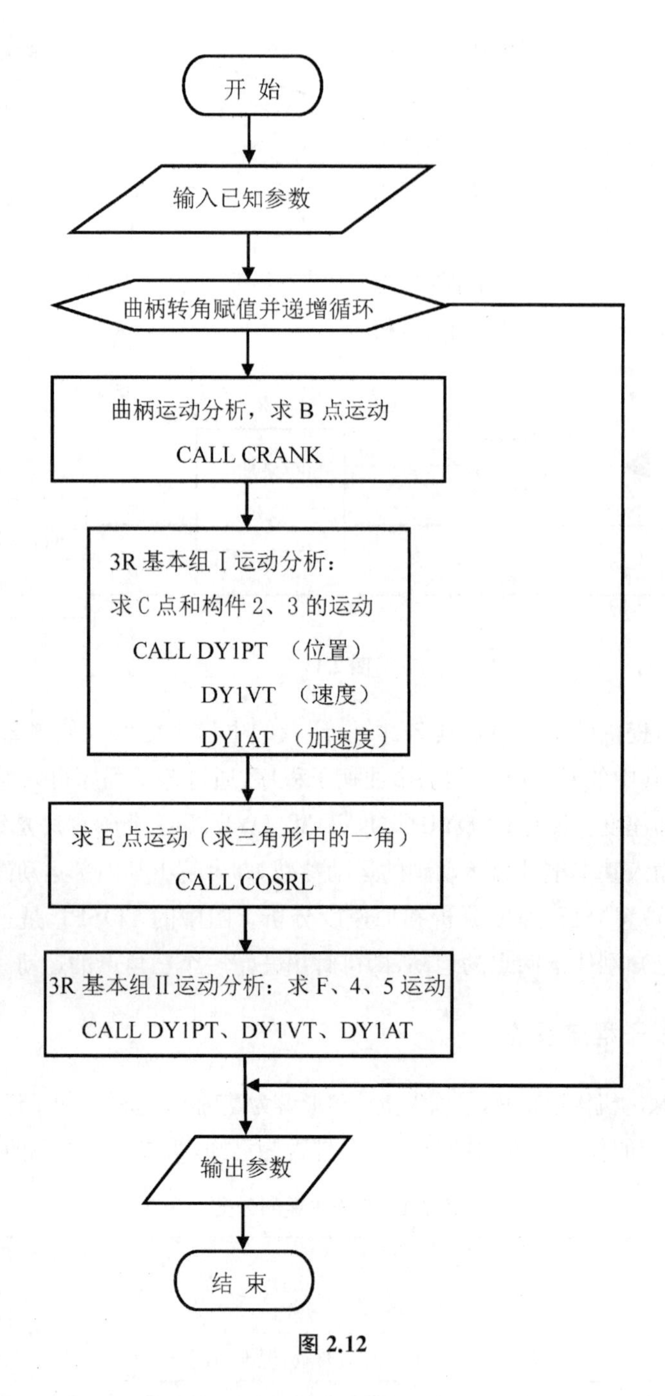

图 2.12

若有三角形的环矢量方程

$$\vec{R}=\vec{R}_1+\vec{R}_2$$

它共有六个矢量要素，只允许有二个未知要素才是可解的。根据此三角形环矢量方程中矢量类型之不同，三角环矢量方程又可分成如下表中所示的四种不同类型。

表 2.2　三角环矢量方程的类型

分类号	环矢量方程	几 何 说 明	解的数目
1	$\vec{P}=\vec{K}_1+\vec{K}_2$	两已知矢量之和	1
2	$\vec{L}_1=\vec{K}+\vec{L}_2$	求两直线之交点	1
3	$\vec{L}=\vec{K}+\vec{B}$	求直线与圆的交点	2
4	$\vec{B}_1=\vec{K}+\vec{B}_2$	求两圆之交点	2

以上四类三角环矢量方程求解的几何图形如图 2.13 所示。

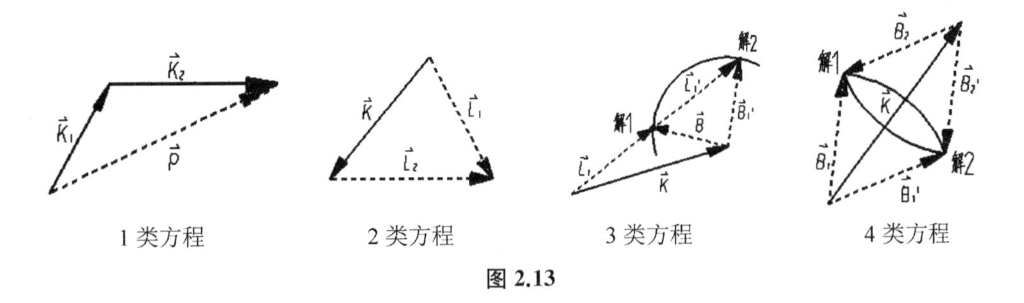

图 2.13

文献[5]对上面的四类三角环矢量方程的解提供了相应的标准子程序 CASE1、CASE2、CASE3、CASE4。运动分析时，先将机构图分解成若干个矢量三角形，判断三角环矢量方程的类型号，再编制主程序调用相应类别的子程序，即可求解得机构的运动。

以图 2.14 所示的铰链六杆机构的运动分析为例，说明三角环矢量方程的建立及其类型的判别。

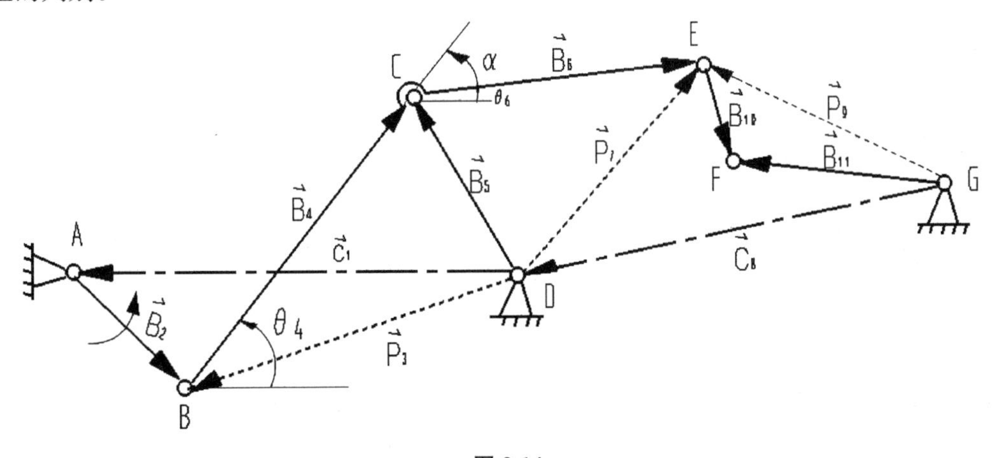

图 2.14

首先，将已知长度的构件标注为矢量，它们一般均属于长度已知矢量 $\vec{B}$，如图中的 $\vec{B}_2$、$\vec{B}_4$、$\vec{B}_5$、$\vec{B}_6$、$\vec{B}_{11}$、$\vec{B}_{12}$。然后标注出机架矢量，它们都是常数矢量 $\vec{C}$，如图中的 $\vec{C}_1$ 和 $\vec{C}_8$。最后，添加一些必要的辅助矢量以划分成若干个三角矢量单元，如图中虚线所示的即为辅助矢量。辅助矢量通常均为全未知矢量 $\vec{P}$ 或长度未知矢量 $\vec{L}$。

将图 2.14 的各矢量三角形，按规定的矢量代号，从原动件处开始，依次写出如下的各三角环矢量方程：

$\vec{B}_2=\vec{K}_2$（在已知瞬时位置，$\vec{B}_2$ 成为常数矢量）

$\vec{P}_3=\vec{C}_1+\vec{K}_2$（第 1 类方程解出 $\vec{P}_3$）

$\vec{B}_5=\vec{P}_3+\vec{B}_4$（第 4 类方程，由 $\vec{P}_3$ 已求出，可解出 $\vec{B}_4$、$\vec{B}_5$）

$\vec{B}_6=b_6e^{i(\theta_4-\alpha)}$（$\vec{B}_6$ 的方向是由 $\vec{B}_4$ 方向顺时针转过 α）

$\vec{P}_7=\vec{B}_5+\vec{B}_6$（第 1 类方程，因 $\vec{B}_5$、$\vec{B}_6$ 已求出，可解出 $\vec{P}_7$）

$\vec{P}_9=\vec{P}_7+\vec{C}_8$（第 1 类方程，$\vec{P}_7$ 已解出，可解出 $\vec{P}_9$）

$\vec{B}_{11}=\vec{P}_9+\vec{B}_{10}$（第 4 类方程，$\vec{P}_9$ 已解出，可解得 $\vec{B}_{10}$、$\vec{B}_{11}$）

依照上述方程的顺序，逐一调用相应的子程序，即可求得各构件的位置参数。

将上述的三角环矢量方程对时间求导，可得到下列各式的速度矢量方程：

$$\dot{\vec{P}}_3=\dot{\vec{B}}_2$$

$$\dot{\vec{B}}_5=\dot{\vec{P}}_3+\dot{\vec{B}}_4\text{（第 2 类方程）}$$

$$\dot{\vec{B}}_6=b_6i\dot{\theta}e^{i\theta_6}$$

$$\dot{\vec{P}}_7=\dot{\vec{B}}_5+\dot{\vec{B}}_6\text{（第 1 类方程）}$$

$$\dot{\vec{P}}_9=\dot{\vec{P}}_7$$

$$\dot{\vec{B}}_{11}=\dot{\vec{P}}_9+\dot{\vec{B}}_{10}\text{（第 2 类方程）}$$

调用相应类别的子程序，即求出各构件的速度参数。

求解加速度的方法步骤与上述类同。

5 空间机构运动分析

空间机构的分析和综合，多采用坐标变换矩阵算法。本节先讨论共原点和非共原点两种情况下的坐标变换矩阵，然后结合空间机构的运动分析例子说明坐标变换矩阵在机构运动分析中的应用。

5.1 共原点坐标变换

坐标变换的问题是，已知点 M 在一坐标系中的坐标（例如 x_n、y_n、z_n），求该点在另一坐标系中的坐标（例如 x_m、y_m、z_m）。在解决这一问题时，通常把一个坐标系看作为一个固定不动的，称为参考坐标系；而另一个坐标系看作为相对参考系变动着位置的，称为动坐标系（简称动系）。参考坐标系与动坐标系的选择是根据解题的方便性而自行决定的。坐标的变换可由动系变换至参考系，也可以是相反，即由参考系变换到动系。

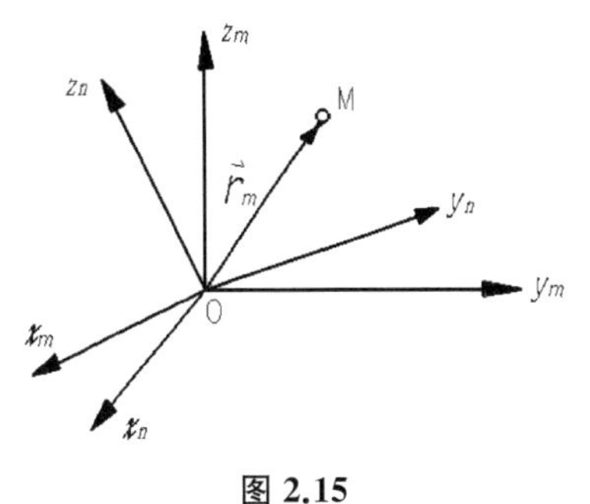

图 2.15

如果动坐标系与参考系的原点是同一个点，只是相对原点 O 转动了某一角度，如图 2.15 所示，此时的坐标变换即为共原点坐标变换。

5.1.1　坐标变换的一般式

在图 2.15 中，设 $Ox_my_mz_m$ 为参考系，$Ox_ny_nz_n$ 为动系，它们是共原点的两坐标系。点 M 的位置矢量 $\vec{r}_m$ 在该两坐标系中分别可写出

$$\vec{r}_m = x_m\vec{i}_m + y_m\vec{j}_m + z_m\vec{k}_m \tag{2.26}$$

和

$$\vec{r}_m = x_n\vec{i}_n + y_n\vec{j}_n + z_n\vec{k}_n \tag{2.27}$$

式中，$\vec{i}_m$、$\vec{j}_m$、$\vec{k}_m$ 和 $\vec{i}_n$、$\vec{j}_n$、$\vec{k}_n$ 分别为参考系和动系中的坐标轴单位矢量。

若将动坐标系中的三个坐标轴单位矢量 $\vec{i}_n$、$\vec{j}_n$ 和 $\vec{k}_n$，看作为处于参考系中的三个矢量，因它们的模均为 1，故可写作

$$\left.\begin{aligned}
\vec{i}_n &= \cos(x_n, x_m)\vec{i}_m + \cos(x_n, y_m)\vec{j}_m + \cos(x_n, z_m)\vec{k}_m \\
\vec{j}_n &= \cos(y_n, x_m)\vec{i}_m + \cos(y_n, y_m)\vec{j}_m + \cos(y_n, z_m)\vec{k}_m \\
\vec{k}_n &= \cos(z_n, x_m)\vec{i}_m + \cos(z_n, y_m)\vec{j}_m + \cos(z_n, z_m)\vec{k}_m
\end{aligned}\right\} \tag{2.28}$$

将式(2.28)代入(2.27)，并因与式(2.26)相等，得

$$\begin{aligned}
& x_m\vec{i}_m + y_m\vec{j}_m + z_m\vec{k}_m = \\
& \vec{i}_m[x_n\cos(x_n, x_m) + y_n\cos(y_n, x_m) + z_n\cos(z_n, x_m)] + \\
& \vec{j}_m[x_n\cos(x_n, y_m) + y_n\cos(y_n, y_m) + z_n\cos(z_n, y_m)] + \\
& \vec{k}_m[x_n\cos(x_n, z_m) + y_n\cos(y_n, z_m) + z_n\cos(z_n, z_m)]
\end{aligned}$$

于是有

$$\left.\begin{aligned}
x_m &= x_n\cos(x_n, x_m) + y_n\cos(y_n, x_m) + z_n\cos(z_n, x_m) \\
y_m &= x_n\cos(x_n, y_m) + y_n\cos(y_n, y_m) + z_n\cos(z_n, y_m) \\
z_m &= x_n\cos(x_n, z_m) + y_n\cos(y_n, z_m) + z_n\cos(z_n, z_m)
\end{aligned}\right\} \tag{2.29}$$

方程组(2.29)用矩阵式表示十分简洁：

$$\begin{bmatrix} x_m \\ y_m \\ z_m \end{bmatrix} = \begin{bmatrix} \cos(x_n, x_m) & \cos(y_n, x_m) & \cos(z_n, x_m) \\ \cos(x_n, y_m) & \cos(y_n, y_m) & \cos(z_n, y_m) \\ \cos(x_n, z_m) & \cos(y_n, z_m) & \cos(z_n, z_m) \end{bmatrix} \begin{bmatrix} x_n \\ y_n \\ z_n \end{bmatrix} \tag{2.30}$$

这就是由动坐标系 n 变换至参考坐标系 m 的坐标变换矩阵式，简记作：

$$(x_m \quad y_m \quad z_m)^{\mathrm{T}} = C_{mn}(x_n \quad y_n \quad z_n)^{\mathrm{T}} \tag{2.31}$$

式中

$$C_{mn} = \begin{bmatrix} \cos(x_n, x_m) & \cos(y_n, x_m) & \cos(z_n, x_m) \\ \cos(x_n, y_m) & \cos(y_n, y_m) & \cos(z_n, y_m) \\ \cos(x_n, z_m) & \cos(y_n, z_m) & \cos(z_n, z_m) \end{bmatrix} \tag{2.32}$$

这是一个方向余弦矩阵，或称为坐标变换矩阵。矩阵中的九个元素是动坐标系中的三个坐标轴单位矢量 $\vec{i}_n$、$\vec{j}_n$ 和 $\vec{k}_n$ 在参考系 m 的三坐标轴上的投影，称为方向余弦。矩阵 C_{mn} 的下标字母 mn 表示由 n 坐标系变换到 m 坐标系。矩阵 C_{mn} 在有的文献中也称之为张量。

假若是由参考系坐标变换到动坐标系，则相仿可以写出变换矩阵式为

$$(x_n \quad y_n \quad z_n)^{\mathrm{T}} = C_{nm}(x_m \quad y_m \quad z_m)^{\mathrm{T}} \tag{2.33}$$

式中

$$C_{nm} = \begin{bmatrix} \cos(x_n, x_m) & \cos(x_n, y_m) & \cos(x_n, z_m) \\ \cos(y_n, x_m) & \cos(y_n, y_m) & \cos(y_n, z_m) \\ \cos(z_n, x_m) & \cos(z_n, y_m) & \cos(z_n, z_m) \end{bmatrix} \tag{2.34}$$

比较式(2.32)和(2.34)，显见有如下关系

$$C_{nm} = C_{mn}^{\mathrm{T}}$$

根据两个直角坐标系中坐标轴正交的特点，可以证明有

$$C_{mn} \cdot C_{nm} = I$$

I 为单位矩阵，故又有

$$C_{mn} = C_{nm}^{-1}$$

因此，两坐标系的相逆变换的方向余弦矩阵互为转置，又互为逆阵。这是采用直角坐标系的一大特点，使用上十分方便。

5.1.2 坐标变换的特殊式

在空间机构分析中，坐标的转动常常只是绕某一坐标轴的转动，或是依次绕两坐标轴的转动。在这种特殊情况下，坐标变换矩阵可以写成比较简单的特殊形式。

(1) 动坐标系仅绕 z 轴转动 θ(见图 2.16)

以参考系为起始位置，动坐标系绕 z 轴转过 θ 角，规定旋转矢量与 z 轴正向一致时，θ 为正，如图 2.16 中的 θ 即为正，反之则规定为负。

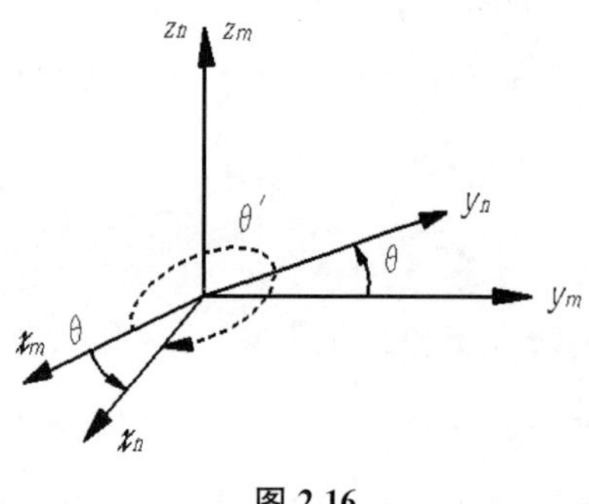

图 2.16

根据式(2.32)可以写出在此种情况下的变换矩阵为

$$C_{mn}^{(\theta)}=\begin{bmatrix}\cos\theta & -\sin\theta & 0\\ \sin\theta & \cos\theta & 0\\ 0 & 0 & 1\end{bmatrix} \tag{2.35}$$

对于相逆的坐标变换，即由 m 坐标系变换至 n 坐标系时，相当于原参考系反转 θ 角，因此只要在上式中用 $-\theta$ 代替 θ 即可，有

$$C_{nm}^{(\theta)}=\begin{bmatrix}\cos\theta & \sin\theta & 0\\ -\sin\theta & \cos\theta & 0\\ 0 & 0 & 1\end{bmatrix} \tag{2.36}$$

使用上式时，按 θ 的旋转方向，应带以相应的正负值。

图 2.16 中的 n 坐标系也可以认为是由参考系绕 z 轴顺时针方向转 $\theta'=360°-\theta$ 而得，所以若以 $-\theta'$ 代入式(2.35)和(2.36)会得到相同的结果。

(2) 动坐标系仅绕 x 轴转动 α

如图 2.17 所示，则由式(2.32)可写出变换矩阵为

$$C_{mn}^{(\alpha)}=\begin{bmatrix}1 & 0 & 0\\ 0 & \cos\alpha & -\sin\alpha\\ 0 & \sin\alpha & \cos\alpha\end{bmatrix} \tag{2.37}$$

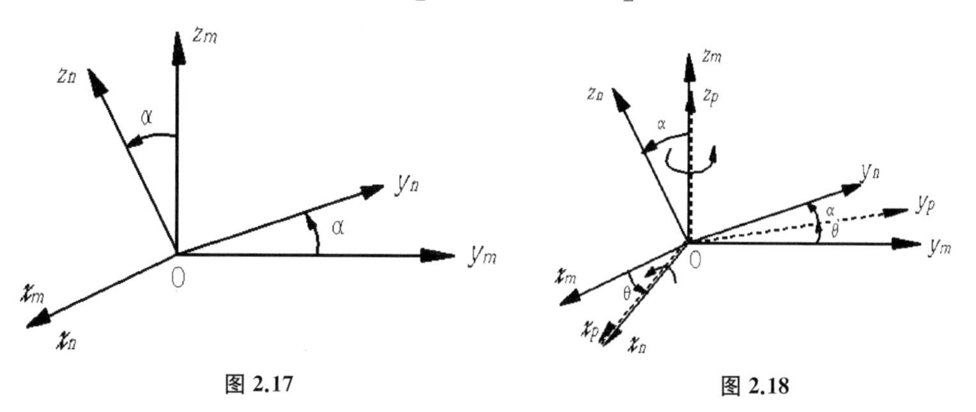

图 2.17　　　　图 2.18

(3) 动坐标系绕 z 轴转过 θ 后又绕自身 x_n 再转过 α

这种情况见图 2.18 所示，以参考系为起始位置，动系先绕 z_m 轴转动 θ 角到达虚线所示的 p 坐标系位置，再由 p 坐标系绕 x_p 轴转动 α 到达 n 坐标系位置。这两次转动的情况，可按上面所述的(1)、(2)两种情况复合而写出如下的变换矩阵

$$C_{mn}^{(\theta,\alpha)}=C_{mp}^{(\theta)}\cdot C_{pn}^{(\alpha)}=\begin{bmatrix}\cos\theta & -\sin\theta & 0\\ \sin\theta & \cos\theta & 0\\ 0 & 0 & 1\end{bmatrix}\begin{bmatrix}1 & 0 & 0\\ 0 & \cos\alpha & -\sin\alpha\\ 0 & \sin\alpha & \cos\alpha\end{bmatrix}$$

用矩阵运算，可得

$$C_{mn}^{(\theta,\alpha)}=\begin{bmatrix}\cos\theta & -\sin\theta\cos\alpha & \sin\theta\sin\alpha\\ \sin\theta & \cos\theta\cos\alpha & -\cos\theta\sin\alpha\\ 0 & \sin\alpha & \cos\alpha\end{bmatrix} \tag{2.38}$$

若是动坐标系以参考系为起始位置，先绕 x 轴转过 α 角到达 p 坐标系，再绕 p 坐标系的 z_p 转过 θ 角到达 n 坐标系，则相仿可以写出变换矩阵：

$$C_{mn}^{(\alpha,\theta)}=C_{mp}^{(\alpha)}\cdot C_{pn}^{(\theta)}=\begin{bmatrix}\cos\theta & -\sin\theta & 0\\ \cos\alpha\sin\theta & \cos\alpha\cos\theta & -\sin\theta\\ \sin\alpha\sin\theta & \sin\alpha\cos\theta & \cos\alpha\end{bmatrix} \tag{2.39}$$

比较式(2.38)和(2.39)可知，即使两者的 θ、α 相同，由于转动的先后次序不同，$C_{mn}^{(\theta,\alpha)}\neq C_{mn}^{(\alpha,\theta)}$，即变换矩阵是不相等的，最后动坐标 n 到达的位置也是不相同的。这一点在计算中是需要引起注意的。

5.1.3 三次旋转的欧拉角方向余弦矩阵

由上面的特殊变换式，很容易推广到三次旋转的复杂变换式。设动坐标系的位置是经由如下三次旋转而达到的：以参考系为起始位置，先绕 z_m 轴旋转 θ 到达 p 坐标系，然后绕 p 系的 x_p 轴旋转 α 到达 L 坐标系，最后绕 L 系的 z_L 轴旋转 ψ 到达动系 n 的最终位置，则坐标变换矩阵应是

$$C_{mn}^{(\theta,\alpha,\psi)}=C_{mp}^{(\theta)}\cdot C_{pL}^{(\alpha)}\cdot C_{Ln}^{(\psi)}$$

按前述的矩阵式(2.35)和(2.37)可得

$$C_{mn}^{(\theta,\alpha,\psi)}=\begin{bmatrix}\cos\theta\cos\psi-\sin\theta\cos\alpha\sin\psi & -\cos\theta\sin\psi-\sin\theta\cos\alpha\cos\psi & \sin\theta\sin\alpha\\ \sin\theta\cos\psi+\cos\theta\cos\alpha\sin\psi & -\sin\theta\sin\psi+\cos\theta\cos\alpha\cos\psi & -\cos\theta\sin\alpha\\ \sin\alpha\sin\psi & \sin\alpha\cos\psi & \cos\alpha\end{bmatrix} \tag{2.40}$$

式中的 θ、α、ψ 称为欧拉角。

5.2 非共原点坐标变换

在空间机构分析中，大多为非共原点的坐标变换，即动系的坐标原点 O_n 不与参考系坐标原点 O_m 相重合。在这种情况下，动系的最终位置可以认为先沿参考系的三坐标轴分别平移 a_m、b_m 和 c_m，然后再作共原点的坐标变换。下面来分析几种情况的坐标变换矩阵式。

5.2.1 非共原点坐标变换的一般式

如图 2.19 所示，n 坐标系的原点 O_n 与参考系的原点 O_m 不相重合。原点 O_n 在参考系中的坐标分别为 a_m、b_m 和 c_m，则我们可以把 n 坐标系的运动分解为先沿 x_m 平移 a_m，再沿

y_m平移b_m，再沿z_m平移c_m，最后再作共原点的坐标变换。按式(2.29)可写出

$$\left.\begin{aligned}x_m &= x_n\cos(x_n,\ x_m)+y_n\cos(y_n,\ x_m)+z_n\cos(z_n,\ x_m)+a_m\\ y_m &= x_n\cos(x_n,\ y_m)+y_n\cos(y_n,\ y_m)+z_n\cos(z_n,\ y_m)+b_m\\ z_m &= x_n\cos(x_n,\ z_m)+y_n\cos(y_n,\ z_m)+z_n\cos(z_n,\ z_m)+c_m\end{aligned}\right\} \tag{2.41}$$

写出矩阵式为

$$\begin{bmatrix}x_m\\y_m\\z_m\end{bmatrix}=\begin{bmatrix}a_m\\b_m\\c_m\end{bmatrix}+C_{mn}\begin{bmatrix}x_n\\y_n\\z_n\end{bmatrix} \tag{2.42}$$

式中的C_{mn}是旋转变换矩阵，见式(2.32)。对于三次旋转可由欧拉角表示式(2.40)；对于二次旋转和一次旋转可分别用式(2.38)、(2.39)和式(2.35)、(2.37)。

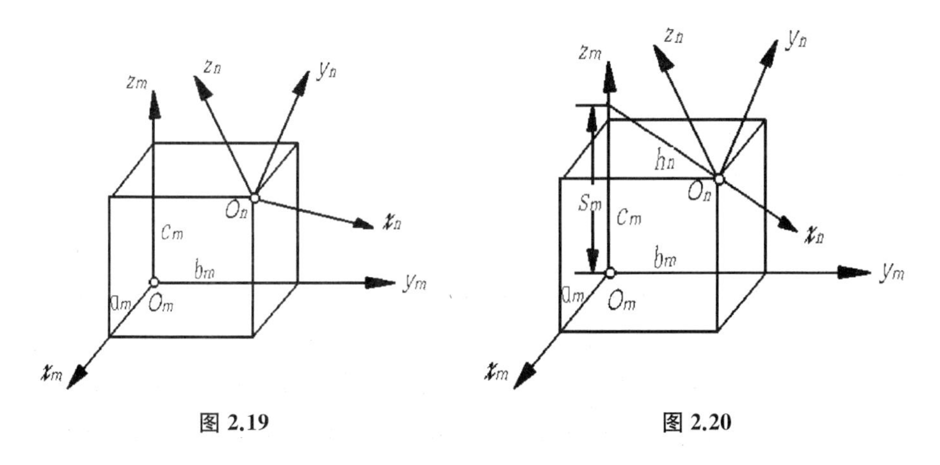

图 2.19　　**图 2.20**

应该注意到，上式中的a_m、b_m、c_m都是沿参考系各坐标轴的正向移动，故取正号。若沿坐标轴反向移动，则应取负号。

5.2.2　非共原点坐标变换的特殊式

图 2.20 为非共原点坐标的特殊相对位置：动坐标系的坐标轴x_n与参考系坐标轴z_m呈斜交，交距为h_n，与z_m的截距为s_m，在此种情况下的a_m、b_m、c_m显然有如下关系

$$\left.\begin{aligned}a_m &= h_n\cos(x_n,\ x_m)\\ b_m &= h_n\cos(x_n,\ y_m)\\ c_m &= h_n\cos(x_n,\ z_m)+s_m\end{aligned}\right\} \tag{2.43}$$

将式中的方向余弦用式(2.32)与(2.40)的对应关系代入得

$$\left.\begin{aligned}a_m &= h_n(\cos\theta\cos\psi-\sin\theta\cos\alpha\sin\psi)\\ b_m &= h_n(\sin\theta\cos\psi+\cos\theta\cos\alpha\sin\psi)\\ c_m &= h_n\sin\alpha\sin\psi+s_m\end{aligned}\right\} \tag{2.43$'$}$$

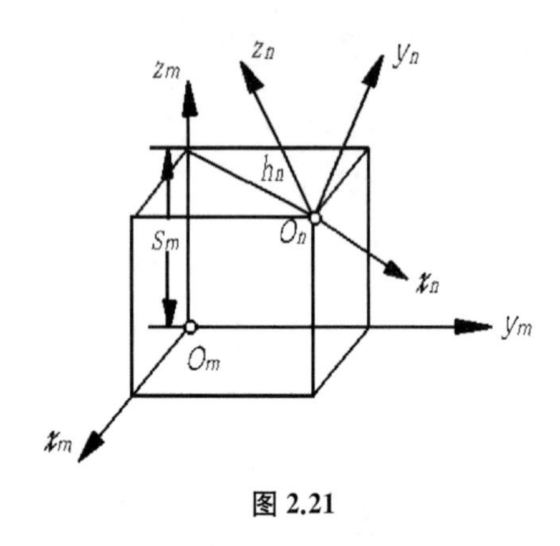

图 2.21

当已知 h_n 和 s_m 时，可按上述计算 a_m、b_m、c_m 后代入式(2.42)进行坐标变换计算。

图 2.21 为 x_n 与 z_m 呈直交关系的特殊情况，此时可把 O_n 看作是沿 z_m 平移 s_m 后再沿动系的 x_n 平移 h_n 而得，因此坐标变换矩阵可以写成下面更简单的形式

$$\begin{bmatrix} x_m \\ y_m \\ z_m \end{bmatrix} = \begin{bmatrix} 0 \\ 0 \\ s_m \end{bmatrix} + C_{mn} \begin{bmatrix} x_n + h_n \\ y_n \\ z_n \end{bmatrix} \tag{2.44}$$

相反的情况，若由参考系变换至动系，则相仿写出

$$\begin{bmatrix} x_n \\ y_n \\ z_n \end{bmatrix} = \begin{bmatrix} -h_n \\ 0 \\ 0 \end{bmatrix} + C_{nm} \begin{bmatrix} x_m \\ y_m \\ z_m - s_m \end{bmatrix} \tag{2.45}$$

5.3 空间机构运动分析

5.3.1 分析方法概述

空间机构的结构较平面机构复杂得多，对构件运动的描述也远比平面机构困难，因而其运动分析相当复杂。在空间机构运动分析中，构件的位置分析又是最基本和最复杂的，尤其是输入输出位移方程式的推导。这种方程式一般均为非线性方程组，如何建立易于消元求解的位移方程有时成为空间机构运动分析中的难题。至于速度、加速度分析，在机构位置分析的问题解决之后，就成为求其导函数方程问题，且多属于线性方程组的求解，一般难度较小。

空间机构位移分析的方法，早期以建立在画法几何和投影几何基础上的图解法为主。但这种方法只能分析一些较为简单的空间机构，而且又难于进一步作速度、加速度分析。由于这些原因，使用图解法的局限性很大。近年来，借助于各种数学工具对空间机构的运动进行解析分析的探索成为主要的发展趋势。就目前情况而言，所应用的数学工具有：直角坐标变换矩阵、对偶螺旋矩阵[1]、对偶和对偶角[12]、旋转变换张量[5]等。应用上述各种数学工具的解析方法，大多比较抽象深奥，不易被理解和掌握。到目前为止，大多认为利用直角坐标变换矩阵法比较简单和有效，便于应用，因此本节就主要介绍这种方法。

从建立构件运动变量间关系式的方法来说，目前主要有两种方法：一是利用构件的封闭环方程，二是利用机构的几何约束（文献[11]中称几何等同性条件，也有称拆副拆杆法）来建立方程。前者可建立较多的运动关系式，但过程比较繁复，有时还很难导出所需要的输入输出方程。后者可以比较灵活地避开一些不必要的运动参数，从而能比较容易

地直接推导出所需的输入输出方程。本节采用几何约束条件法来建立运动关系式。

下面以 RSSR 和 RSSP 两种空间机构运动分析为例来说明上述方法的应用。

5.3.2　空间机构运动分析举例

例一　图 2.22 为三线烤边机中的一个 RSSR 空间连杆机构。已知图中的机构尺寸是，$a_1=27\,\text{mm}$，$a_2=12\,\text{mm}$，$a_3=22\,\text{mm}$，$a_4=11.5\,\text{mm}$，$a_5=23.5\,\text{mm}$，$a_6=22.8\,\text{mm}$。机构中原动件为构件 1。求当输入角 $\varphi=10°$ 时从动件 3 的输出角 ψ。

解：这是一个空间机构的位移分析问题。现用直角坐标变换矩阵的方法进行分析。设取图示的 $Ax_4y_4z_4$ 为固定的参考坐标系，在构件 1、3 上分别固结如图示的动坐标系 $A'x_1y_1z_1$ 和 $D'x_3y_3z_3$。

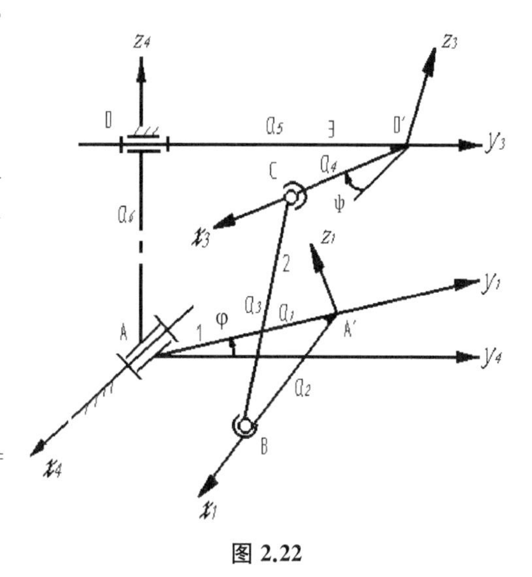

图 2.22

分析构件 1 上的动坐标系 $A'x_1y_1z_1$，它的位置可以看作是绕 x_4 坐标轴旋转 φ 后再作坐标原点的移动而得，移动坐标为 $a_m=0$、$b_m=a_1\cos\varphi$ 和 $c_m=a_1\sin\varphi$。属于非共原点的坐标变换问题。按式(2.42)可写出构件 1 上的 B 点在坐标系 $Ax_4y_4z_4$ 的坐标变换式

$$\begin{bmatrix}x_4\\y_4\\z_4\end{bmatrix}_B=\begin{bmatrix}0\\a_1\cos\varphi\\a_1\sin\varphi\end{bmatrix}+C_{41}^{(\varphi)}\begin{bmatrix}a_2\\0\\0\end{bmatrix}\tag{a}$$

变换矩阵

$$C_{41}^{(\varphi)}=\begin{bmatrix}1&0&0\\0&\cos\varphi&-\sin\varphi\\0&\sin\varphi&\cos\varphi\end{bmatrix}\qquad(参看式\ 2.37)\tag{b}$$

将(b)式代入(a)式，并进行矩阵运算可得

$$\begin{bmatrix}x_4\\y_4\\z_4\end{bmatrix}_B=\begin{bmatrix}0\\a_1\cos\varphi\\a_1\sin\varphi\end{bmatrix}+\begin{bmatrix}1&0&0\\0&\cos\varphi&-\sin\varphi\\0&\sin\varphi&\cos\varphi\end{bmatrix}\begin{bmatrix}a_2\\0\\0\end{bmatrix}=\begin{bmatrix}a_2\\a_1\cos\varphi\\a_1\sin\varphi\end{bmatrix}\tag{c}$$

同理，构件 3 上的动坐标可以看作由参考系先平移 $a_m=0$、$b_m=a_5$、$c_m=a_6$，再绕 y_3 坐标轴旋转 ψ。利用式(2.42)，并考虑到旋转矩阵 $C_{43}^{(\psi)}$ 可应用式(2.32)的关系，写出构件 3 上 C 点在参考系中的坐标变换式

$$\begin{bmatrix} x_4 \\ y_4 \\ z_4 \end{bmatrix}_C = \begin{bmatrix} 0 \\ a_5 \\ a_6 \end{bmatrix} + C_{43}^{(\psi)} \begin{bmatrix} x_3 \\ y_3 \\ z_3 \end{bmatrix} = \begin{bmatrix} 0 \\ a_5 \\ a_6 \end{bmatrix} + \begin{bmatrix} \cos\psi & 0 & -\sin\psi \\ 0 & 1 & 0 \\ \sin\psi & 0 & \cos\psi \end{bmatrix} \begin{bmatrix} a_4 \\ 0 \\ 0 \end{bmatrix} = \begin{bmatrix} a_4\cos\psi \\ a_5 \\ a_6 + a_4\sin\psi \end{bmatrix} \tag{d}$$

按几何约束条件，B、C 两点间的距离为定长 a_3，故可写出如下的几何约束方程

$$(x_4^C - x_4^B)^2 + (y_4^C - y_4^B)^2 + (z_4^C - z_4^B)^2 = a_3^2$$

将式(c)、(d)所示的 B、C 两点坐标代入上式并展开式中，经整理得三角方程

$$A\sin\psi + B\cos\psi = C \tag{e}$$

$$\left.\begin{aligned} & A = a_1\sin\varphi - a_6 \quad B = a_2 \\ & C = (a_1^2 + a_2^2 - a_3^2 + a_4^2 + a_5^2 + a_6^2 - 2a_1a_6\sin\varphi - 2a_1a_5\cos\varphi)/2a_4 \end{aligned}\right\} \tag{f}$$

令 $x = \mathrm{tg}\dfrac{\psi}{2}$，则有

$$\sin\psi = \frac{2x}{1+x^2}，\cos\psi = \frac{1-x^2}{1+x^2}$$

代入式(e)后得代数方程

$$(B+C)x^2 - 2Ax + (C-B) = 0$$

其解为

$$\psi = 2\mathrm{arctg}\frac{A \pm \sqrt{A^2 - C^2 + B^2}}{B+C} \tag{g}$$

将已知的尺寸 a_1、a_2、……、a_6 及原动件转角 φ 代入(f)，求出 A、B、C，再代入式(g)即可解出 ψ。运算的结果数据如下：

$$A = -18.112 \qquad B = 12.0 \qquad C = 6.669$$

$\psi = 15°40'$（根据机构位置初始条件，式(g)中的 $\pm$ 号取正）

例二 图 2.23 为一空间曲柄滑块机构，即 RSSP 机构，已知机构尺寸：a、l、s_4、α_4。试建立滑块 3 的位移、速度、加速度方程式。

解： 首先建立坐标系，取 Dx_4z_4 为固定参考系（为简明起见，y 坐标轴在图上未表示出来，它的方向由右手坐标系规则确定），坐标系 Ax_1z_1 和 Cx_3z_3 分别固结于构件 1 和构件 3。

解题的思路是：将坐标系 1 中的 B 点坐标和坐标系 3 中的 C 点坐标分别变换到参考系 4 中，然后按几何约束条件 $\overline{BC} = l$ 写出其约束方程，即可解出 $s_3 = f(\theta_1)$ 的位移方程，再将位移方程对时间求一、二阶导函数，得其速度和加速度方程。

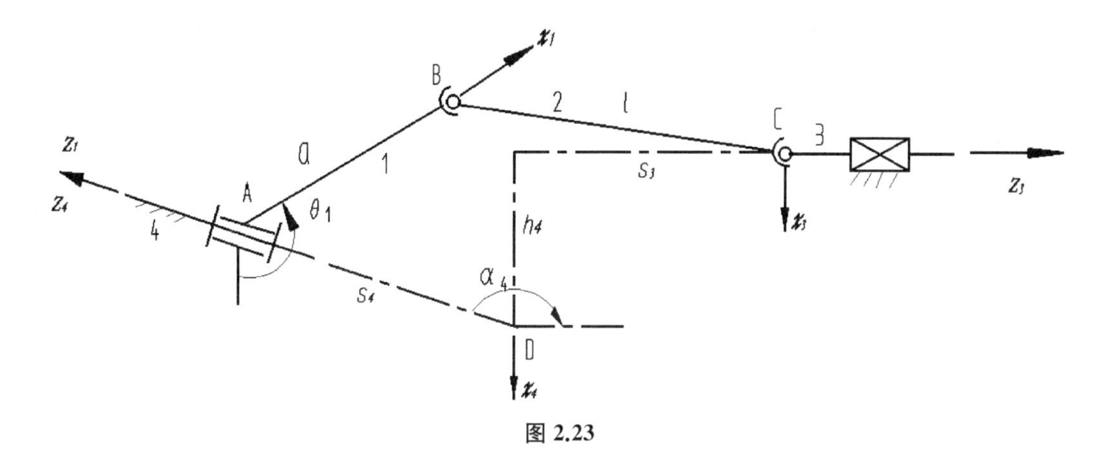

图 2.23

动坐标系 Ax_1z_1 可以看作为由参考系沿 z_4 坐标轴移动 s_4 后再绕 z_4 转动机构的输入角 θ_1 而得，故 B 点在参考系的坐标矩阵为

$$\begin{bmatrix} x_4 \\ y_4 \\ z_4 \end{bmatrix}_B = \begin{bmatrix} 0 \\ 0 \\ s_4 \end{bmatrix} + C_{41}^{(\theta_1)} \begin{bmatrix} a \\ 0 \\ 0 \end{bmatrix} \tag{a}$$

利用式(2.35)写出 $C_{41}^{(\theta_1)}$ 的矩阵式，经整理得

$$(x_4 \quad y_4 \quad z_4)_B^T = (a\cos\theta_1 \quad a\sin\theta_1 \quad s_4)^T \tag{b}$$

动坐标系 Cx_3z_3 可以看成由参考系先沿 x_4 坐标轴移动 $-h_4$，然后绕 x_4 旋转 α_4，最后再沿 z_3 移动 s_3 到达最终位置。故 C 点在参考系中的坐标可按式(2.44)写出

$$\begin{bmatrix} x_4 \\ y_4 \\ z_4 \end{bmatrix}_C = \begin{bmatrix} -h_4 \\ 0 \\ 0 \end{bmatrix} + C_{43}^{(\alpha_4)} \begin{bmatrix} 0 \\ 0 \\ s_3 \end{bmatrix} \tag{c}$$

由式(2.37)写出绕 x_4 旋转 α_4 的变换矩阵：

$$C_{43}^{(\alpha_4)} = \begin{bmatrix} 1 & 0 & 0 \\ 0 & \cos\alpha_4 & -\sin\alpha_4 \\ 0 & \sin\alpha_4 & \cos\alpha_4 \end{bmatrix} \tag{d}$$

将(d)式代入(c)式得

$$\begin{bmatrix} x_4 \\ y_4 \\ z_4 \end{bmatrix}_C = \begin{bmatrix} -h_4 \\ -s_3\sin\alpha_4 \\ s_3\cos\alpha_4 \end{bmatrix} \tag{e}$$

按几何约束条件写出约束方程

$$(x_4^C - x_4^B)^2 + (y_4^C - y_4^B)^2 + (z_4^C - z_4^B)^2 = l^2 \tag{f}$$

将式(b)、(e)中 B、C 两点的坐标 x_4、y_4、z_4 代入式(f)，经展开和整理，得如下的位移方程式

$$s_3^2 + Bs_3 + C = 0 \tag{g}$$

式中

$$B = -2(s_4 \cos\alpha_4 - \sin\alpha_4 \sin\theta_1)$$

$$C = a^2 - l^2 + h_4^2 + s_4^2 + 2ah_4 \cos\theta_1$$

由(g)式解出

$$s_3 = \frac{-B \pm \sqrt{B^2 - 4C}}{2C} \tag{h}$$

通过上述位移方程的求导，可得其速度和加速度方程如下：

$$v_3 = \frac{a(h_4 \sin\theta_1 - s_4 \sin\alpha_4 \cos\theta_1)}{s_3 - s_4 \cos\alpha_4 + a \sin\alpha_4 \sin\theta_1}\omega_1 \tag{i}$$

$$a_3 = \frac{a(h_4 \cos\theta_1 + s_3 \sin\alpha_4 \sin\theta_1) - 2a \sin\alpha_4 \cos\theta_1 \left(\frac{v_3}{\omega_1}\right) - \left(\frac{v_3}{\omega_1}\right)^2}{s_3 - s_4 \cos\alpha_4 + a \sin\alpha_4 \sin\theta_1}\omega_1^2 \tag{j}$$

在计算时，注意到 θ_1、α_4 的方向，从旋转轴正向尖端观察，逆时针为正，顺时针为负。故 θ_1 应代入负值，α_4 代以正值。

第三章

导引机构综合

1 导引机构的概述

1.1 导引机构及其综合的基本问题

按照给定的运动学或动力学要求设计机构运动简图的尺寸称为机构的尺度综合。在大多数情况下，只是要求按机构的运动学要求设计机构确定其尺寸，这称为机构的运动综合。导引机构综合是连杆机构运动综合的一种。

连杆机构运动综合常提出如下三种类型的运动要求：

(1) 要求机构中作平面复合运动的连杆能通过预定的若干位置，这种运动要求一般可以通过铰链四杆机构或曲柄滑块机构来实现。在机构学中属于平面有限分离位置问题，能够实现这种运动要求的机构被称作刚体导引机构，简称为导引机构。

(2) 要求机构中两连架杆有一定的对应转角位置，或进而要求它们的转角间近似地满足一定的函数关系。能够实现这一运动要求的机构称之为函数机构。

(3) 要求连杆上某一点近似地实现预期的运动轨迹。能实现这种运动要求的机构称为导向机构。

本章只讨论实现第一种运动要求的导引机构运动综合问题。其余运动要求的机构综合问题在以后各章中逐一讨论。

如前所述，导引机构综合的基本问题是确定铰链四杆机构，简图尺寸 a、b、c、d、e、α、β(见图 3.1)，使作平面运动的连杆上某直线 $\overline{PQ}$ 通过预期的位置 $\overline{P_1Q_1}$、$\overline{P_2Q_2}$、……。此问题的实质是在连杆平面上确定动铰链点 A_1、B_1 相对于 $\overline{P_1Q_1}$ 的位置以及在机架平面上确定固定铰链点 A_0、B_0 的位置。在图 3.1 中，两连架杆称为导引杆，直线 $\overline{PQ}$ 称为标线，A_1、A_2、…… 是连杆平面上同一点 A 的几个不同位

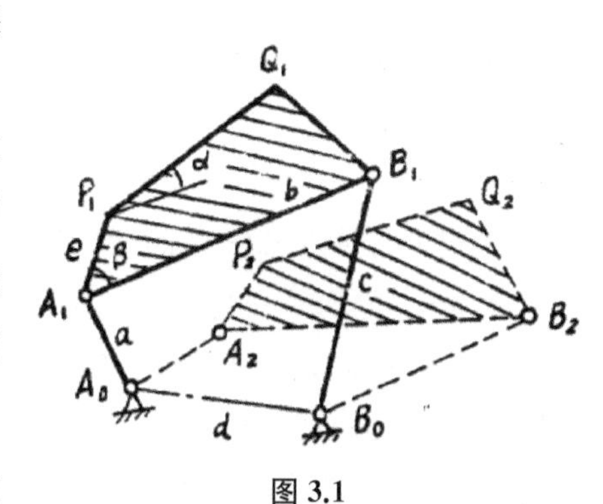

图 3.1

置点，称为相关点。图 3.1 中的两导引杆都有两个转动副，称为 $R-R$ 导引杆；若导引杆中的一个运动副为移动副，则称 $R-P$ 导引杆，例如曲柄滑块机构中的滑块就是 $R-P$ 导引杆。

这类导引机构的运动综合问题，在机械原理课程中已讲述了一些比较简单的命题，例如实现连杆的二位置、三位置问题。在这里，将进一步引申讨论四位置、五位置问题。由于多于三位置的图解方法十分繁复且综合精度又低，因此本章重点放在解析法方面，对用转动极概念作图解的方法也略作介绍。

用解析法进行机构运动综合时，首先要建立机构结构参数（即尺寸参数）与运动参数（即构件的位置、速度或加速度）之间的关系式，然后根据这些关系式采用一定的数学方法来求解满足给定运动条件的机构未知结构参数。所采用的数学方法有矢量、复数、矩阵、旋量等多种。本章主要介绍复数和矩阵两种方法。

1.2　圆点曲线和圆心曲线

如果导引机构只要求连杆的标线 $\overline{PQ}$ 能通过预定的三个位置 $\overline{P_1Q_1}$、$\overline{P_2Q_2}$、$\overline{P_3Q_3}$（见图 3.2），则可以在连杆平面内任意选择动铰链 A 的位置。因为从几何上说，任意三点 A_1、A_2、A_3 必共圆，并可找出其圆心作为导引杆的固定铰链点 A_0。因此实现连杆三位置的导引机构综合并不困难，其解有无穷多。

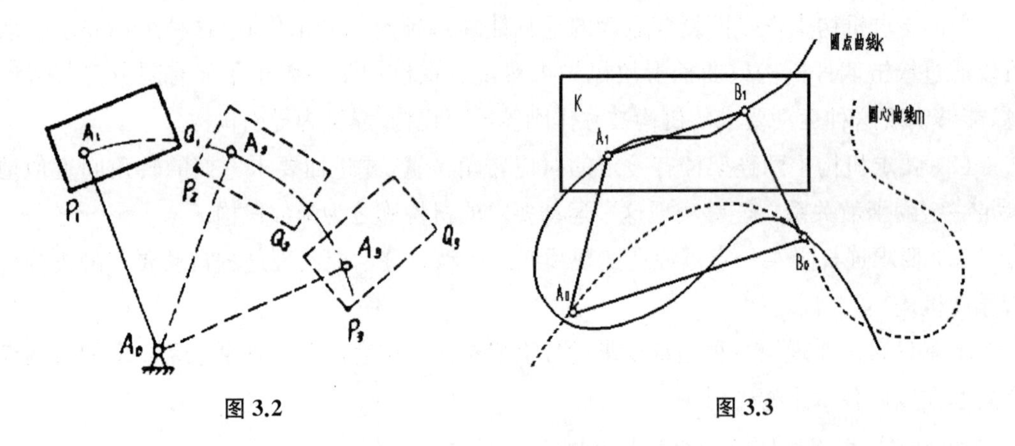

图 3.2　　　　图 3.3

若设计的导引机构要实现连杆的预定四位置，则动铰链 A 的选取就不能随意了，因为连杆上任意一点的四个位置点一般不在同一圆周上。德国机构学学者布尔梅斯特（L. Bumester）的研究表明，为实现动平面通过四个预定位置，可以在动平面上找到许多特定的点，这些特定点构成一条曲线，当动铰链 A 在此曲线上运动时，则可保证其相关点 A_1、A_2、A_3、A_4 位于同一圆周上。这条曲线称为该平面上的圆点曲线，曲线上的每一点称之为圆点或布氏点，对应于曲线上的每一个圆点，必然可以找到其相关点所在圆的圆心，该圆心称为圆心点或布氏中心点。对于圆点曲线上的不同点，应有不同的圆心点。这些圆心点的集合也是一条曲线，称为圆心曲线，圆心曲线绘制在机架构件的固定平面内。图 3.3 示意

地画出了在动平面 K 上的圆点曲线 k 和在固定平面上的圆心曲线 m。显然，动铰链点 A_1、B_1 必在圆点曲线上，而定铰链点 A_0、B_0 必在圆心曲线上。由此可知，动铰链点在圆点曲线上的选取方案有很多，所设计的导引机构也有许多不同的解。

圆点曲线和圆心曲线的大致形状有如图 3.4 的三种类型。

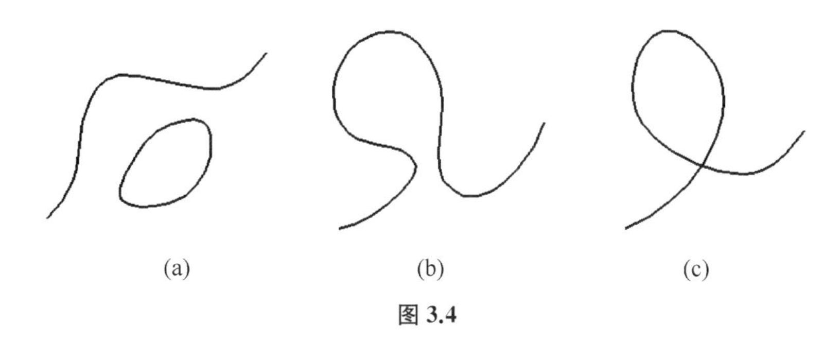

图 3.4

若所设计的导引机构要求实现连杆平面通过预定的五个位置时，可以看作要求实现两个四位置的情况。例如要求通过 1、2、3、4、5 五个位置，把它看成实现 1、2、3、4 和 1、2、3、5 两组四位置。按上面四位置的标记可以在动平面上求出两条圆点曲线，它们的交点即是满足五位置要求的铰链可选点。显然，实现五位置的圆点是一些离散点，称布氏点，对应的圆心点也是离散的，称布氏中心点。理论上已证明，这种交点最多有四个，也可能只有两个，也可能没有，即无解。当有四个交点时，由于铰链四杆机构的两导引杆有不同的取法而可以获得六种设计方案。当只有二个交点时，解成为唯一。没有交点时，设计无解。

2　导引机构的转动极图解综合[16]

2.1　转动极与等视角定理

用图解法对导引机构进行综合的方法有多种，但其中以转动极法较为简明和实用。本节就介绍此种转动极图解综合的方法。

(1) 转动极概念

设连杆平面 K 在运动过程中通过图 3.5 所示的二个有限分离位置 K_1 和 K_2，该平面上的标线位置分别为 $\overline{P_1Q_1}$ 和 $\overline{P_2Q_2}$，作 P_1、P_2 的中垂线 p_{12} 和 Q_1、Q_2 的中垂线 q_{12}，它们的交点为 P_{12}，则连杆平面的 K_2 位置可以认为是由 K_1 位置绕 P_{12} 点转过 θ_{12} 而得到的。P_{12} 称为转动极，θ_{12} 称为转动角。只要连杆平面的两个位置给定，则转动极和转动角均可由作图求得。

显而易见，当连杆平面由位置 K_1 运动到达 K_2 时，平面上任意一点都可作为绕 P_{12} 点转过相同的 θ_{12} 而得。

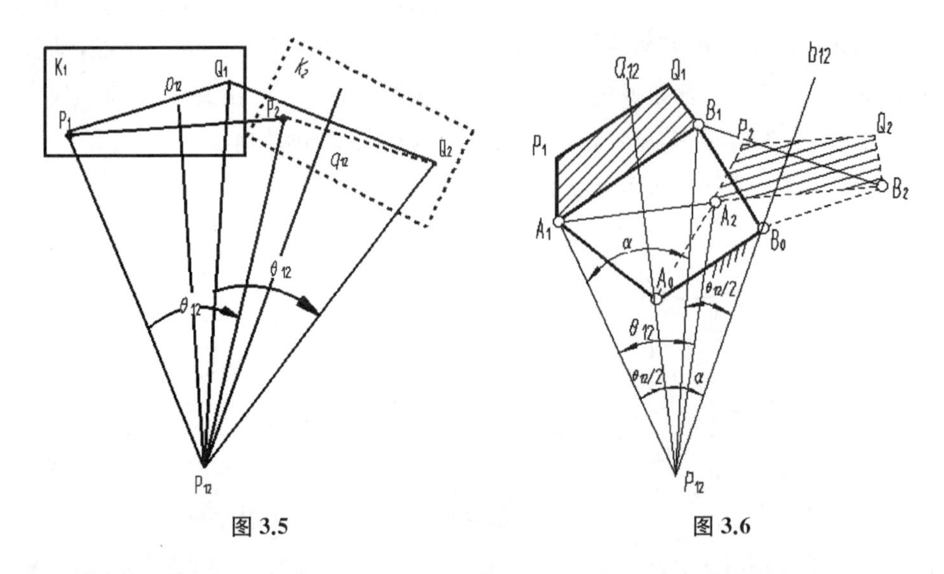

图 3.5　　　　图 3.6

(2) 等视角定理

现设连杆平面的两位置是由铰链四杆机构的两个 $R-R$ 导引杆(即图 3.6 中的 A_0A_1 与 B_0B_1)导引的结果,则显见动铰链 A 两位置 A_1、A_2 与转动极 P_{12} 的连线夹角必为转动角 θ_{12},又因其定铰链点 A_0 必在 A_1、A_2 两点的中垂线 a_{12} 上,$\overline{A_1P_{12}}$ 与 a_{12} 线之间夹角为 $\theta_{12}/2$,称为转动半角。同理,铰链点 B 的两位置 B_1、B_2 与 P_{12} 的连线夹角也为 θ_{12},$\angle B_1P_{12}b_{12}=\theta_{12}/2$(为图形简洁,在图 3.6 中未画出 B 点的转动角和转动半角)。

由此可知,若由转动极 P_{12} 向导引杆上的两铰链点 A_1、A_0(或 B_1、B_0)作射线,两射线之间的夹角 α 称为"视角"的话,那么两导引杆的视角必相等,且都等于转动半角 $\theta_{12}/2$。

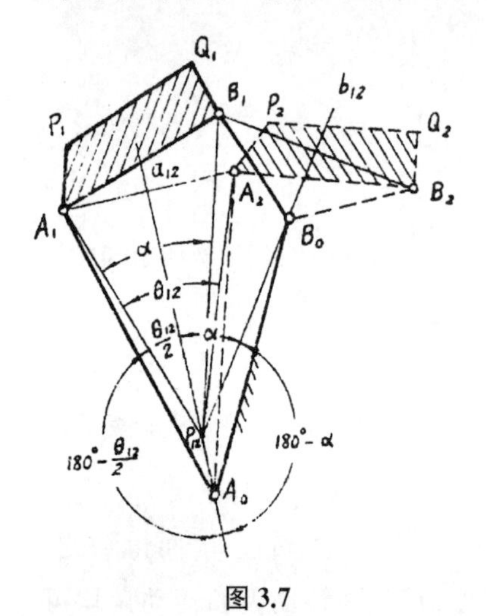

图 3.7

对于图 3.7,它与图 3.6 的不同点是 A_0 位于 P_{12} 点之下,此种情况下 A_0A_1 对极点的视角为 $180°-\theta_{12}/2$,即两导引杆的视角互为补角。

再观察图 3.6 中,极点对连杆动铰链 A_1、B_1 的视角为 α,而极点对机架杆 $\overline{A_0B_0}$ 的视角也为 α,其理由是十分明显的,它们都等于 $\angle a_{12}P_{12}B_1+\theta_{12}/2$。对于图 3.7,则极点对连杆的视角和对机架杆的视角互为补角。

由上述分析,得到如下结论:转动极对铰链四杆机构中两对边杆的视角必相等或互为补角;对导引杆的视角或为转动半角,或为转动半角的补角。以上结论常称之为等视角定理。

2.2　用转动极法的图解综合

若所设计的导引机构要求连杆平面通过预定的四个位置,则首先可以在图上按比例

作出连杆上标线 $\overline{P_iQ_i}$($i=1$、2、3、4) 的四个位置(见图 3.8a)。若以其中的第 1 个位置作为参考位置,则按转动极的概念和图 3.5 的方法,依次作出由连杆平面位置 1 分别到达位置 2、3、4 的三个转动极 P_{12}、P_{13}、P_{14} 和转动角 θ_{12}、θ_{13}、θ_{14}。

由图 3.6 可知,对于 $\overline{PQ}$ 的第 1、2 两个位置应有 $\angle A_{12}P_{12}a_{12}=\theta_{12}/2$。同理,对于 $\overline{PQ}$ 的第 1、3 位置和第 1、4 位置也应有类似的关系:$\angle A_{13}P_{13}a_{13}=\theta_{13}/2$ 和 $\angle A_{14}P_{14}a_{14}=\theta_{14}/2$。因此,从三个转动极来观察导引杆 $\overline{A_0A_1}$ 的视角应分别等于半角 $\theta_{12}/2$、$\theta_{13}/2$ 和 $\theta_{14}/2$。根据此原理,作图方法如下(图 3.8b):从 P_{12} 点任意作直线 A_{12} 和 $\angle A_{12}P_{12}a_{12}=\theta_{12}/2$ 得 a_{12} 线,角度的取向与 θ_{12} 转角方向相一致。随后作 A_{13}、a_{13} 和 A_{14}、a_{14} 诸线,使其夹角分别等于 $\theta_{13}/2$ 和 $\theta_{14}/2$。作图时先令其 A_{12}、A_{13}、A_{14} 三条直线相交于一点 A_1。按上述等视角定理,若取 A_1 为第 1 个位置时的动铰链点,则对应的 a_{12}、a_{13}、a_{14} 三条直线也应交于一点 A_0 才能实现预期的连杆四位置。但由于在图 3.8b 中作 A_{13}、A_{14} 两线时选择 A_1 点位置的随意性,当使 A_{12}、A_{13}、A_{14} 三线相交于 A_1 点时 a_{12}、a_{13}、a_{14} 并未相交于一点,而构成了三个交点组成的三角形,因而得不到固定铰链点 A_0 的位置。

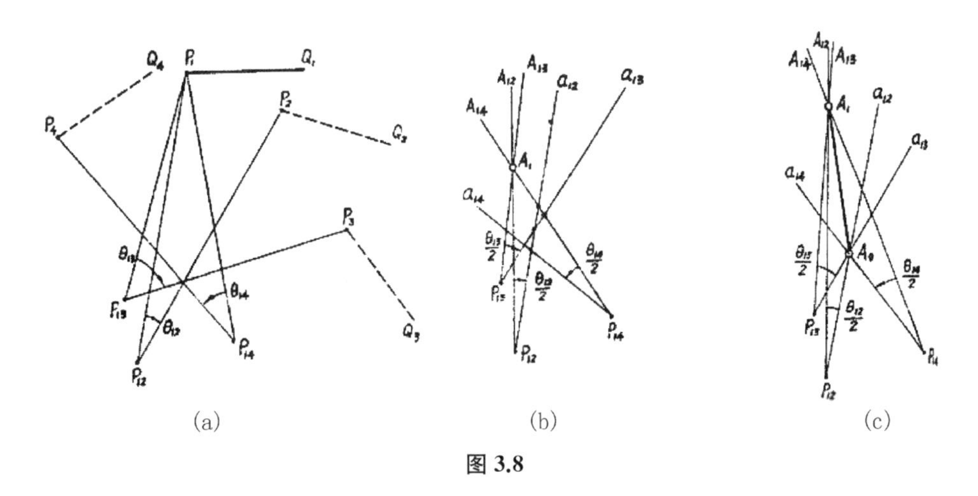

(a)　(b)　(c)

图 3.8

为了使当 A_{12}、A_{13}、A_{14} 三线相交于一点 A_1 时,a_{12}、a_{13}、a_{14} 也能交于一点 A_0,则可先令 A_{12}、a_{12} 两线在已定位置,将其余两个半角各自绕其转动极 P_{13}、P_{14} 转动,以改变它们的位置,在 A_{12}、A_{13}、A_{14} 三线相交的前提下,a_{12}、a_{13}、a_{14} 三线的三个交点或是分散或是靠近,这样就可以找到某一个位置使 A_{12}、A_{13}、A_{14} 和 a_{12}、a_{13}、a_{14} 两组直线各自都有一个交点(见图 3.8c),则 A_{12}、A_{13}、A_{14} 的交点即为满足连杆四位置要求的动铰链点 A_1,a_{12}、a_{13}、a_{14} 的交点即为对应的固定铰链点 A_0。实际上 A_1 点就是在第一个连杆平面上的一个圆点,A_0 是其对应的圆心点。

若再将 $\angle A_{12}P_{12}a_{12}$ 绕 P_{12} 点转过一定的角度,重复上述步骤,又可得另一组圆点和圆心点。按此方法,可以在连杆平面的第 1 个位置(参考位置)上画出圆点和圆心点的轨迹,即圆点曲线和圆心曲线,如图 3.9 所示。

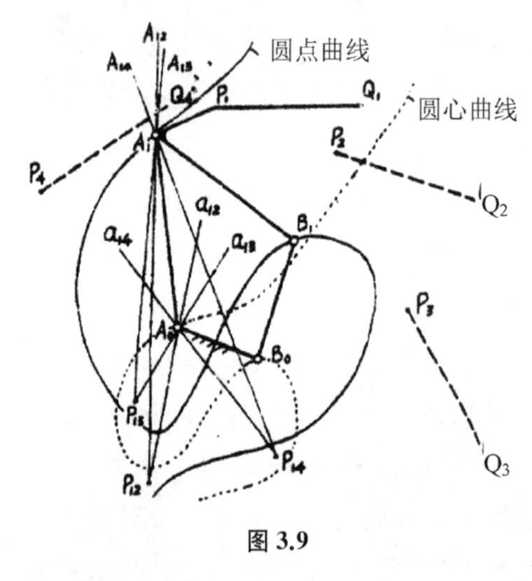

图 3.9

根据等视角定理，另一导引杆 B_1B_0 对三个极点的视角也分别等于 $\theta_{12}/2$、$\theta_{13}/2$ 和 $\theta_{14}/2$，因此动铰链 B 的第 1 个位置点 B_1 可以在同一圆点曲线上选取，并得到其对应的圆心点 B_0，于是可综合得到如图 3.9 所示的导引机构 $A_0A_1B_1B_0$。

显然，由于 A_1、B_1 可在圆点曲线上任取，故设计方案是很多的。

用上述方法作圆点曲线和圆心曲线时，建议用描图透明纸做出半角 $\theta_{12}/2$、$\theta_{13}/2$、$\theta_{14}/2$ 的样板，并在样板上分别注明符号 A_{12}、P_{12}、a_{12}；A_{13}、P_{13}、a_{13}；A_{14}、P_{14}、a_{14}。用图钉将样板上的半角顶点 P_{12}、P_{13}、P_{14} 按在图纸上相应的转动极点上，转动样板，使三个样板所形成的两组直线（$P_{12}A_{12}$、$P_{13}A_{13}$、$P_{14}A_{14}$ 为一组，$P_{12}a_{12}$、$P_{13}a_{13}$、$P_{14}a_{14}$ 为另一组）各自有一个交点，这样做完全相当于在平面中使两组直线分别交于 A_1 点和 A_0 点一样。做半角样板时，注意不要将样板的顶点剪成尖角，否则将无法用图钉钉在图纸上。如果当 $P_{1i}A_{1i}$ $(i=1、2、3)$ 一组直线交于一点 A_1 时，另一组线 $P_{1i}a_{1i}$ $(i=2、3、4)$ 相互平行，无交点，则固定铰链点 A_0 在无穷远处，即为 $R-P$ 导引杆，此导引杆的一个运动副为转动副，另一运动副是导路方向线垂直于 $P_{12}a_{12}$ 的移动副。

若所设计的导引机构要求连杆平面通过预定的五个位置，则图解的方法类同，但得不到连续的圆点曲线和圆心曲线，只能用半角绕极点转动的方法，获得有限的几种方案，圆点和对应的圆心点解有四个或两个或无解。

若要求连杆平面通过预定的六个或更多的位置，则不可能获得精确解，只能用优化方法或其他方法获得其近似解。

3 导引机构的直角坐标解析综合

3.1 圆点曲线和圆心曲线的直角坐标参数方程[13]

设动平面 K 上的点 A 的四个相关点 A_1、A_2、A_3、A_4 在同一圆周上（在图 3.10 中为图形清晰只表示了 A_1 和 A_j，$j=2、3、4$），圆心点为 A_0。在动平面 K 上固结动坐标系 xO_jy $(j=1、2、3、4)$，其原点 O_j 在定坐标系 XOY 中的坐标设为 X_{oj}、Y_{oj}，圆点 A 在动坐标系中的坐标为 (x, y)，圆心点 A_0 在定坐标系中的坐标为 X_{A_0}、Y_{A_0}。

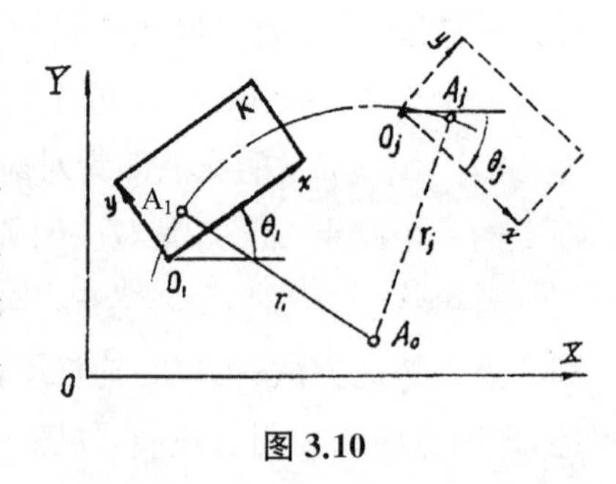

图 3.10

连杆平面在定坐标系中的位置可用 X_{oj}、Y_{oj} 和 θ_j 三个参数来描述，θ_j 是由 X 轴正向转向 x 轴正向之间的夹角，规定逆时针为正，顺时针为负。对于已给定的动平面四个有限分离位置，则 X_{oj}、Y_{oj}、$\theta_j(j=1\sim 4)$ 均为已知参数。

动平面 K 上任一点在定坐标系中的坐标可表达为

$$\begin{cases}X_j=X_{oj}+x\cos\theta_j-y\sin\theta_j\\ Y_j=Y_{oj}+x\sin\theta_j-y\cos\theta_j\end{cases} \tag{3.1}$$

以动平面的第一个位置为参考位置，并设 A_1 到 A_0 点的距离为 r_1，则按点距式有

$$r_j^2=(X_1-X_{A_0})^2+(Y_1-Y_{A_0})^2 \tag{3.2}$$

对于 $A_j(j=2、3、4)$ 诸点同样可以写出点距式

$$r_j^2=(X_j-X_{A_0})^2+(Y_j-Y_{A_0})^2 \tag{3.3}$$

因 A_1 与 A_j 各点在同一圆周上，则必有几何约束 $r_1=r_j=Const$，故令式(3.2)和(3.3)的右端相等，并加以展开和整理，得下式

$$a_jX_{A_0}+b_jY_{A_0}+c_j=0\quad j=2、3、4 \tag{3.4}$$

式中

$$\begin{cases}a_j=-2(X_j-X_1)\\ b_j=-2(Y_j-Y_1)\\ c_j=X_j^2+Y_j^2-X_1^2-Y_1^2\end{cases} \tag{3.5}$$

若要求 A_1、A_2、A_3 三点共圆，则其圆心点 A_0 的坐标 X_{A_0}、Y_{A_0} 可取式(3.4)中令 $j=$ 2、3 的两式进行联立求解

$$\left.\begin{aligned}a_2X_{A_0}+b_2Y_{A_0}+c_2=0\\ a_3X_{A_0}+b_3Y_{A_0}+c_3=0\end{aligned}\right\} \tag{3.6}$$

由上式可解出

$$\begin{cases}X_{A_0}=\dfrac{c_2b_3-c_3b_2}{a_3b_2-a_2b_3}\\ Y_{A_0}=\dfrac{c_3a_2-c_2a_3}{a_3b_2-a_2b_3}\end{cases} \tag{3.7}$$

今欲使 A_4 也处于 A_1、A_2、A_3 的同一圆周上，则由式(3.4)写成三元齐次方程组形式

$$\left.\begin{aligned}a_2X_{A_0}+b_2Y_{A_0}+c_2Z=0\\ a_3X_{A_0}+b_3Y_{A_0}+c_3Z=0\\ a_4X_{A_0}+b_4Y_{A_0}+c_4Z=0\end{aligned}\right\} \tag{3.8}$$

显然，按式(3.7)计算得的 X_{A_0}、Y_{A_0} 和 $Z=1$ 是上述方程的解。由线性代数知方程组(3.8)有非零解的条件是其系数行列式值为零，即

$$\begin{vmatrix} a_2 & b_2 & c_2 \\ a_3 & b_3 & c_3 \\ a_4 & b_4 & c_4 \end{vmatrix}=0 \tag{3.9}$$

式中，a_j、b_j、c_j($j=2$、3、4) 按式(3.5)和(3.1)可知，它们都是所求圆点 A 在动坐标系中的坐标 x、y 的函数。若将式(3.9)中的行列式展开后可得到圆点的坐标方程

$$f(x,\ y)=0 \tag{3.10}$$

在此方程中，设定 y 值时即可求得 x，由解得的(x、y)再依次代入式(3.1)、(3.5)和(3.7)即可求得圆心点坐标 X_{A_0}、Y_{A_0}，圆点坐标是(x, y)。

由式(3.10)给定不同的 y 可解出不同的 x，因此该式实际上是圆点曲线的方程式。

3.2 参数方程式的求解方法

利用上述直角坐标参数方程式求导引机构的简图尺寸，其关键是确定动铰链点 A_1、B_1(通常选定第一个连杆位置为参考位置)及其对应的固定铰链点 A_0、B_0 在固定坐标系中的坐标。而其中 A_1、B_1 点必在圆点曲线上，A_0、B_0 必在圆心曲线上。因此导引机构设计的实质乃是依次求式(3.10)、(3.1)、(3.5)和(3.7)的解，得到圆点曲线和圆心曲线上的各组对应点坐标，最后从中选择适当的两组坐标作为两导引杆铰链点坐标 $(X_1, Y_1)_A$、(X_{A_0}, Y_{A_0}) 和 $(X_1, Y_1)_B$、(X_{B_0}, Y_{B_0})。

计算圆点曲线上各点的坐标(x, y)可借助于数值计算方法进行。

首先，设定 $y=y_0$(y_0 是预设定的数值)，则方程(3.10)成为 $f(x)=0$ 的一元方程。由于 a_j、b_j 都是 x 的线性表达式(见式 3.5 和 3.1)，经分析 c_j 也是 x 的线性表达式。因此可以推断，$f(x)=0$ 是一元三次方程。在给定 $y=y_0$ 后，方程最多可求得三个根 x'、x''、x'''，即最多可得三个圆点(x', y_0)、(x'', y_0)和(x''', y_0)。在设计者设定的区间[y_m, y_n]内不断改变 y_0，即可得到该区间内圆点曲线上各点的坐标。

对一元函数 $y=f(x)$ 的求根可以采用对分法。在既定区间[x_m, x_n]内，从 x_m 开始以间隔步长 h 计算函数值 $f(x_m)$ 和 $f(x_m+h)$，若函数值同为正或同为负，则继续作等步长推进计算 $f(x_m+2h)$、…。当出现前后两函数值为异号时，则在小区间 [x_k, x_k+h] 取其中点，计算 $f(x_k+0.5h)$ 在间隔为 $0.5h$ 的两个对折区间中，取其两端点函数值为异号的区间作新区间，并继续采用上述的对分法，直至最后当区间长度小于预定的精度值 ε 时，即求得一个近似根 x'。从 x'开始，再重复上述步骤，直至搜索到 x_n 为止；求出预定区间[x_m, x_n]内的全部根。

3.3　综合举例

试设计一铰链四杆导引机构，要求其连杆上某一标线 $\overline{PQ}$ 通过如下四个位置：

$$P_1(1,\ 1),\ P_2(2,\ 0.5)$$
$$P_3(3,\ 1.5),\ P_4(2,\ 2)$$
$$\theta_1=0;\ \theta_2=0$$
$$\theta_3=45°,\ \theta_4=90°$$

解： 按所述方法编写计算机程序，可在计算机上计算得到圆点和圆心点的一系列坐标值。画出的圆点曲线和圆心曲线见图 3.11。适当选取其中的两组解作为两根导引杆的解，即得到 A_0、A_1、B_0、B_1 四点的坐标值，得到铰链四杆机构 $A_0A_1B_1B_0$。机构中各构件的尺寸参数 a、b、c、d、e、α、β 可按 A_0、A_1、B_1、B_0、P_1 点的坐标值计算出。

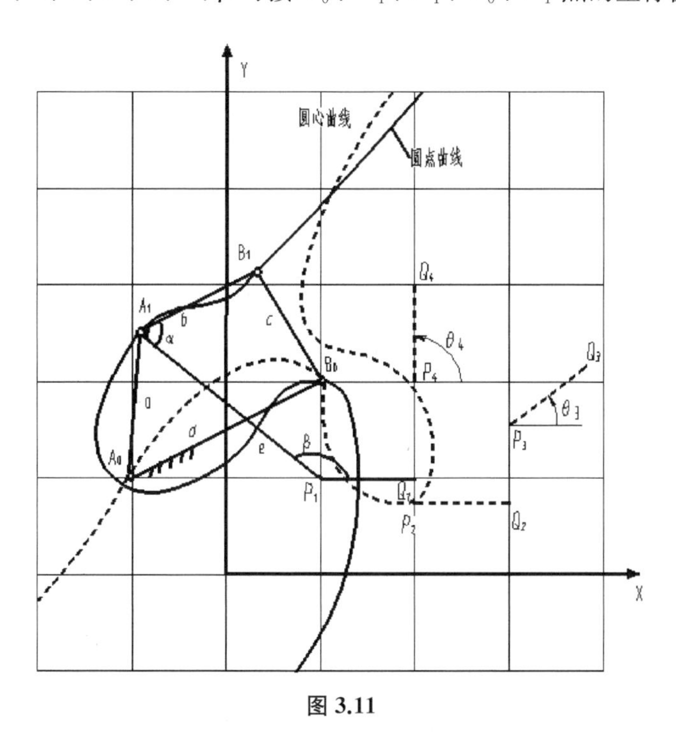

图 3.11

4　导引机构的复数解析综合[2]

4.1　圆点曲线和圆心曲线的复数参数方程

本节讨论应用矢量的复数表示式建立导引机构圆点曲线和圆心曲线的参数方程。

图 3.12 中，设取连杆平面的第 1 个位置为建立方程的参考位置，虚线所示的为连杆

平面的第 j 个位置 ($j=2$、3、4)，采用复数坐标系，X 为实轴，Y 为虚轴，A_1、A_j 为圆点 A 的诸运动位置，A_0 为其圆心点。各有关点的位置均用矢量表示。由于 $\overline{A_1P_1}=\overline{A_jP_j}$，故有 $\|\vec{Z}_1\|=\|\vec{Z}_j\|$。现在的问题是，已知连杆标线 $\overline{PQ}$ 的四个位置，即已知 $\vec{R}_j$、α_j、θ_j ($j=1$、2、3、4)，需确定圆点 A_1 和圆心点 A_0 的位置矢量 $\vec{m}$、$\vec{k}_1$。

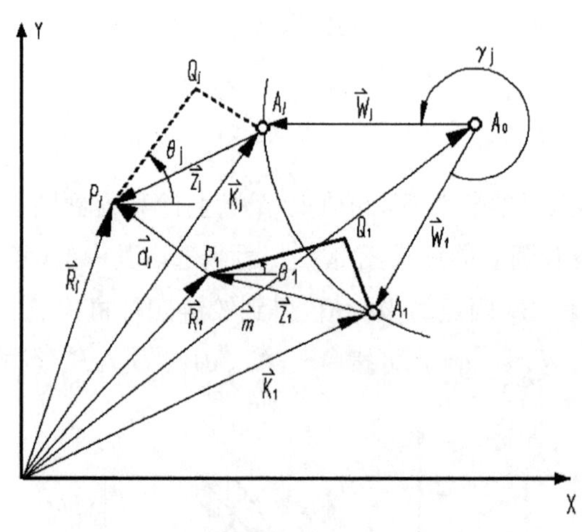

图 3.12

写出连杆在第 1 个位置和第 j 个位置的矢量封闭方程式

$$\vec{m}+\vec{W}_1+\vec{Z}_1=\vec{R}_1 \tag{3.11}$$

$$\vec{m}+\vec{W}_j+\vec{Z}_j=\vec{R} \tag{3.12}$$

按照矢量旋转的复数表示式(2.17)可写出

$$\vec{W}_j=\vec{W}_1e^{i\gamma_j}$$

$$\vec{Z}_j=\vec{Z}_1e^{i(\theta_j-\theta_1)}$$

代入式(3.12)得

$$\vec{m}+\vec{W}_1e^{i\gamma_j}+\vec{Z}_1e^{i(\theta_j-\theta_i)}=\vec{R}_j \tag{3.13}$$

为简明起见令 $\theta_j-\theta_1=\theta_{j1}$，$\theta_{j1}$ 即为 $\overline{P_jQ_j}$ 相对于 $\overline{P_1Q_1}$ 的转角，再令 $\vec{R}_j-\vec{R}_1=\vec{d}_j$，取(3.13)与(3.11)两式之差，有

$$(e^{i\gamma_j}-1)\vec{W}_1+(e^{i\theta_{j1}}-1)\vec{Z}_1=\vec{d}_j\,(j=2、3、4) \tag{3.14}$$

如果在上式中求得矢量 $\vec{W}_1$ 和 $\vec{Z}_1$，则矢量 $\vec{m}$、$\vec{K}_1$ 即可通过下面两式求出

$$\vec{K}_1=\vec{R}_1-\vec{Z}_1 \tag{3.15}$$

$$\vec{m}=\vec{K}_1-\vec{W}_1 \tag{3.16}$$

由于 $\vec{K}_1$ 决定了圆点 A_1 的位置，$\vec{m}$ 决定了圆心点 A_0 的位置，因此求解 A_1、A_0 两点位置的关键是解方程(3.14)中的 $\vec{W}_1$ 和 $\vec{Z}_1$，$\vec{d}_j=\vec{R}_j-\vec{R}_1$ 是已知矢量。

式(3.14)就是在给定连杆四位置时求圆点和圆心点的复数形式矢量参数方程式。

4.2　导引机构的综合

对于给定连杆的四个位置，可写出如下复数矢量方程组

$$\begin{cases}(e^{i\gamma_2}-1)\vec{W}_1+(e^{i\theta_{21}}-1)\vec{Z}_1=\vec{d}_2\\(e^{i\gamma_3}-1)\vec{W}_1+(e^{i\theta_{31}}-1)\vec{Z}_1=\vec{d}_3\\(e^{i\gamma_4}-1)\vec{W}_1+(e^{i\theta_{41}}-1)\vec{Z}_1=\vec{d}_4\end{cases}\tag{3.17}$$

由线性代数知，若上面方程组中的未知量 $\vec{W}_1$、$\vec{Z}_1$ 有解，则其增广矩阵的行列式值必为零，即

$$\begin{vmatrix}e^{i\gamma_2}-1 & e^{i\theta_{21}}-1 & \vec{d}_2\\e^{i\gamma_3}-1 & e^{i\theta_{31}}-1 & \vec{d}_3\\e^{i\gamma_4}-1 & e^{i\theta_{41}}-1 & \vec{d}_4\end{vmatrix}=0\tag{3.18}$$

式中 $\vec{d}_j$ 和 θ_{j1} 均为已知。将它展开后可以得到一个包含有 γ_2、γ_3、γ_4 的复数方程式，再令其实部和虚部分别相等，可得到由两个方程式构成的方程组。求解时，在 γ_2、γ_3、γ_4 中可先取其一个值为已知，例如给定 γ_2，则由方程组解出 γ_3 和 γ_4，然后再由式(3.17)解出 $\vec{Z}_1$、$\vec{W}_1$。

求解矢量方程组(3.17)可用克莱姆法则得到 $\vec{Z}_1$ 和 $\vec{W}_1$ 的复数表达式，其实部和虚部分别是该矢量在 X 轴和 Y 轴上的两个分量。解出 $\vec{Z}_1$ 和 $\vec{W}_1$ 后，再利用式(3.15)、(3.16)求得 $\vec{m}$ 和 $\vec{K}_1$，于是圆点 A_1 和圆心点 A_0 的位置也就由此而确定。

由上面解法可知，若不断改变 γ_2 值就可以找出一系列表示圆点 A_1 和圆心点 A_0 位置的矢量 $\vec{m}$ 和 $\vec{K}_1$，这些就是圆点曲线和圆心曲线上的各个对应点。

若导引机构要求连杆平面通过预定的五个位置，则可以将它分解为两组通过四位置的问题，例如分解成 1、2、3、4 和 1、2、3、5 两组四位置，则参数方程(3.14)有解的条件除了满足(3.18)外还应满足

$$\begin{vmatrix}e^{i\gamma_2}-1 & e^{i\theta_{21}}-1 & \vec{d}_2\\e^{i\gamma_3}-1 & e^{i\theta_{31}}-1 & \vec{d}_3\\e^{i\gamma_5}-1 & e^{i\theta_{51}}-1 & \vec{d}_5\end{vmatrix}=0\tag{3.19}$$

联立式(3.18)和(3.19)进行求解。因它们每个展开式可分解为虚、实两部分的两个方程式，共有四个方程式，又由于展开以后可化为 $\mathrm{tg}(\gamma_2/2)$ 的四次方程，故方程组的解 (γ_2、γ_3、γ_4、γ_5) 可能有四组、二组，也可能无解。将解得的 γ_2、γ_3、γ_4、γ_5 再代入式(3.17)、

(3.15)、(3.16)依次求解 $\vec{W}_1$、$\vec{Z}_1$ 和 $\vec{K}_1$、$\vec{m}$ 可得到四组、二组圆点和圆心点的解，但也可能没有解。

需要说明的是，上面方法求出的圆点和圆心点的解，只能保证实现连杆通过预定的四个位置或五个位置，但不一定其通过顺序是 1→2→3→4 或 1→2→3→4→5。如果导引的位置顺序与要求不一致，则可另选圆点和圆心点再加以观察。

4.3 综合举例

设给定连杆平面上标线 PQ 的五个位置(如图 3.13)，已知参数列于下表：

位置 j	R_j	α_j	θ_{j1}
1	1.00	0°	0°
2	1.74	−29.5°	117°
3	1.74	−10.7°	150°
4	1.74	10.3°	191°
5	1.74	25.9°	228°

试用复数解析法设计导引机构。

解：本例为五位置导引机构设计，因此不能获得圆点曲线和圆心曲线，只能求解出一些圆点和圆心点的离散对应点。按上面所述的复数综合方法，依据式(3.19)、(3.18)、(3.17)和(3.15)、(3.16)编制计算机程序，经计算可得到下面的四组解。

解号	$\vec{W}_1$		$\vec{Z}_1$		$\vec{K}_1$		$\vec{m}$	
	$\vec{X}$	$\vec{Y}$	$\vec{X}$	$\vec{Y}$	$\vec{X}$	$\vec{Y}$	$\vec{X}$	$\vec{Y}$
解 1	1.154 43	0.120 10	−0.483 58	0.218 70	1.483 58	−0.218 70	0.329 14	−0.338 80
解 2	0.965 00	−0.046 71	−0.829 39	−0.536 27	1.829 39	0.536 27	0.864 39	0.582 99
解 3	0.065 97	0.540 48	−0.640 59	−0.213 85	1.640 57	0.213 85	1.574 61	−0.326 62
解 4	−4.310 13	2.822 46	−0.486 34	−0.276 78	1.486 34	0.276 78	5.796 47	−2.545 67

在以上四组解中，取解 1 和解 2 分别作为两根导引杆 A_0A_1 和 B_0B_1 的第 1 个位置(即选定的参考位置)，则绘出的机构运动简图如图 3.14 所示，计算得的机构尺寸是：

$$\overline{A_0A_1}=1.160\,67$$

$$\overline{A_1B_1}=0.830\,39$$

$$\overline{B_0B_1}=0.966\,11$$

$$\overline{A_0B_0}=1.065\,92$$

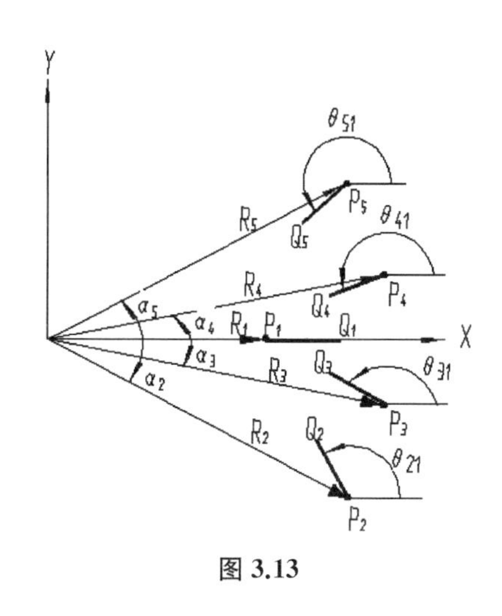

图 3.13

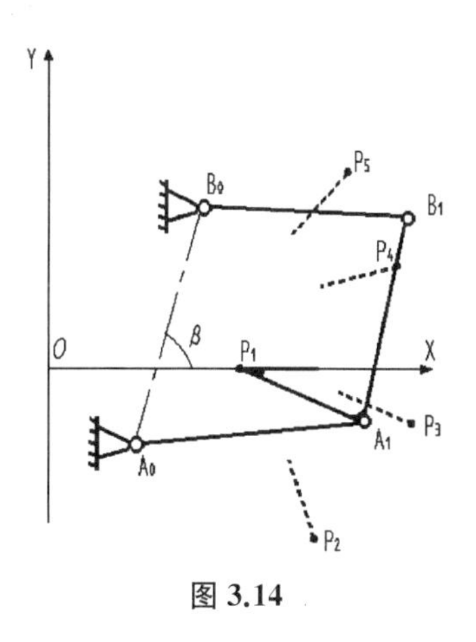

图 3.14

机架线 $\overline{A_0B_0}$ 与 X 轴间夹角 $\beta=59.858°=59°51'28''$。

实际机构的各尺寸可根据上面数据按同一比例放大。

根据上面表中的四组解进行不同的组合,共可获得六种设计方案。按照传动角最大或机构尺寸最小或其他方面的要求可从中选取较优的方案。

5　导引机构的位移矩阵解析综合[2][14]

5.1　平面位移矩阵

平面机构中各构件的运动有三种类型:平移、定轴转动和一般的平面复合运动。构件在运动过程中,如已知它所占有的两个位置,则该构件上任意一点在两个位置的坐标值之间就有一固定的相对关系。若用矩阵式来表达这种关系,此矩阵就称为平面位移矩阵。下面就以上三种运动情况来分析它们的位移矩阵。

(1) 平面矩阵 $[D_{1j}]_T$

如图 3.15 所示,代表构件位置的标线 $\overline{PQ}$ 由第 1 个位置平移至第 j 个位置,显然构件上的各点均具有相同的位移,对参考点 P 写出坐标方程

$$x_{P_j}=x_{P_1}+(x_{P_j}-x_{P_1})$$
$$y_{P_j}=y_{P_1}+(y_{P_j}-y_{P_1})$$

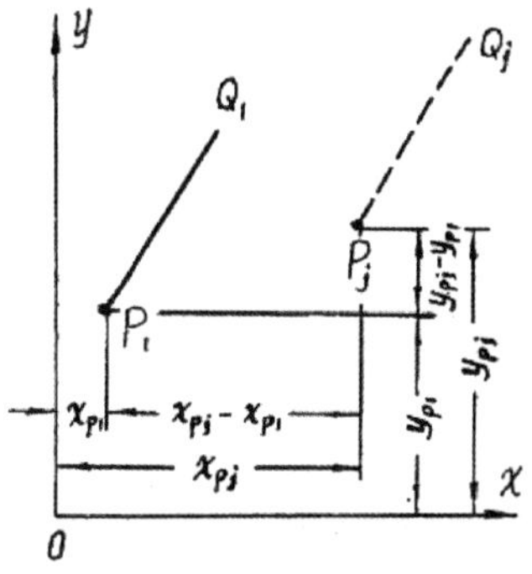

图 3.15

将它写成齐次坐标的矩阵形式是

$$\begin{Bmatrix}x_{P_j}\\y_{P_j}\\1\end{Bmatrix}=\begin{bmatrix}1 & 0 & x_{P_j}-x_{P_1}\\0 & 1 & y_{P_j}-y_{P_1}\\0 & 0 & 1\end{bmatrix}\begin{Bmatrix}x_{P_1}\\y_{P_1}\\1\end{Bmatrix}\tag{3.20}$$

上式表示了构件上参考点 P 在平移前后坐标值之间的关系，式中的矩阵

$$\begin{bmatrix}1 & 0 & x_{\mathrm{P}_j}-x_{\mathrm{P}_1}\\0 & 1 & y_{\mathrm{P}_j}-y_{\mathrm{P}_1}\\0 & 0 & 1\end{bmatrix}=[D_{1j}]_T \tag{3.21}$$

称为平移矩阵。应用此矩阵可以表示出构件上任意一点在构件平移前后的坐标关系。例如对于 Q 点可以写出

$$(x_{\mathrm{Q}_j} \quad y_{\mathrm{Q}_j} \quad 1)^T=[D_{1j}]_T(x_{\mathrm{Q}_1} \quad y_{\mathrm{Q}_1} \quad 1)^T \tag{3.22}$$

当构件的两个位置 1、j 已知时，则位移矩阵 $[D_{1j}]_T$ 是确定的。

(2) 旋转矩阵 $[D_{1j}]_R$

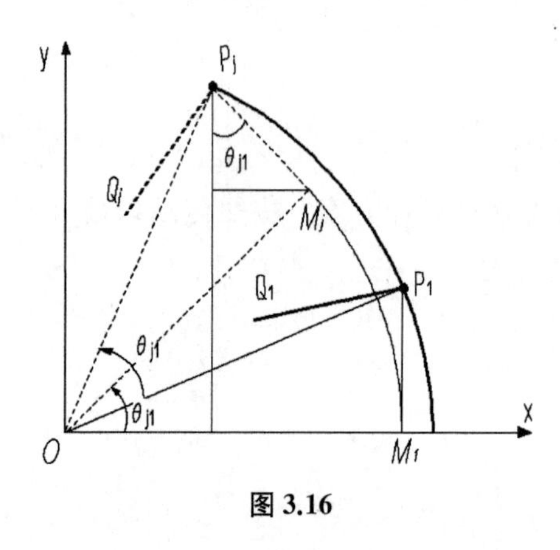

图 3.16

如图 3.16 所示，代表构件的标线 $\overline{PQ}$ 由 $\overline{P_1Q_1}$ 位置绕坐标原点 O 旋转一个角度 θ_{j1} 后到达 $\overline{P_jQ_j}$ 位置，则参考点 P 在转动前后两位置处的坐标值按图示的几何关系可以推导出。作 $\triangle OP_jM_j \cong \triangle OP_1M_1$，显然有 $\angle M_1OM_j=\angle P_1OP_j=\theta_{j1}$，$\overline{OM}_j=\overline{OM}_1=x_{P1}$，$\overline{P_1M_1}=\overline{P_jM_j}=y_{P1}$，得

$$x_{\mathrm{P}_j}=x_{\mathrm{P}_1}\cos\theta_{j1}-y_{\mathrm{P}_1}\sin\theta_{j1}$$
$$y_{\mathrm{P}_j}=x_{\mathrm{P}_1}\sin\theta_{j1}+y_{\mathrm{P}_1}\cos\theta_{j1}$$

或写成齐次坐标矩阵

$$\begin{Bmatrix}x_{\mathrm{P}_j}\\y_{\mathrm{P}_j}\\1\end{Bmatrix}=\begin{bmatrix}\cos\theta_{j1} & -\sin\theta_{j1} & 0\\\sin\theta_{j1} & \cos\theta_{j1} & 0\\0 & 0 & 1\end{bmatrix}\begin{Bmatrix}x_{\mathrm{P}_1}\\y_{\mathrm{P}_1}\\1\end{Bmatrix} \tag{3.23}$$

式中的系数矩阵

$$\begin{bmatrix}\cos\theta_{j1} & -\sin\theta_{j1} & 0\\\sin\theta_{j1} & \cos\theta_{j1} & 0\\0 & 0 & 1\end{bmatrix}=[D_{1j}]_R \tag{3.24}$$

称为旋转矩阵。它表示构件绕定点转动时构件上任意一点在转动前后两位置的坐标关系。例如用于构件上的 Q 点，则有

$$(x_{\mathrm{Q}_j} \quad y_{\mathrm{Q}_j} \quad 1)^T=[D_{1j}]_R(x_{\mathrm{Q}_1} \quad y_{\mathrm{Q}_1} \quad 1)^T \tag{3.25}$$

(3) 一般平面复合运动的位移矩阵 $[D_{1j}]_S$

图 3.17 所示为作平面复合运动的构件上标线 $\overline{PQ}$ 在位移前后的两位置 $\overline{P_1Q_1}$ 和

$\overline{P_jQ_j}$，它可以认为是旋转和平移两种运动的合成。为了利用已有的矩阵(3.21)和(3.24)，可以将构件从位置 1 到位置 j 的运动作如下分解：① 将 $\overline{P_1Q_1}$ 先绕坐标原点旋转 θ_{j1} 角至 $\overline{P_1'Q_1'}$ 位置，此时必有 $\overline{P_1'Q_1'}$ // $\overline{P_jQ_j}$；② 再由 $\overline{P_1'Q_1'}$ 平移到最终位置 $\overline{P_jQ_j}$。

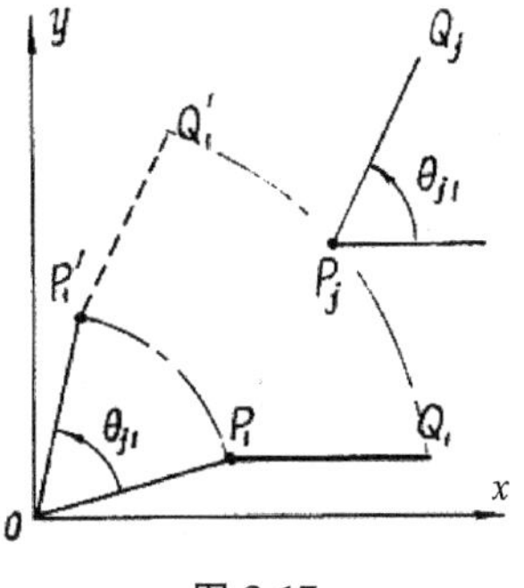

图 3.17

按上述运动的分解，先按式(3.23)写出由 $\overline{P_1Q_1}$ 绕 O 点转到 $\overline{P_1'Q_1'}$ 位置时 P_1' 点的坐标矩阵式

$$\begin{Bmatrix} x'_{P_1} \\ y'_{P_1} \\ 1 \end{Bmatrix} = \begin{bmatrix} \cos\theta_{j1} & -\sin\theta_{j1} & 0 \\ \sin\theta_{j1} & \cos\theta_{j1} & 0 \\ 0 & 0 & 1 \end{bmatrix} \begin{Bmatrix} x_{P_1} \\ y_{P_1} \\ 1 \end{Bmatrix} \tag{3.26}$$

再按式(3.20)写出由 $\overline{P_1'Q_1'}$ 平移至 $\overline{P_jQ_j}$ 位置时 P_j 点的坐标矩阵

$$\begin{Bmatrix} x_{P_j} \\ y_{P_j} \\ 1 \end{Bmatrix} = \begin{bmatrix} 1 & 0 & x_{P_j} - x'_{P_1} \\ 0 & 1 & y_{P_j} - y'_{P_1} \\ 0 & 0 & 1 \end{bmatrix} \begin{Bmatrix} x'_{P_1} \\ y'_{P_1} \\ 1 \end{Bmatrix} \tag{3.27}$$

将式(3.26)代入(3.27)，并进行矩阵运算得

$$\begin{Bmatrix} x_{P_j} \\ y_{P_j} \\ 1 \end{Bmatrix} = \begin{bmatrix} \cos\theta_{j1} & -\sin\theta_{j1} & x_{P_j} - x'_{P_1} \\ \sin\theta_{j1} & \cos\theta_{j1} & y_{P_j} - y'_{P_1} \\ 0 & 0 & 1 \end{bmatrix} \begin{Bmatrix} x_{P_1} \\ y_{P_1} \\ 1 \end{Bmatrix} \tag{3.28}$$

由式(3.26)知

$$x'_{P_1} = x_{P_1}\cos\theta_{j1} - y_{P_1}\sin\theta_{j1}$$

$$y'_{P_1} = x_{P_1}\sin\theta_{j1} + y_{P_1}\cos\theta_{j1}$$

将它们代入式(3.28)，经整理得

$$\begin{Bmatrix} x_{P_j} \\ y_{P_j} \\ 1 \end{Bmatrix} = \begin{bmatrix} \cos\theta_{j1} & -\sin\theta_{j1} & x_{Pj} - x_{P1}\cos\theta_{j1} + y_{P1}\sin\theta_{j1} \\ \sin\theta_{j1} & \cos\theta_{j1} & y_{Pj} - x_{P1}\sin\theta_{j1} - y_{P1}\cos\theta_{j1} \\ 0 & 0 & 1 \end{bmatrix} \begin{Bmatrix} x_{P_1} \\ y_{P_1} \\ 1 \end{Bmatrix} \tag{3.29}$$

令

$$\begin{bmatrix} \cos\theta_{j1} & -\sin\theta_{j1} & x_{P_j} - x_{P_1}\cos\theta_{j1} + y_{P_1}\sin\theta_{j1} \\ \sin\theta_{j1} & \cos\theta_{j1} & y_{P_j} - x_{P_1}\sin\theta_{j1} - y_{P_1}\cos\theta_{j1} \\ 0 & 0 & 1 \end{bmatrix} = [D_{1j}]_S \tag{3.30}$$

则 $[D_{1j}]_S$ 即为构件作平面复合运动时的位移矩阵。同理，利用该矩阵可以写出构件上任意一点在位移前后两位置的坐标关系。例如对 Q 点有

$$(x_{Q_j} \quad y_{Q_j} \quad 1)^T = [D_{1j}]_S (x_{Q_1} \quad y_{Q_1} \quad 1)^T \tag{3.31}$$

当参考点 P 的两个位置坐标 (x_{P_1}, y_{P_1}) 和 (x_{P_j}, y_{P_j}) 以及两位置标线间的夹角 θ_{j1} 为已知时，则位移矩阵 $[D_{1j}]_S$ 中各元素也是已知的，即该矩阵为已知矩阵。

5.2 位移约束方程

在导引机构中，连杆上的圆点是具有特殊性质的一些点：对于 $R-R$ 导引杆，圆点的轨迹是一个圆，它与对应的圆心点保持不变的距离。如图 3.18 所示；对于 $R-P$ 导引杆，圆点的轨迹是一条具有一定斜率的直线，对应的圆心点在垂直于直线方向的无穷远处。这就是连杆上圆点的位移约束条件。下面分别讨论它们的位移约束方程。

(1) $R-R$ 导引杆

如图 3.18 所示，以已知构件标线 $\overline{PQ}$ 的第 1 个位置 $\overline{P_1Q_1}$ 为参考位置，要求它在运动过程中通过预定的位置 $\overline{P_jQ_j}$ $(j=2, 3\cdots\cdots)$，则其圆点诸位置 A_1、$A_2\cdots$ 应在同一圆周上，圆心点为 A_0，故其位移约束方程是下面的定长方程

$$(x_{A_1} - x_{A_0})^2 + (y_{A_1} - y_{A_0})^2 = (x_{A_j} - x_{A_0})^2 + (y_{A_j} - y_{A_0})^2, \ j=2, 3, \cdots \tag{3.32}$$

据式(3.29)写出 A 点的位移矩阵关系式是

$$(x_{A_j} \quad y_{A_j} \quad 1)^T = [D_{ij}]_S (x_{A_1} \quad y_{A_1} \quad 1)^T, \ j=2, 3, \cdots \tag{3.33}$$

其中位移矩阵见式(3.30)。当给定连杆的若干已知位置，则位移矩阵 $[D_{ij}]_S$ 为已知，将由式(3.33)写出的 x_{A_j}、y_{A_j} 代入式(3.32)中，可以得到一个关于未知参数 x_{A_1}、y_{A_1}、x_{A_0}、y_{A_0} 的二次非线性方程组。

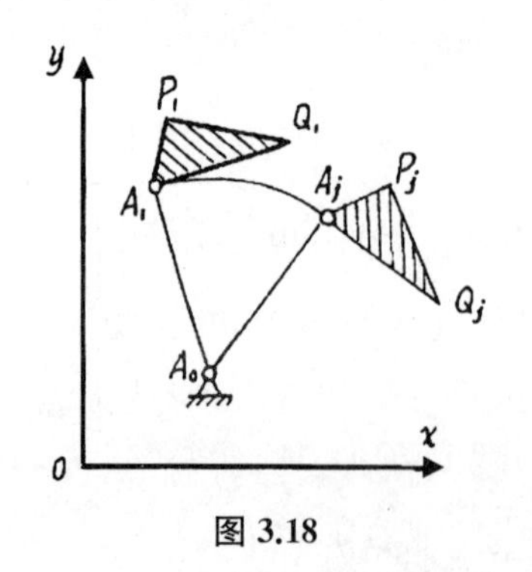

图 3.18

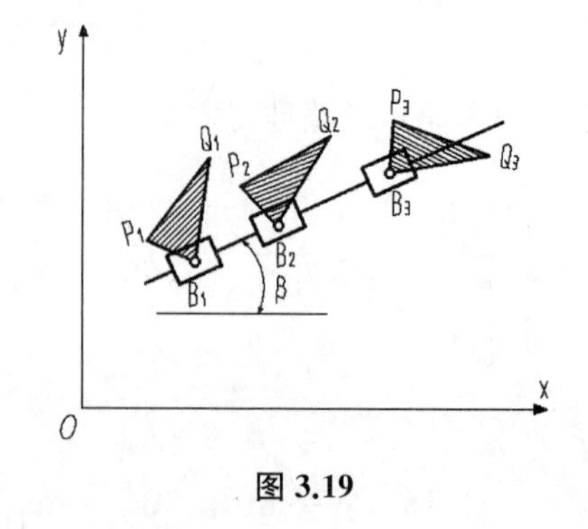

图 3.19

(2) $R-P$ 导引杆

如图 3.19 所示，要求连杆标线 $\overline{PQ}$ 通过 $\overline{P_1Q_1}$、$\overline{P_2Q_2}$、$\overline{P_3Q_3}$、$\cdots$，且铰链点 B 在一条

直线上运动，则 B_1、B_2、B_3、… 等点的坐标应该满足下面的定斜率约束方程

$$\frac{y_{B_2}-y_{B_1}}{x_{B_2}-x_{B_1}}=\frac{y_{B_j}-y_{B_1}}{x_{B_j}-x_{B_1}}=\text{tg}\beta \tag{3.34}$$

即

$$x_{B_1}(y_{B_2}-y_{B_j})-y_{B_1}(x_{B_2}-x_{B_j})+(x_{B_2}y_{B_j}-x_{B_j}y_{B_2})=0,\ j=3,\ 4,\ \cdots \tag{3.35}$$

再根据式(3.29)写出 B 点的位移矩阵关系式

$$(x_{B_j} \quad y_{B_j} \quad 1)^T=[D_{ij}]_S(x_{B_1} \quad y_{B_1} \quad 1)^T,\ j=2,\ 3,\ \cdots \tag{3.36}$$

将由上式写出的 x_{B_j}、y_{B_j} 代入约束方程(3.35)中，得到一个关于参数 x_{B_1}、y_{B_1} 的二次非线性方程组。

5.3 导引机构的综合

(1) 给定连杆四位置的 $R-R$ 导引杆综合

已知连杆上标线 P 点的四个位置坐标 $(x_{P_1},\ y_{P_1})$、$(x_{P_2},\ y_{P_2})$、$(x_{P_3},\ y_{P_3})$、$(x_{P_4},\ y_{P_4})$ 和标线 $\overline{P_jQ_j}(j=2,\ 3,\ 4)$ 相对的第一个位置 $\overline{P_1Q_1}$ 的位置角 θ_{21}、θ_{31}、θ_{41}，求解圆点 A_1 的坐标 (x_{A_1},y_{A_1}) 和对应圆心点坐标 $A_0(x_{A_0},\ y_{A_0})$，解法如下。

按式(3.32)写出约束方程组

$$\begin{cases}(x_{A_2}-x_{A_0})^2+(y_{A_2}-y_{A_0})^2-(x_{A_1}-x_{A_0})^2-(y_{A_1}-y_{A_0})^2=0\\(x_{A_3}-x_{A_0})^2+(y_{A_3}-y_{A_0})^2-(x_{A_1}-x_{A_0})^2-(y_{A_1}-y_{A_0})^2=0\\(x_{A_4}-x_{A_0})^2+(y_{A_4}-y_{A_0})^2-(x_{A_1}-x_{A_0})^2-(y_{A_1}-y_{A_0})^2=0\end{cases} \tag{3.37}$$

式中，x_{A_j}、$y_{A_j}(j=2,\ 3,\ 4)$ 可用位移矩阵 $[D_{ij}]_S$ 和 x_{A_1}、y_{A_1} 表示出来

$$\begin{Bmatrix}x_{A_j}\\y_{A_j}\\1\end{Bmatrix}=\begin{bmatrix}\cos\theta_{j1} & -\sin\theta_{j1} & x_{P_j}-x_{P_1}\cos\theta_{j1}+y_{P_1}\sin\theta_{j1}\\\sin\theta_{j1} & \cos\theta_{j1} & y_{P_j}-x_{P_1}\sin\theta_{j1}-y_{P_1}\cos\theta_{j1}\\0 & 0 & 1\end{bmatrix}\begin{Bmatrix}x_{A_1}\\y_{A_1}\\1\end{Bmatrix} \tag{3.38}$$

简记作

$$\begin{Bmatrix}x_{A_j}\\y_{A_j}\\1\end{Bmatrix}=\begin{bmatrix}\cos\theta_{j1} & -\sin\theta_{j1} & a_j\\\sin\theta_{j1} & \cos\theta_{j1} & b_j\\0 & 0 & 1\end{bmatrix}\begin{Bmatrix}x_{A_1}\\y_{A_1}\\1\end{Bmatrix} \tag{3.39}$$

由上式得

$$\begin{cases}x_{A_j}=x_{A_1}\cos\theta_{j1}-y_{A_1}\sin\theta_{j1}+a_j\\y_{A_j}=x_{A_1}\sin\theta_{j1}-y_{A_1}\cos\theta_{j1}+b_j\end{cases} \tag{3.40}$$

上式中，

$$\begin{cases}a_j = x_{P_j} - x_{P_1}\cos\theta_{j1} + y_{P_1}\sin\theta_{j1}\\ b_j = y_{P_j} - x_{P_1}\sin\theta_{j1} - y_{P_1}\cos\theta_{j1}\end{cases} \tag{3.41}$$

将式(3.40)代入式(3.37)，并加以整理可得

$$\begin{aligned}&x_{A_1}(a_j\cos\theta_{j1} + b_j\sin\theta_{j1} - x_{A_0}\cos\theta_{j1} - y_{A_0}\sin\theta_{j1} + x_{A_0}) + y_{A_1}(b_j\cos\theta_{j1} - a_j\sin\theta_{j1}\\ &+ x_{A_0}\cos\theta_{j1} - y_{A_0}\sin\theta_{j1} + y_{A_0}) - a_j x_{A_0} - b_j y_{A_0} + \frac{1}{2}(a_j^2 + b_j^2) = 0 \quad j = 2,\ 3,\ 4\end{aligned} \tag{3.42}$$

方程组(3.42)是一个由三个方程式组成的二次非线性方程组，需求解的未知数有 x_{A_1}，y_{A_1}，x_{A_0}，y_{A_0} 四个，其余都是式(3.39)中位移矩阵的已知因素。求解时可任意设定其中的一个，例如 y_{A_1}，再用第二章中的 2.2 节所述的牛顿-莱弗松法求出其其余三个参数的解，这样就获得一个圆点和对应圆心点的坐标值。改变 x_{A_1}，又可解出另一组圆点和圆心点。由此可以得到圆点曲线和圆心曲线各点的坐标值。

(2) 给定连杆四位置的 $R-P$ 导引杆综合

此种情况下，采用式(3.35)的约束方程，用 $j=3,\ 4$ 代入得

$$\begin{cases}x_{B_1}(y_{B_2} - y_{B_3}) - y_{B_1}(x_{B_2} - x_{B_3}) + (x_{B_2}y_{B_3} - x_{B_3}y_{B_2}) = 0\\ x_{B_1}(y_{B_2} - y_{B_4}) - y_{B_1}(x_{B_2} - x_{B_4}) + (x_{B_2}y_{B_4} - x_{B_4}y_{B_2}) = 0\end{cases} \tag{3.43}$$

式中，x_{B_j}，y_{B_j} $(j=2,\ 3,\ 4)$ 按式(3.40)写出

$$\begin{cases}x_{B_j} = x_{B_1}\cos\theta_{j1} - y_{B_1}\sin\theta_{j1} + a_j\\ y_{B_j} = x_{B_1}\sin\theta_{j1} + y_{B_1}\cos\theta_{j1} + b_j\end{cases} \quad j=2,3,4 \tag{3.44}$$

a_j、b_j 的计算式见(3.41)。将式(3.44)代入方程组(3.43)得到一个关于未知数 x_{B_1}、y_{B_1} 的二次非线性方程组，用牛顿-莱弗松算法求其解，从而确定滑块铰链点 B 的第一个位置之坐标值，滑块导路与 x 轴的倾斜角由下式算出

$$\beta = \mathrm{arctg}\left(\frac{y_{B_2} - y_{B_1}}{x_{B_2} - x_{B_1}}\right) \tag{3.45}$$

式中 x_{B_2}、y_{B_2} 由式(3.44)令 $j=2$ 计算得。导路的偏置距按下式确定

$$e = (y_{B_1} - y_{A_0} - x_{B_1}\mathrm{tg}\beta)\cos\beta \tag{3.46}$$

(3) 给定连杆五位置的导引机构综合

对于 $R-R$ 导引杆，则约束方程组(3.32)中，令 $j=2,\ 3,\ 4,\ 5$，得一个由三个方程组组成的非线性方程组，而未知参数也有四个：x_{A_1}，y_{A_1}，x_{A_0}，y_{A_0}，因此方程组有确定解，此时不再设定其中的某一个参数。

对于 $R-P$ 导引杆，方程组(3.35)中令 $j=3, 4, 5$，得到一个由三个方程组组成的非线性方程组，而未知参数仅有二个：x_{B_1}、y_{B_1}，故该问题为无解。但可以采用优化方法获得一种运动偏差极小化的近似解。

5.4　综合举例

例一　设计一铰链四杆导引机构，使连杆平面的标线 $\overline{PQ}$ 通过以下四个给定的位置 $P_1(1.5, 0.5)$，$P_2(2.5, 0)$，$P_3(3.5, 1.0)$，$P_4(2.3, 1.5)$；$\theta_{21}=0$，$\theta_{31}=30°$，$\theta_{41}=35°$（见图 3.20）。$0\leqslant X\leqslant 3$，$0\leqslant Y\leqslant 4$。

解：

取构件的第一位置做参考位置。由式(3.40)可写出圆点 A 在第 2,3,4 三个位置处的坐标方程式：

$$\begin{cases}x_{A_2}=x_{A_1}\cos\theta_{21}-y_{A_1}\sin\theta_{21}+a_2\\x_{A_3}=x_{A_1}\cos\theta_{31}-y_{A_1}\sin\theta_{31}+a_3\\x_{A_4}=x_{A_1}\cos\theta_{41}-y_{A_1}\sin\theta_{41}+a_4\\y_{A_2}=x_{A_1}\sin\theta_{21}+y_{A_1}\cos\theta_{21}+b_2\\y_{A_3}=x_{A_1}\sin\theta_{31}+y_{A_1}\cos\theta_{31}+b_3\\y_{A_4}=x_{A_1}\sin\theta_{41}+y_{A_1}\cos\theta_{41}+b_4\end{cases}\tag{3.47}$$

式中：

$$\begin{cases}a_2=x_{P_2}-x_{P_1}\cos\theta_{21}+y_{P_1}\sin\theta_{21}=1.000\,00\\a_3=x_{P_3}-x_{P_1}\cos\theta_{31}+y_{P_1}\sin\theta_{31}=2.450\,96\\a_4=x_{P_4}-x_{P_1}\cos\theta_{41}+y_{P_1}\sin\theta_{41}=1.358\,06\\b_2=y_{P_2}-x_{P_1}\sin\theta_{21}+y_{P_1}\cos\theta_{21}=0.500\,00\\b_3=y_{P_3}-x_{P_1}\sin\theta_{31}+y_{P_1}\cos\theta_{31}=0.683\,01\\b_4=y_{P_4}-x_{P_1}\sin\theta_{41}+y_{P_1}\cos\theta_{41}=1.049\,21\end{cases}$$

利用式(3.42)写出约束方程，并将 a_j、b_j、$\theta_{j1}(j=2, 3, 4)$ 各值代入得方程组：

$$\begin{cases}x_{A_1}+0.5y_{A_1}-x_{A_0}-0.5y_{A_0}+0.375=0\\x_{A_1}(2.121\,15+0.133\,97x_{A_0}-0.5y_{A_0})\\+y_{A_1}(-0.633\,98+0.5x_{A_0}+0.133\,97y_{A_0})\\-2.450\,96x_{A_0}-0.683\,01y_{A_0}+2.770\,35=0\\x_{A_1}(1.714\,26+0.093\,69x_{A_0}-0.573\,58y_{A_0})\\+y_{A_1}(-0.253\,00+0.573\,57x_{A_0}+0.180\,85y_{A_0})\\-1.358\,06x_{A_0}-1.049\,21y_{A_0}+0.371\,74=0\end{cases}\tag{3.48}$$

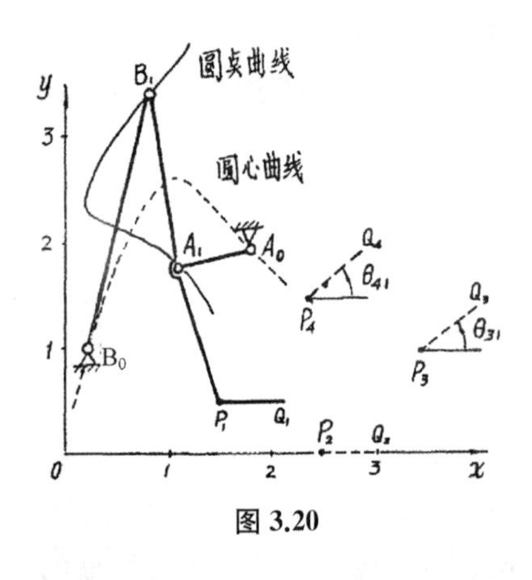

图 3.20

在上式的四个未知参数 x_{A_1}，y_{A_1}，x_{A_0}，y_{A_0} 中，先设定其中之一。例如，设定 $x_{A_0}=0$，用牛顿-莱弗松法求解 x_{A_1}、y_{A_1} 和 y_{A_0}，求解时要给定一组初始迭代值，例如取 $x_{A_1}=1.6$，$y_{A_1}=4.6$，$y_{A_0}=0$。然后再以一定的步长(例如 $h=0.1$)改变 x_{A_0}，得另一组解。于是可得圆点曲线与圆心曲线，如图 3.20 所示。

在圆点曲线上取 A_1、B_1 为连杆上的两动铰链点，其对应的圆心点 A_0、B_0 为导引杆的固定铰链点，于是得图示的铰链四杆机构。机构中各构件的尺寸可以通过已知点的坐标值加以计算得到，本例从略。

例二 设计一曲柄滑块机构，使连杆通过如下三个预定位置：$P_1(1.0,\ 1.0)$，$P_2(2.0,\ 0)$，$P_3(3.0,\ 2.0)$ 和转角 $\theta_{21}=30°$，$\theta_{31}=60°$。

解： 曲柄滑块机构的两根导引杆分别是 $R-R$ 导引杆和 $R-P$ 导引杆，现分别进行求解。

(1) $R-R$ 导引杆综合

参照约束方程组(3.37)，对于给定三位置的综合来说，可写出由二个方程组成的方程组。因此，应在 x_{A_1}，y_{A_1}，x_{A_0}，y_{A_0} 四个未知参数中先设定其中的两个，再求解其余两个。今设定固定铰链点位置 $x_{A_0}=0$，$y_{A_0}=-2.4$。利用式(3.42)、(3.41)，将已知数据代入后加以整理得到如下线性方程组：

$$\begin{cases}1.932\,0x_{A_1}-2.321\,6y_{A_1}=1.010\,4\\4.310\,4x_{A_1}-3.798\,0y_{A_1}=-7.387\,6\end{cases}\tag{3.49}$$

解线性方程组，得 $x_{A_1}=-7.863\,0$，$y_{A_1}=-6.978\,7$。

(2) $R-P$ 导引杆综合

按式(3.30)写出连杆由第一个位置分别到达第 2、第 3 位置的位移矩阵：

$$[D_{12}]_S=\begin{bmatrix}0.866 & -0.500 & 1.634\\0.500 & 0.866 & -1.366\\0 & 0 & 1\end{bmatrix}$$

$$[D_{13}]_S=\begin{bmatrix}0.500 & -0.866 & 3.366\\0.866 & 0.500 & 0.634\\0 & 0 & 1\end{bmatrix}$$

因为是按连杆三位置要求的综合，约束方程组(3.35)成为只有一个方程式

$$x_{B_1}(y_{B_2}-y_{B_3})-y_{B_1}(x_{B_2}-x_{B_3})+(x_{B_2}y_{B_3}-x_{B_3}y_{B_2})=0\tag{3.50}$$

式中的 x_{B_2}，y_{B_2} 和 x_{B_3}，y_{B_3} 用位移矩阵写出：

$$(x_{B_2}\quad y_{B_2}\quad 1)^T=[D_{12}]_S(x_{B_1}\quad y_{B_1}\quad 1)^T$$

$$(x_{B_3}\quad y_{B_3}\quad 1)^T=[D_{13}]_S(x_{B_1}\quad y_{B_1}\quad 1)^T$$

将位移矩阵 $[D_{12}]_S$、$[D_{13}]_S$ 代入上式，再代入式(3.50)，整理得

$$(x_{B_1}-3.865\,7)^2+(y_{B_1}-6.962\,7)^2=21.377\,6 \tag{3.51}$$

该方程显见是一个圆方程。由解析几何知识求得其圆心 C 的坐标 $x_C=3.865\,7$，$y_C=6.962\,7$，圆半径 $R=4.623$。由此可知，按已知连杆三位置作 $R-P$ 导引杆综合时，铰链点 B 应在一个圆上任取，此圆常称为滑块圆，如图 3.21 所示。

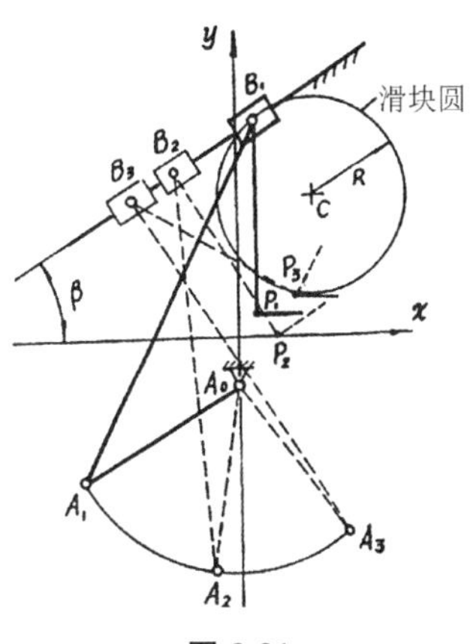

图 3.21

解式(3.51)时，可先设定未知数 x_{B_1}，y_{B_1} 其中之一，例如设 $x_{B_1}=1.0$，则得二次方程

$$y_{B_1}^2-13.925\,4y_{B_1}+35.313\,8=0$$

其解为 $y_{B_1}=10.591\,1$ 和 $y_{B_1}=3.334\,3$。若取 $y_{B_1}=10.591\,1$，则机构各构件的尺寸计算如下。

$$\text{连杆长度 } l=\overline{A_1B_1}=\sqrt{(x_{A_1}-x_{B_1})^2+(y_{A_1}-y_{B_1})^2}=19.678\,6$$

$$\text{曲柄长度 } r=\overline{A_0A_1}=\sqrt{(x_{A_1}-x_{A_0})^2+(y_{A_1}-y_{A_0})^2}=9.098\,9$$

$$a_2=x_{P_2}-x_{P_1}\cos\theta_{21}+y_{P_1}\sin\theta_{21}=1.634\,0$$

$$b_2=y_{P_2}-x_{P_1}\sin\theta_{21}-y_{P_1}\cos\theta_{21}=-1.366\,0$$

$$x_{B_2}=x_{B_1}\cos\theta_{21}-y_{B_1}\sin\theta_{21}+a_2=-2.795\,5$$

$$y_{B_2}=x_{B_1}\sin\theta_{21}-y_{B_1}\cos\theta_{21}+b_2=8.306\,2$$

$$\text{导路偏角}\quad \beta=\operatorname{arctg}\left(\frac{y_{B_2}-y_{B_1}}{x_{B_2}-x_{B_1}}\right)=31.047\,7^\circ$$

$$\text{导路偏距}\quad e=(x_{B_1}-x_{A_0})\sin\beta-(y_{B_1}-y_{A_0})\cos\beta$$

所设计的机构运动简图如图 3.21。由解得的机构尺寸可知，由于 $r+e=19.713\,1$ 大于 $l=19.678\,6$，故实际上得到的是一个摇杆滑块机构。当摇杆顺时针方向摆动时，连杆的顺序通过位置是 2→1→3；当摇杆逆时针反向摆动时连杆的顺序通过位置是 3→1→2。校验机构的压力角，在通过第 2、3 位置时均有 $\alpha>50^\circ$，故此机构受力状态不良。为了选取较好的方案，应重新选择 x_{B_1} 或 $A_0(x_{A_0}，y_{A_0})$。例如重新选取 $x_{B_1}=0$，则得如下解：[2] $l=\overline{A_1B_1}=13.852\,7$，$r=\overline{A_1A_0}=9.098\,9$，$\beta=73.53^\circ$，$e=1.935\,0$，固有 $l>r+e$，故为曲柄滑块机构，其最大压力角 $\alpha_{max}=52.8^\circ$，接近于许用值。

第四章

函数机构综合

1　概述

正如第三章第一节所述，要求四杆机构中两连架杆实现一定的对应转角关系，或进而要求它们的转角间近似地满足某种特定函数关系的机构，称之为函数机构。

函数机构的综合问题，可以认为是导引机构综合问题的一种转化，这种转化是建立在相对运动概念基础之上的，即所谓机构倒置原理。

如图 4.1 所示的铰链四杆机构，机架长度 $\overline{A_0B_0}$ 为已知，要求连架杆 $\overline{A_0A}$ 在给定角位置 φ_1、φ_j($j=2, 3, \cdots$) 时，另一连架杆 $\overline{B_0B}$ 占有相对应的 ψ_1、ψ_j($j=2, 3, \cdots$) 诸位置，此机构的设计即为函数机构的综合问题。现设想将机架杆 $\overline{A_0B_0}$ 释放，而将机构的第 j 个位置 $A_0A_jB_jB_0$ 四边形绕 A_0 点沿 $\varphi_{1j}=\varphi_j-\varphi_1$ 的相反方向，刚化地转过 $-\varphi_{1j}$ 角，则此时 A_j 到达的 A_j' 点将与 A_1 点重合，成为图中虚线所示的位置。对于所有的 $j=2, 3, \cdots$ 等诸位置都作这样的处理，则全部的 $\overline{A_0A_j}$ 都到达与 $\overline{A_0A_1}$ 重合的位置。经过这种假想处理，则机构的四根杆件的相对位置不变(因为是刚化转动)，即相对运动不变，但绝对运动改变了：原连架杆的第 1 个位置 $\overline{A_0A_1}$ 成了相对运动机构中的新机架位置，原连架杆 B_0B 现成为占有 $\overline{B_0B_1}$、$\overline{B_0'B_j'}$ 一系列新位置的连杆，且由于 B_0' 点的位置可由已知的 $\overline{A_0B_0}$ 和 φ_{1j} 确定，相对转角 $\theta_{1j}=\psi_{1j}-\varphi_{1j}$ 由已知的 φ_{1j} 和 ψ_{1j} 确定，因此该连杆的诸相对位置成为已知，这就转化成为一个新的导引机构综合问题。在这个新的转化导引机构中，$\overline{AB}$ 和 $\overline{A_0B_0}$ 为导引杆，$\overline{A_0A_1}$ 为机架，$\overline{B_0B}$ 为连杆，此机构称之为倒置机构。在倒置机构中，导引杆 $\overline{A_0B_0}$ 的两铰链点 A_0、B_0 为已知，待求的是导引杆 $\overline{AB}$ 的铰链点位置 A_1、B_1，这就是所谓的机构倒置原理。原机构的第 1 个位置称为综合时的参考位置。

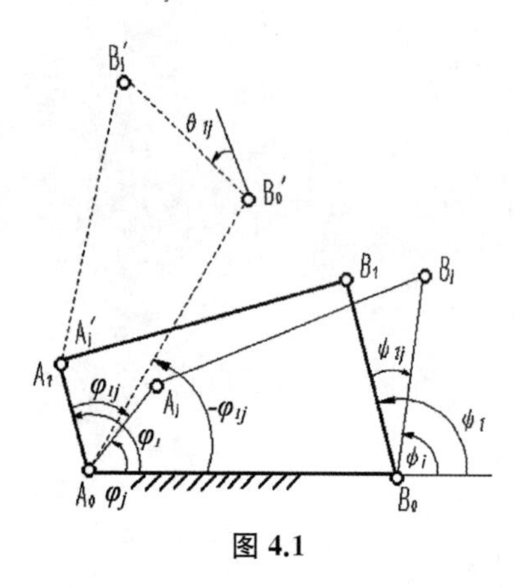

图 4.1

本章将基于这种机构倒置原理，讨论用相对极半角转动图解法、位移矩阵解析法来综合这种连架杆角位置对应的问题，同时也讨论直接应用代数方程组进行综合的解析法，最后对要求实现连续函数关系的函数机构综合问题介绍几种函数逼近的解析方法。

2　相对极半角转动图解法综合

2.1　相对极

设已取定机架长度 $\overline{A_0B_0}$，要求两连架杆实现图 4.2 所示的两组对应角位置（φ_1，ψ_1）、（φ_2，ψ_2）。现仍以第 1 个位置为参考位置来讨论倒置机构中的相对转动极概念。

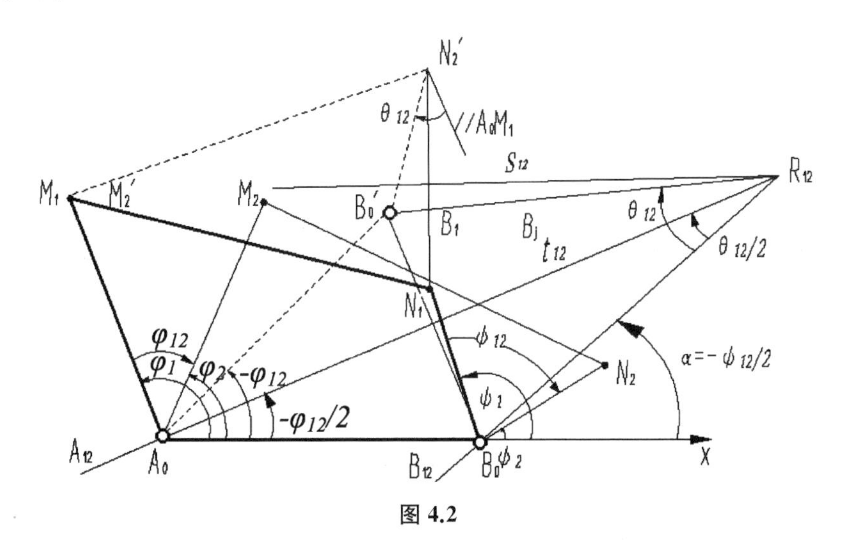

图 4.2

设在两连架杆的标线上分别任取 M、N 两点（并非铰链点），为研究其相对运动，将第 2 个位置的四边形 $B_0N_2M_2A_0$ 刚化地沿 φ_{12} 的相反方向绕 A_0 转动 $-\varphi_{12}$ 角，使 $\overline{A_0M_2}$ 转至与 $\overline{A_0M_1}$ 相重合，则四边形到达虚线位置 $A_0M_2'N_2'B_0'$。图中的粗实线和虚线的机构两位置就是倒置机构中的两位置。在倒置机构中，$\overline{A_0M_1}$ 为机架位置，而原来的连架杆 $\overline{B_0N}$ 成了连杆。因 $\overline{A_0B_0}$、$\overline{B_0N}$、φ_1、ψ_1、φ_2、ψ_2 均为已知，故 $\overline{B_0N_1}$、$\overline{B_0'N_2'}$ 均可由作图绘出，图中的角度关系有

$$\varphi_{12}=\varphi_2-\varphi_1,\ \psi_{12}=\psi_2-\psi_1,\ \theta_{12}=\psi_{12}-\varphi_{12} \tag{4.1}$$

按导引机构中关于转动极的概念，作 $\overline{B_0B_0'}$ 的中垂线 t_{12}（必通过 A_0 点）和 $\overline{N_1N_2'}$ 之中垂线 s_{12}，它们的交点 R_{12} 即为倒置机构中连杆的转动极。由于它是在相对运动中之转动极，故称为相对转动极或简称为相对极。

为进一步研究相对极 R_{12} 的位置特点，在图 4.2 中再分析如下诸角度的几何关系。因

$\triangle A_0B_0B_0'$为等腰三角形，$\overline{A_0B_0'}$ 由 $\overline{A_0B_0}$ 绕 A_0 转过$-\varphi_{12}$得，t_{12}线又为 $\overline{B_0B_0'}$ 之中垂线，故 t_{12}线与机架线 $\overline{A_0B_0}$ 之夹角

$$\angle B_0A_0R_{12}=-\varphi_{12}/2$$

且因 $\overline{B_0N_1}$ 绕 R_{12}转过 θ_{12}，故有

$$\angle B_0R_{12}A_0=\frac{1}{2}(\angle B_0R_{12}B_0')=\theta_{12}/2=\frac{1}{2}(\psi_{12}-\varphi_{12})$$

而图中的 α 由三角形关系知 $|\alpha|=\left|-\frac{\varphi_{12}}{2}\right|+|\theta_{12}|=\frac{\psi_{12}}{2}$，但其度量方向与 ψ_{12} 相反，故写作

$$\alpha=-\frac{\psi_{12}}{2}$$

由此分析结果表明，当机架铰链中心 A_0、B_0 及两连架杆的相对角位移 φ_{12}和 ψ_{12}大小方向已知后，相对极 R_{12}可以用如下简单规则作图得到：分别以 A_0 和 B_0 为顶点，沿 x 轴正向为起始线，按与相对角位移相反方向，量取角度 $-\varphi_{12}/2$ 和 $-\psi_{12}/2$，则两角度线之交点 R_{12}即为相对极。同时还可以看出，R_{12}的位置只与相对转角 φ_{12}、ψ_{12} 的大小和方向有关，而与 φ_1、φ_2、ψ_1、ψ_2 无直接关系，故以后讨论中，不再给出这些值，而直接给出相对转角 φ_{1j}、ψ_{1j}($j=2, 3, \cdots$) 即可。

2.2 实现连架杆对应角位置的铰链四杆机构图解综合

(1) 给定一组相对转角的综合

如图 4.3 所示，已知机架长度 $\overline{A_0B_0}$，当主动连架杆两位置相对转角等于 φ_{12}时，要求从动连架杆同方向转过相对转角 ψ_{12}，欲综合该铰链四杆机构。

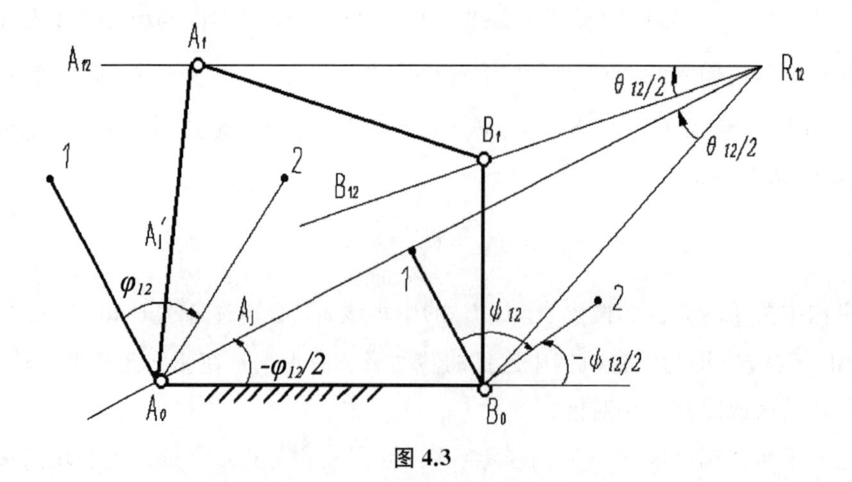

图 4.3

首先，按上面分析结论作出倒置机构中的相对极 R_{12} 之位置。分别过 A_0、B_0 两点作出角度 $-\varphi_{12}/2$ 和 $-\psi_{12}/2$，两角度线之交点即为 R_{12}。

据第三章中第 2.1 节可知，$\angle B_0R_{12}A_0=\theta_{12}/2$ 为转动半角。由等视角定理可知铰链四杆机构中两对边杆对极点 R_{12} 的视角应相等，故只要将夹角为 $\theta_{12}/2$ 的两条直线 $R_{12}B_0$ 和 $R_{12}A_0$ 刚化地绕 R_{12} 任意转过某一角度至 $R_{12}B_{12}$ 和 $R_{12}A_{12}$，在 $R_{12}A_{12}$ 线上任取一点 A_1，在 $R_{12}B_{12}$ 线上任取一点 B_1。由于 A_1、B_1 对极点的视角也为 $\theta_{12}/2$，故 $\overline{A_1B_1}$ 就是所求连杆的第 1 个位置，所设计的机构即为 $A_0A_1B_1B_0$，$\overline{A_0l}$ 与 $\overline{B_0l}$ 为连架杆上的标线。

显然，实现连架杆一对 φ_{12}、ψ_{12} 相对转角的综合结果，其解为无穷多。

(2) 给定两组相对转角的综合

见图 4.4，给定两组相对转角：(φ_{12}，ψ_{12})、(φ_{13}，ψ_{13})。在已知 $\overline{A_0B_0}$ 和这两组相对转角情况下，可作出二个相对极 R_{12} 和 R_{13}，它们对 $\overline{A_0B_0}$ 的视角分别为

$$\theta_{12}/2=\frac{1}{2}(\psi_{12}-\varphi_{12})$$

$$\theta_{13}/2=\frac{1}{2}(\psi_{13}-\varphi_{13})$$

将两组视角线分别转动任意角度，$R_{12}A_{12}$ 和 $R_{13}A_{13}$ 之交点 A_1 及 $R_{13}A_{13}$ 和 $R_{13}B_{13}$ 之交点 B_1 即为所求机构连杆上的两个动铰链点。因为从两个相对极观察，均是符合等视角定理的。

由于两组视角线位置的任意性，故解也是无穷多的。

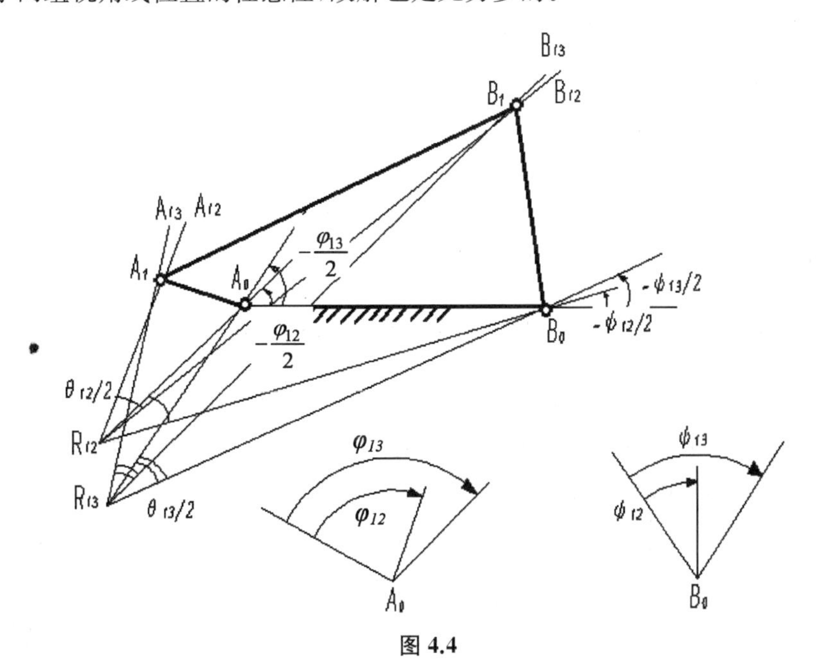

图 4.4

(3) 给定三组相对转角的综合

图 4.5 为给定三组相对转角综合的图形。按已知的三组相对转角：$(\varphi_{12}, \psi_{12})$、$(\varphi_{13}, \psi_{13})$、$(\varphi_{14}, \psi_{14})$ 首先作出它们的三个相对极 R_{12}、R_{13}、R_{14} 得到三个转动半角 $\theta_{12}/2$、$\theta_{13}/2$、$\theta_{14}/2$。用透明纸制作三个角度样板，使其夹角分别等于这些转动半角，并将各样板的顶点用图钉钉在相应的相对极上。令其中一个样板(例如 $A_{12}R_{12}B_{12}$)先固定在某一位置上，然后使其余两个样板绕 R_{13}、R_{14} 转动位置，最终使三条角度线 $R_{12}A_{12}$、$R_{13}A_{13}$、$R_{14}A_{14}$ 和另三条角度线 $R_{12}B_{12}$、$R_{13}B_{13}$、$R_{14}B_{14}$ 分别相交于一点 A_1 和 B_1，则 A_1、B_1 即为所求机构连杆上动铰链点的第 1 个位置，$A_0A_1B_1B_0$ 即为所求机构。

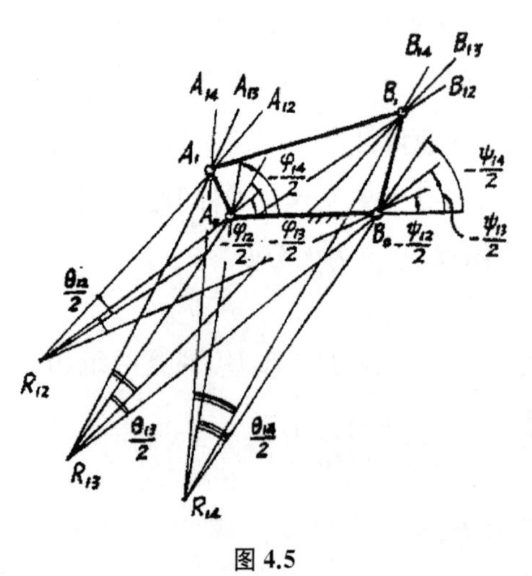

图 4.5

若是将第一个样板 $A_{12}B_{12}B_{12}$ 转过一定角度，再试凑其余两样板的位置，使每组线又各自交于一点，则可以得到另一个设计结果。显然，这些 A_1、B_1 点的不同位置连成轨迹曲线的话，即为倒置机构中导引杆的圆点曲线和圆心曲线。B_1 点在相对圆点曲线上，A_1 点在相对圆心曲线上。机构的综合结果仍有无穷多。

(4) 给定四组相对转角的综合

综合方法同上，先确定相对极 R_{12}、R_{13}、R_{14}、R_{15} 的位置，制作样板绕相对极转动，使由四条线组成的两组线 $R_{12}A_{12}$、$R_{13}A_{13}$、$R_{14}A_{14}$、$R_{15}A_{15}$ 和 $R_{12}B_{12}$、$R_{13}B_{13}$、$R_{14}B_{14}$、$R_{15}B_{15}$ 分别相交于 A_1、B_1，即可获得所设计的机构。

对于四组相对转角的综合，交点 A_1、B_1 的解最多有四组，或是二组，或是没有。这些位置实际上就是两条相对圆点曲线的交点和两条相对圆心曲线的交点。

多于四组相对转角时，一般得不到交点 A_1、B_1，即综合无解。实际上，这就是给出多于连架杆五组对应位置的综合，自然属于无解(理由见第三章)。因此，按连架杆位置角对应的综合，最多只能给出五组，这就是所谓的五个精确点的综合。

2.3 实现连架杆转角与滑块位移对应的曲柄滑块机构图解综合

对于曲柄滑块机构或摇杆滑块机构，两连架杆的对应位置要求表现为转角与位移之间的对应关系。由于它是铰链四杆机构的一种演化，所以上述半角转动方法仍然可以适用，只要考虑到它的一些特点即可。

如图 4.6 所示，要求连架杆的两个相对转角为 φ_{12}、φ_{13} 时，滑块的两个相对位移对应为 S_{12}、S_{13}，实际上这相当于三个对应位置的综合的问题。由于滑块作直线运动，其回转中心 B_0 在无穷远处。求相对极位置可用如下作图方法求出：以 A_0B_0(B_0 在滑块导路垂

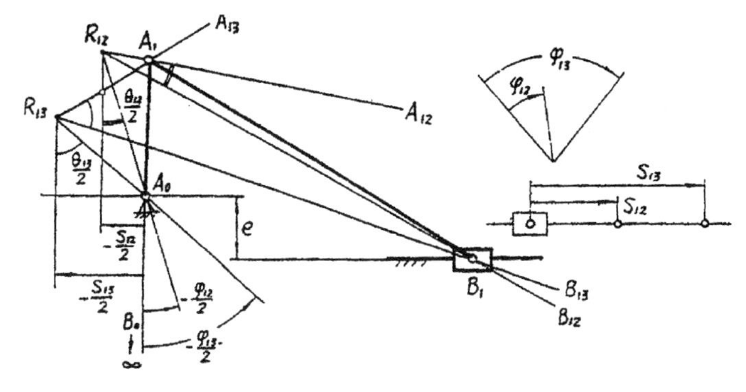

图 4.6

直方向无穷远处）为起线量取 $-\varphi_{12}/2$ 作 A_0R_{12} 线，再由 A_0 沿位移 S_{12} 的相反方向量取距离为 $-S_{12}/2$ 作导路方向线之垂线（相当于与无穷远的 B_0 点相连），交 A_0R_{12} 于 R_{12} 点，此 R_{12} 点即为倒置机构中滑块 1、2 两位置的相对极。同样方法求作 1、3 两位置的相对极 R_{13}。此处的转动半角应是 $\theta_{12}/2=-\varphi_{12}/2$，$\theta_{13}/2=-\varphi_{13}/2$（见式 4.1，$\psi_{12}=\psi_{13}=0$）。与铰链四杆机构作图方法一样，使夹角分别为 $\theta_{12}/2$ 和 $\theta_{13}/2$ 的角度样板转至任一位置，$R_{12}A_{12}$、$R_{13}A_{13}$ 相交于 A_1，$R_{12}B_{12}$、$R_{13}B_{13}$ 相交于 B_1，则 $A_0A_1B_1$ 即为所求的曲柄（或摇杆）滑块机构的第 1 个位置，偏距 e 可从图上量出。由图中观察，显然此作图方法符合等视角定理。由于两角度样板旋转角度的任意性，故解为无穷多。

对于三组相对位移的机构综合方法相同，作出三个相对极 R_{12}、R_{13}、R_{14}，各由三条线为一簇的两组线分别相交于 A_1、B_1 时，即得所求机构。显然，A_1 点位于相对圆心曲线上，B_1 位于相对圆点曲线上。解为无穷多。

对于四组相对位移的机构综合，则解有四组、二组或无解。

2.4　综合举例

试用半角转动图解法综合一铰链四杆机构。已定机架长度 $\overline{A_0B_0}=80\,\text{mm}$，要求两连架杆反向转动，实现如下三组相对位移：$(\varphi_{12},\psi_{12})=(40°,16°)$；$(\varphi_{13},\psi_{13})=(60°,32°)$；$(\varphi_{14},\psi_{14})=(85°,76°)$，如图 4.7 右上角所示。

解：

(1) 按比例尺 $\mu_l=1\,\text{mm/mm}$ 画出机架线 $\overline{A_0B_0}$，由已知 (φ_{1j},ψ_{1j})，$j=2,3,\cdots$，求作各相对极 R_{12}、R_{13}、R_{14}。

(2) 将三对转动半角分别为 $\dfrac{\theta_{12}}{2}=\dfrac{1}{2}(\psi_{12}-\varphi_{12})=\dfrac{1}{2}[16°-(-40°)]=28°$、$\dfrac{\theta_{13}}{2}=\dfrac{1}{2}(\psi_{13}-\varphi_{13})=\dfrac{1}{2}[32°-(-60°)]=46°$、$\dfrac{\theta_{14}}{2}=\dfrac{1}{2}(\psi_{14}-\varphi_{14})=\dfrac{1}{2}[76°-(-85°)]=80.5°$ 的

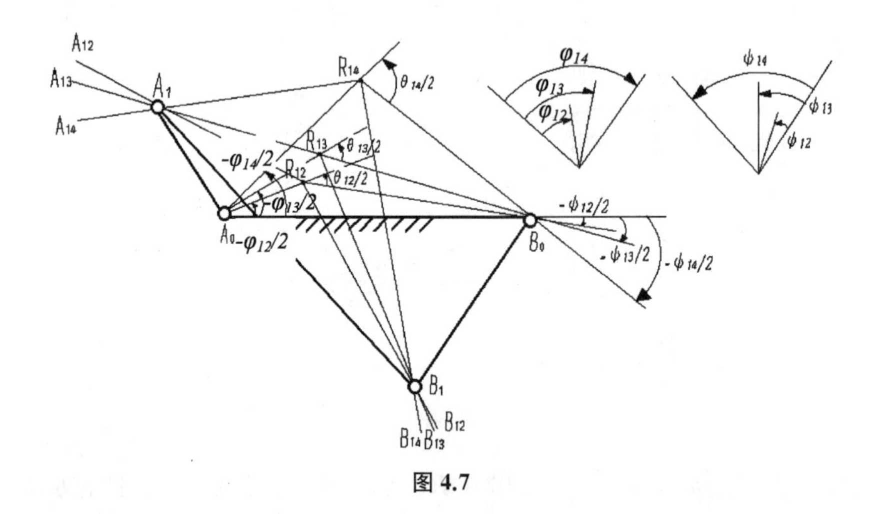

图 4.7

角度样板绕各自的相对极旋转至 A_{12}、A_{13}、A_{14} 和 B_{12}、B_{13}、B_{14} 两组线同时相交于 A_1 和 B_1，即 $\angle A_0R_{12}B_0=180°-\dfrac{\theta_{12}}{2}=152°$、$\angle A_0R_{13}B_0=180°-\dfrac{\theta_{13}}{2}=134°$、$\angle A_0R_{14}B_0=180°-\dfrac{\theta_{14}}{2}=99.5°$，则 $A_0A_1B_1B_0$ 即为所设计机构的第 1 个位置之运动简图。

(3) 从图中量取有关尺寸：$\overline{A_0A_1}=32\text{ mm}$，$\overline{A_1B_1}=100\text{ mm}$，$\overline{B_1B_0}=42\text{ mm}$。

由各杆长度关系可知，该机构为双摇杆机构。若欲得到双曲柄或曲柄摇杆机构，则可再转动三个角度样板，获得其他一些设计方案后用曲柄条件加以验算，直至达到要求为止。

3 代数方程解析法综合

3.1 实现连架杆对应角位置的铰链四杆机构综合代数方程

用上述相对极半角转动图解法进行机构综合，在解的精确度上常常比较低，不能满足某些高精度机构的设计要求，为此需用解析方法综合。本节讨论代数方程的解析综合法。

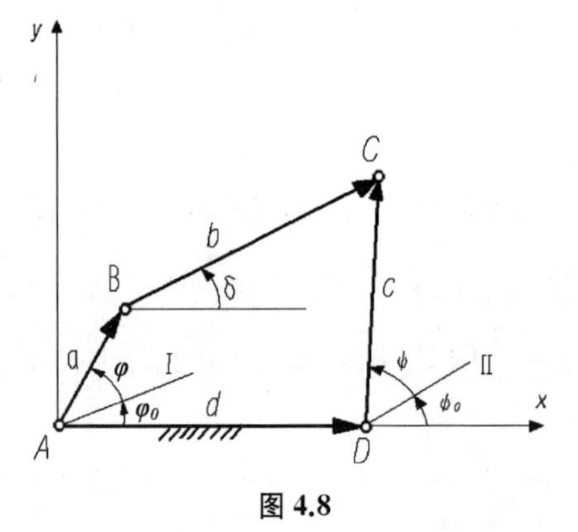

图 4.8

如图 4.8 所示的铰链四杆机构，为了按给定连架杆位置角的对应关系确定机构的各尺寸参数，必须首先建立包括机构尺寸参数的位置方程式。

设四杆机构各杆长度分别为 a、b、c、d，取直角坐标系 xAy，圆点与铰链点 A 重合，x 轴与机架重合，主、从动连架杆转角 φ、ψ 的度量起始线分别为Ⅰ和Ⅱ，它们与 x 轴间夹角 φ_0 和 ψ_0 为度量的初始角。

若将由四杆组成之机构看作为一个封闭矢量多

边形，并将矢量投影到两坐标轴上，可得方程

$$b\cos\delta = d + c\cos(\psi + \psi_0) - a\cos(\varphi + \varphi_0)$$

$$b\sin\delta = c\sin(\psi + \psi_0) - a\sin(\varphi + \varphi_0)$$

将上面两式取其平方相加，即可消去 δ，整理得

$$b^2 = a^2 + c^2 + d^2 + 2cd\cos(\psi + \psi_0) - 2ad\cos(\varphi + \varphi_0) - 2ac\cos[(\varphi - \psi) + (\varphi_0 - \psi_0)] \tag{4.2}$$

令

$$\begin{cases} R_1 = (a^2 + c^2 + d^2 - b^2)/2ac \\ R_2 = d/c \\ R_3 = d/a \end{cases} \tag{4.3}$$

则得四杆机构的位置方程：

$$R_1 - R_2\cos(\varphi + \varphi_0) + R_3\cos(\psi + \psi_0) = \cos[(\varphi - \psi) + (\varphi_0 - \psi_0)] \tag{4.4}$$

式中，R_1、R_2、R_3、φ_0、ψ_0 为机构的待求参数，共五个。由此可知，综合机构时所能要求实现的连架杆对应角位置（φ_j、ψ_j）的最多对数为五个，即 $j=5$，方程(4.4)应为由五个方程构成的方程组，此时方程组才能有解。写出此方程组如下：

$$\begin{cases} R_1 - R_2\cos(\varphi_1 + \varphi_0) + R_3\cos(\psi_1 + \psi_0) = \cos[(\varphi_1 - \psi_1) + (\varphi_0 - \psi_0)] \\ R_1 - R_2\cos(\varphi_2 + \varphi_0) + R_3\cos(\psi_2 + \psi_0) = \cos[(\varphi_2 - \psi_2) + (\varphi_0 - \psi_0)] \\ R_1 - R_2\cos(\varphi_3 + \varphi_0) + R_3\cos(\psi_3 + \psi_0) = \cos[(\varphi_3 - \psi_3) + (\varphi_0 - \psi_0)] \\ R_1 - R_2\cos(\varphi_4 + \varphi_0) + R_3\cos(\psi_4 + \psi_0) = \cos[(\varphi_4 - \psi_4) + (\varphi_0 - \psi_0)] \\ R_1 - R_2\cos(\varphi_5 + \varphi_0) + R_3\cos(\psi_5 + \psi_0) = \cos[(\varphi_5 - \psi_5) + (\varphi_0 - \psi_0)] \end{cases} \tag{4.5}$$

用 Newton - Raphson 算法解上述非线性方程组，即可求得机构参数 R_1、R_2、R_3、φ_0、ψ_0。求解机构尺寸时可在 a、b、c、d 中先设定其中之一，例如设定 a 为已知，则其余三杆长度按下述公式确定

$$d = aR_3$$

$$c = d/R_2$$

$$b = \sqrt{a^2 + c^2 + d^2 - 2acR_1}$$

显然，实现连架杆转角对应关系时，机构可按同一比例尺缩放各构件的尺寸，不会影响输入输出角的对应关系。

若在式(4.4)中，取定 $\varphi_0 = 0$，$\psi_0 = 0$，则机构参数只剩下 R_1、R_2、R_3 三个，连架杆的

对应角位置只能实现三对：(φ_j, ψ_j)，$j=1, 2, 3$，方程(4.4)成了三元线性方程组：

$$\begin{cases} R_1 - R_2\cos\varphi_1 + R_3\cos\psi_1 = \cos(\varphi_1 - \psi_1) \\ R_1 - R_2\cos\varphi_2 + R_3\cos\psi_2 = \cos(\varphi_2 - \psi_2) \\ R_1 - R_2\cos\varphi_3 + R_3\cos\psi_3 = \cos(\varphi_3 - \psi_3) \end{cases} \tag{4.6}$$

用 Cramer 法则，容易求出此方程组的解，经整理得

$$\begin{cases} R_2 = \dfrac{m_4 m_5 - m_3 m_2}{m_2 m_3 - m_1 m_4} \\ R_3 = \dfrac{m_2 m_5 - m_1 m_6}{m_2 m_3 - m_1 m_4} \\ R_1 = \cos(\varphi_1 - \psi_1) + R_2\cos\varphi_1 - R_3\cos\psi_1 \end{cases} \tag{4.7}$$

式中

$$\begin{cases} m_1 = \cos\varphi_1 - \cos\varphi_2 \\ m_2 = \cos\varphi_1 - \cos\varphi_3 \\ m_3 = \cos\psi_1 - \cos\psi_2 \\ m_4 = \cos\psi_1 - \cos\psi_3 \\ m_5 = \cos(\varphi_1 - \psi_1) - \cos(\varphi_2 - \psi_2) \\ m_6 = \cos(\varphi_1 - \psi_1) - \cos(\varphi_3 - \psi_3) \end{cases} \tag{4.8}$$

由式(4.7)解出 R_1、R_2、R_3 后，机构尺寸 a、b、c、d 中可先设定其一，求其余三杆长度。例如先设定 d，则其余三杆长度为

$$a = d/R_3$$

$$c = d/R_2$$

$$b = \sqrt{a^2 + c^2 + d^2 - 2acR_1}$$

3.2　实现连架杆角位置与滑块位移对应的曲柄滑块机构综合代数方程

如图 4.9 所示，设曲柄(或摇杆)滑块机构的尺寸参数为 a、b、e，取图示的坐标系，按连杆长度不变的几何约束条件写出

$$b^2 = (x_C - x_B)^2 + (y_C - y_B)^2$$

式中，$x_C = S_0 + S$，$x_B = a\cos(\varphi_0 + \varphi)$，$y_B = a\sin(\varphi_0 + \varphi)$，$y_C = e$。代入上式可得如下机构的位置方程：

$$b^2 - [S_0 + S - a\cos(\varphi_0 + \varphi)]^2 - [e - a\sin(\varphi_0 + \varphi)]^2 = 0 \tag{4.9}$$

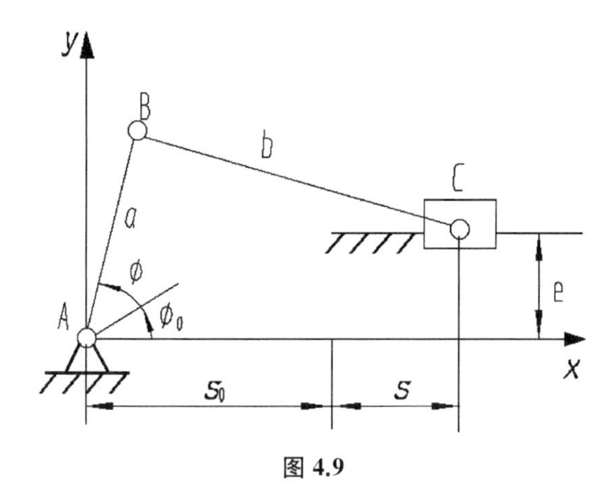

图 4.9

式中的 φ_0 是连架杆角位移度量的起始角，S_0 为滑块位移度量起始位移。

式(4.9)含待求参数 a、b、e、φ_0、S_0 五个，故也是最多解五个对应位移 (φ_j, S_j)，$j=1, \cdots, 5$。

若取 $S_0=0$，$\varphi_0=0$，则可简化为：

$$2aS\cos\varphi + 2ae\sin\varphi - (a^2 - b^2 + e^2 + S^2) = 0 \tag{4.10}$$

令

$$\begin{cases} R_1 = 2a \\ R_2 = 2ae \\ R_3 = a^2 - b^2 + e^2 \end{cases} \tag{4.11}$$

则得

$$R_1 S\cos\varphi + R_2\sin\varphi - R_3 = S^2 \tag{4.12}$$

式中，R_1、R_2、R_3 为待求的三个机构参数，故只能实现三组对应位移。当给定 (φ_j, S_j)，$j=1, 2, 3$ 时，写出如下三元线性方程组：

$$\begin{cases} R_1 S_1\cos\varphi_1 + R_2\sin\varphi_1 - R_3 = S_1^2 \\ R_1 S_2\cos\varphi_2 + R_2\sin\varphi_2 - R_3 = S_2^2 \\ R_1 S_3\cos\varphi_3 + R_2\sin\varphi_3 - R_3 = S_3^2 \end{cases} \tag{4.13}$$

解此线性方程组得 R_1、R_2、R_3，再由式(4.11)得下列机构尺寸计算式

$$\begin{cases} a = R_1/2 \\ e = R_2/2a \\ b = \sqrt{a^2 + e^2 - R_3} \end{cases}$$

3.3 综合举例

例一 某操纵机构装置采用铰链四杆机构，要求当主动连架杆沿逆时针方向转动时，从动连架杆也按逆时针方向转动，以机架线为 x 轴度量各转角，其对应的转角值是 $(\phi_1,\psi_1)=(50°,0°)$；$(\phi_2,\psi_2)=(105°,52°)$；$(\phi_3,\psi_3)=(150°,90°)$，如图 4.10 所示。试用代数方程解析法确定各构件的尺寸。

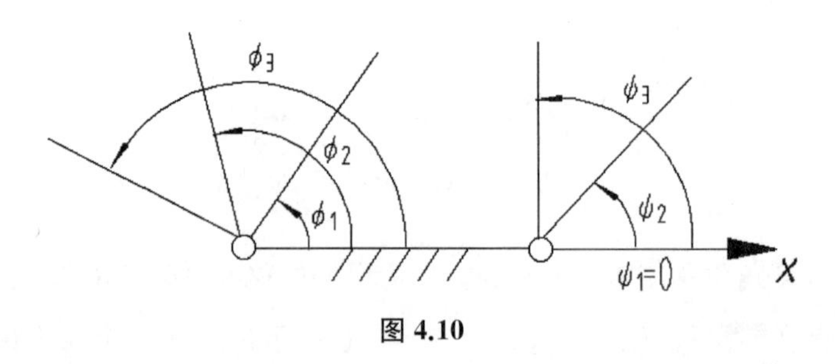

图 4.10

解：按题意，已设定 $\phi_0=0$，$\psi_0=0$，由式(4.6)用已知数代入，写出如下线性方程组

$$\begin{cases}R_1-R_2\cos 60°+R_3\cos 0°=\cos(60°-0°)\\R_1-R_2\cos 105°+R_3\cos 52°=\cos(105°-52°)\\R_1-R_2\cos 150°+R_3\cos 90°=\cos(150°-90°)\end{cases}$$

即

$$\begin{cases}R_1-0.5000R_2+R_3=0.5000\\R_1+0.2588R_2+0.6157R_3=0.6018\\R_1+0.8660R_2=0.5000\end{cases}$$

由 Cramer 法则可以解线性方程组，得

$$R_1=0.122\,8,\ R_2=0.435\,3,\ R_3=0.594\,9$$

若设定机架长度 $d=100$ mm，则其余各杆长度

$$a=d/R_3=168.1\text{ mm}$$

$$c=d/R_2=229.7\text{ mm}$$

$$b=\sqrt{a^2+c^2+d^2-2acR_1}=285.5\text{ mm}$$

图 4.11 为按 $\mu_l=5$ mm/mm 绘出的机构运动简图。由机构尺寸可知，该机构为双曲柄机构。

例二 某仪表装置采用曲柄(摇杆)滑块机构，要求连架杆转角与滑块的位移有如下三组对应关系：$(\varphi_1,S_1)=(60°,36\text{ mm})$；$(\varphi_2,S_2)=(85°,28\text{ mm})$；$(\varphi_3,S_3)=(120°,$

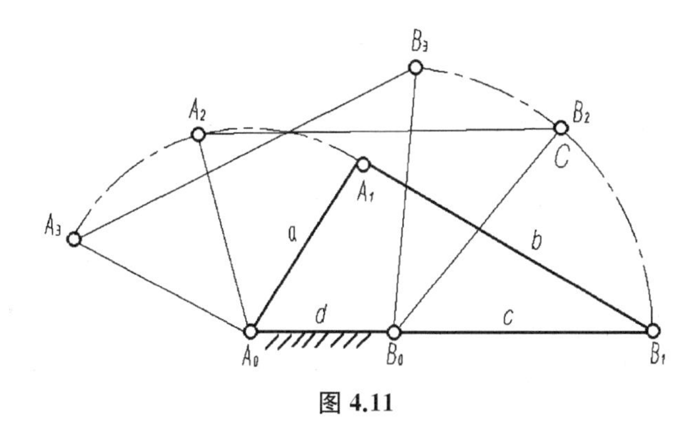

图 4.11

19 mm)。φ 由水平 x 轴正向沿逆时针方向度量，S 为滑块铰链 C 点到连架杆固定铰链点 A_0 之间的水平距离。

解： 按题意有 $\varphi_0=0$ 和 $S_0=0$。将已知对应位移代入式(4.13)有方程组

$$\begin{cases}18R_1+0.866R_2-R_3=1\,296\\2.440\,4R_1+0.996\,2R_2-R_3=784\\-9.5R_1-0.866\,0R_2-R_3=361\end{cases}$$

解线性方程组得：$R_1=34$，$R_2=130.9$，$R_3=-570.6$，于是机构的尺寸按如下诸式计算之：

$$a=R_1/2=17\text{ mm}$$

$$e=R_2/2a=3.85\text{ mm}$$

$$b=\sqrt{a^2+e^2-R_3}=29.6\text{ mm}$$

机构运动简图按 $\mu_l=0.5$ mm/mm 绘出见图 4.12。因有 $b>a+e$，故此机构为曲柄滑块机构。

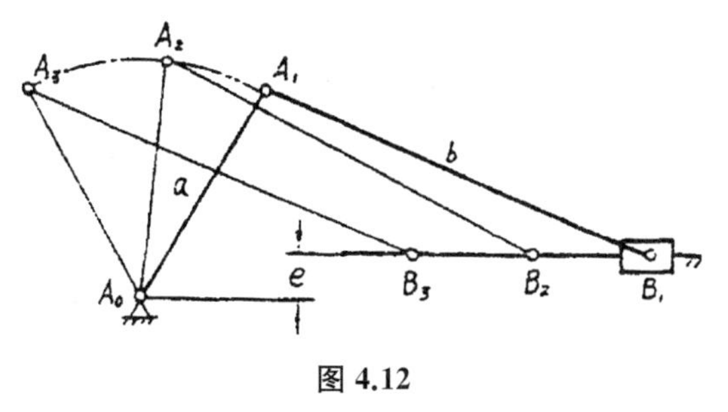

图 4.12

4 位移矩阵解析法综合

根据本章第 1 节所述的机构倒置原理，可将连架杆对应位置综合问题转化为其倒置机构的导引机构综合问题。因此，本节主要讨论倒置机构的位移矩阵，然后用导引机构的

综合方程求其待定机构参数。讨论中,令机架 A_0B_0 为单位长度。

4.1 实现连架杆对应角位置的铰链四杆机构位移矩阵综合

在图 4.13 中,$\overline{A_0B_0}$ 为原机构的机架,粗实线为机构的第 1 个位置,细实线为第 j 个位置。现以 $\overline{B_1B_0}$ 为转化后倒置机构的机架,则 A_0A 成为倒置机构中的连杆,它的第 1 个位置是 $\overline{A_0A_1}$,第 j 个位置是 $\overline{A_0'A_j'}$。$\overline{A_0'A_j'}$ 在图示坐标系中的位置可如下描述:先令 $\overline{A_0A_1}$ 绕坐标原点 A_0 转过 φ_{1j} 到达 $\overline{A_0A_j}$,再令刚化了的 $B_0A_0A_j$ 绕 B_0 点转过 $-\psi_{1j}$,则 $\overline{A_0A_j}$ 到达终位置 $\overline{A_0'A_j'}$。按照此种运动描述,由式(3.23)写出前一运动的位移矩阵式是

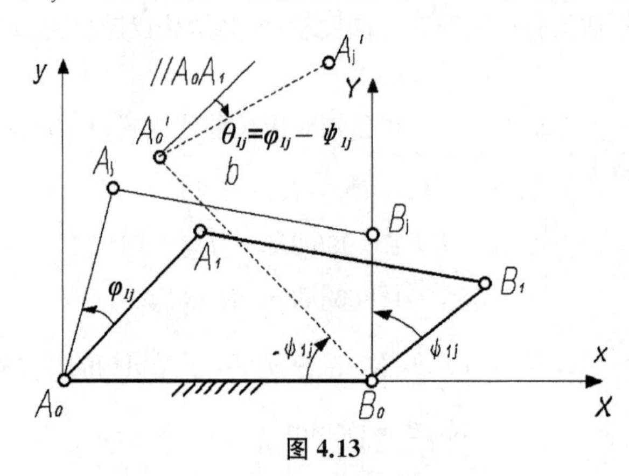

图 4.13

$$\begin{Bmatrix} x_{A_j} \\ y_{A_j} \\ 1 \end{Bmatrix} = \begin{bmatrix} \cos\varphi_{1j} & -\sin\varphi_{1j} & 0 \\ \sin\varphi_{1j} & \cos\varphi_{1j} & 0 \\ 0 & 0 & 1 \end{bmatrix} \begin{Bmatrix} x_{A_1} \\ y_{A_1} \\ 1 \end{Bmatrix} \tag{4.14}$$

后一运动的位移矩阵式是

$$\begin{Bmatrix} X_{A_j'} \\ Y_{A_j'} \\ 1 \end{Bmatrix} = \begin{bmatrix} \cos\psi_{1j} & \sin\psi_{1j} & 0 \\ -\sin\psi_{1j} & \cos\psi_{1j} & 0 \\ 0 & 0 & 1 \end{bmatrix} \begin{Bmatrix} X_{A_j} \\ Y_{A_j} \\ 1 \end{Bmatrix} \tag{4.15}$$

因坐标系(x, y)和(X, Y)之间是平移 $\overline{A_0B_0}=1.0$ 的关系,故有

$$X_{A_j'} = x_{A_j'} - 1,\ Y_{A_j'} = y_{A_j'};$$

$$X_{A_j} = x_{A_j} - 1,\ Y_{A_j} = y_{A_j};$$

代入式(4.15),经整理得

$$\begin{Bmatrix} x_{A_j'} \\ y_{A_j'} \\ 1 \end{Bmatrix} = \begin{bmatrix} \cos\psi_{1j} & \sin\psi_{1j} & 1-\cos\psi_{1j} \\ -\sin\psi_{1j} & \cos\psi_{1j} & \sin\psi_{1j} \\ 0 & 0 & 1 \end{bmatrix} \begin{Bmatrix} x_{A_j} \\ y_{A_j} \\ 1 \end{Bmatrix} \tag{4.16}$$

将式(4.14)代入式(4.16)得

$$(x_{A_j'} \quad y_{A_j'} \quad 1)^{T} = [D_{1j}]_S' (x_{A_1} \quad y_{A_1} \quad 1)^{T} \tag{4.17}$$

式中

$$[D_{1j}]_S' = \begin{bmatrix} \cos(\varphi_{1j}-\psi_{1j}) & -\sin(\varphi_{1j}-\psi_{1j}) & 1-\cos\psi_{1j} \\ \sin(\varphi_{1j}-\psi_{1j}) & \cos(\varphi_{1j}-\psi_{1j}) & \sin\psi_{1j} \\ 0 & 0 & 1 \end{bmatrix} \tag{4.18}$$

此式即为倒置机构中连杆的位移矩阵，称相对平面位移矩阵。若令

$$\varphi_{1j}-\psi_{1j}=\theta_{1j}$$

则式(4.18)也可写作

$$[D_{1j}]_S' = \begin{bmatrix} \cos\theta_{1j} & -\sin\theta_{1j} & 1-\cos\psi_{1j} \\ \sin\theta_{1j} & \cos\theta_{1j} & \sin\psi_{1j} \\ 0 & 0 & 1 \end{bmatrix} \tag{4.19}$$

按连架杆对应位置综合的问题，实际上就是在其倒置机构中，确定导引杆上铰链点 A_1、B_1 的位置问题，即 $R-R$ 导引杆综合问题，故可参照式(3.42)写出其解析方程组，式(3.42)中的固定铰链点 A_0 在倒置机构中对应于铰链点 B_1，写出如下方程组：

$$\begin{aligned} & x_{A_1}(a_j\cos\theta_{1j}+b_j\sin\theta_{1j}-x_{B_1}\cos\theta_{1j}-y_{B_1}\sin\theta_{1j}+x_{B_1})+y_{A_1}(b_j\cos\theta_{1j}-a_j\sin\theta_{1j} \\ & \quad +x_{B_1}\sin\theta_{1j}-y_{B_1}\cos\theta_{1j}+y_{B_1})-a_jx_{B_1}-b_jy_{B_1}+\frac{1}{2}(a_j^2+b_j^2)=0 \quad j=2,\ 3,\ \cdots \end{aligned} \tag{4.20}$$

式中的 a_j、b_j 由式(4.18)中的对应元素写出

$$\begin{cases} a_j=1-\cos\psi_{1j} \\ b_j=\sin\psi_{1j} \end{cases} \tag{4.21}$$

式(4.20)中的待求参数是 A_1、B_1 的坐标 x_{A_1}、y_{A_1}、x_{B_1}、y_{B_1}，因此最多只能满足给定的四组相对转角：(φ_{12},ψ_{12})、(φ_{13},ψ_{13})、(φ_{14},ψ_{14})、(φ_{15},ψ_{15})，也即最多能给出连架杆的五个对应转角位置。当给定三组相对转角时，可在四个待求参数中选定一个为已知。当给定二组相对转角时，可设定二个待求参数。

4.2　实现曲柄(摇杆)与滑块位置对应的机构位移矩阵综合

图 4.14 所示，要求连架杆转角 φ_{1j} 与滑块相对位移 S_{1j} 相对应。分析仍以第 1 个位置为参考位置。在倒置机构中的连杆第 j 个位置 $\overline{A_0'A_j'}$ 是由刚化了的 $B_jA_jA_0$ 沿 S_{1j} 的相反

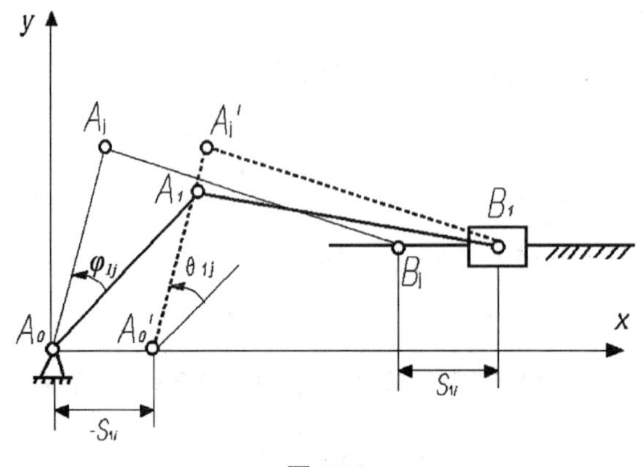

图 4.14

方向移动$-S_{1j}$而得,它的运动可分解为两部分:由$\overline{A_0A_1}$转动φ_{1j}至$\overline{A_0A_j}$,再反移$-S_{1j}$至$\overline{A_0'A_j'}$。

第一部分运动的位置坐标关系是

$$\begin{Bmatrix} x_{A_j} \\ y_{A_j} \\ 1 \end{Bmatrix} = \begin{bmatrix} \cos\varphi_{1j} & -\sin\varphi_{1j} & 0 \\ \sin\varphi_{1j} & \cos\varphi_{1j} & 0 \\ 0 & 0 & 1 \end{bmatrix} \begin{Bmatrix} x_{A_1} \\ y_{A_1} \\ 1 \end{Bmatrix}$$

第二部分运动的位置坐标关系是(见式 3.20)

$$\begin{Bmatrix} x_{A_j'} \\ y_{A_j'} \\ 1 \end{Bmatrix} = \begin{bmatrix} 1 & 0 & S_{1j} \\ 0 & 1 & 0 \\ 0 & 0 & 1 \end{bmatrix} \begin{Bmatrix} x_{A_j} \\ y_{A_j} \\ 1 \end{Bmatrix}$$

综合上面两式得

$$(x_{A_j}' \quad y_{A_j}' \quad 1)^{\mathrm{T}} = [D_{1j}]_S''(x_{A_1} \quad y_{A_1} \quad 1)^{\mathrm{T}} \tag{4.22}$$

式中$[D_{1j}]_S''$为曲柄(摇杆)滑块机构倒置机构的平面位移矩阵,可写成如下形式:

$$[D_{1j}]_S'' = \begin{bmatrix} \cos\varphi_{1j} & -\sin\varphi_{1j} & S_{1j} \\ \sin\varphi_{1j} & \cos\varphi_{1j} & 0 \\ 0 & 0 & 1 \end{bmatrix} \tag{4.23}$$

将上述位移矩阵中的诸元素代入式(3.42),代入时注意到用B_1点替代A_0点,$a_j = S_{1j}$,$b_j = 0$,得综合方程组:

$$x_{A_1}(S_{1j}\cos\varphi_{1j} - x_{B_1}\cos\varphi_{1j} - y_{B_1}\sin\varphi_{1j} + x_{B_1}) + y_{A_1}(-S_{1j}\sin\varphi_{1j} + x_{B_1}\sin\varphi_{1j} - y_{B_1}\cos\varphi_{1j} + y_{B_1}) - S_{1j}x_{B_1} + 0.5S_{1j}^2 = 0 \quad j = 2, 3, \cdots \tag{4.24}$$

上式为关于待定机构参数 x_{A_1}、y_{A_1}、x_{B_1}、y_{B_1} 的非线性方程组，方程组有解的 j 值为 $2 \leqslant j \leqslant 5$，即最多可解机构中连架杆与滑块的五个位置相对应的综合问题，或说可解四组相对转角与相对位移的综合问题。

4.3 综合举例

例一 试用位移矩阵法设计一铰链四杆机构，要求两连架杆实现两组对应的相对转角：$(\varphi_{12}, \psi_{12}) = (25.98°, 44.22°)$，$(\varphi_{13}, \psi_{13}) = (51.96°, 77.14°)$。

解：

(1) 计算位移矩阵各元素

按 $\theta_{1j} = \varphi_{1j} - \psi_{1j}$ 计算 θ_{1j}，$\theta_{12} = \varphi_{12} - \psi_{12} = -18.24°$，$\theta_{13} = \varphi_{13} - \psi_{13} = -25.18°$。代入式(4.19)得

$$[D_{12}]'_S = \begin{bmatrix} \cos\theta_{12} & -\sin\theta_{12} & 1-\cos\psi_{12} \\ \sin\theta_{12} & \cos\theta_{12} & \sin\psi_{12} \\ 0 & 0 & 1 \end{bmatrix} = \begin{bmatrix} 0.9498 & 0.3130 & 0.2833 \\ -0.3130 & 0.9498 & 0.6794 \\ 0 & 0 & 1 \end{bmatrix}$$

$$[D_{13}]'_S = \begin{bmatrix} \cos\theta_{13} & -\sin\theta_{13} & 1-\cos\psi_{13} \\ \sin\theta_{13} & \cos\theta_{13} & \sin\psi_{13} \\ 0 & 0 & 1 \end{bmatrix} = \begin{bmatrix} 0.9050 & 0.4255 & 0.7774 \\ -0.4255 & 0.9050 & 0.9749 \\ 0 & 0 & 1 \end{bmatrix}$$

(2) 计算 A_1、B_1 铰链点的坐标值

将上面位移矩阵中的各元素，对应地代入综合方程组(4.20)中，注意 a_j、b_j 由式(4.21)确定也可在位移矩阵(4.19)中找到对应的值。经过整理后得到关于 x_{A_1}、y_{A_1}、x_{B_1}、y_{B_1} 为未知数的二个方程式。因为只有二个方程式只能解两个未知数，故需先设定其中的两个参数。今设定 $x_{B_1} = 1.348$，$y_{B_1} = 0.217$，于是可得方程组：

$$\begin{cases} 0.1864x_{A_1} + 0.3401y_{A_1} = 0.2498 \\ 0.5078x_{A_1} + 0.6590y_{A_1} = 0.4818 \end{cases}$$

解出 $x_{A_1} = 0.018$，$y_{A_1} = 0.7435$。

(3) 计算各构件尺寸

按固定铰链点坐标 $A_0(0, 0)$、$B_0(1.0, 0)$，计算如下：

$$\overline{A_0A_1} = \sqrt{(x_{A_1} - x_{A_0})^2 + (y_{A_1} - y_{A_0})^2} = 0.7437$$

$$\overline{A_1B_1} = \sqrt{(x_{B_1} - x_{A_1})^2 + (y_{B_1} - y_{A_1})^2} = 1.4304$$

$$\overline{B_0B_1} = \sqrt{(x_{B_1} - x_{B_0})^2 + (y_{B_1} - y_{B_0})^2} = 0.4101$$

实际机构尺寸可按比例缩放。图 4.15 为取 $\overline{A_0B_0}=35$ mm 的机构运动简图。此为双摇杆机构。

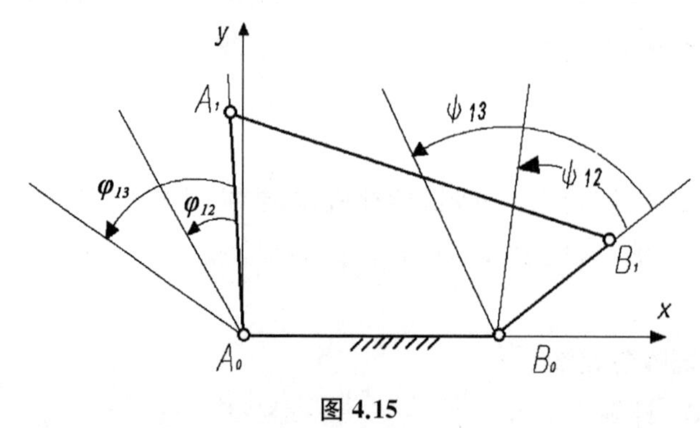

图 4.15

例二 用位移矩阵法设计一曲柄(摇杆)滑块机构,要求连架杆与滑块实现两组相对位移:$(\varphi_{12}, S_{12})=(30°, 19\text{ mm})$;$(\varphi_{13}, S_{13})=(90°, 45\text{ mm})$,$\varphi_{12}$、$\varphi_{13}$ 均按逆时针方向度量,S_{12}、S_{13}的指向与 x 轴正向相反。

解:

(1) 写出位移矩阵

按式(4.23)由已知两组相对位移写出:

$$[D_{12}]_S''=\begin{bmatrix}\cos\varphi_{12} & -\sin\varphi_{12} & S_{12}\\ \sin\varphi_{12} & \cos\varphi_{12} & 0\\ 0 & 0 & 1\end{bmatrix}=\begin{bmatrix}0.866 & -0.5 & 19\\ 0.5 & 0.866 & 0\\ 0 & 0 & 1\end{bmatrix}$$

$$[D_{13}]_S''=\begin{bmatrix}\cos\varphi_{13} & -\sin\varphi_{13} & S_{13}\\ \sin\varphi_{13} & \cos\varphi_{13} & 0\\ 0 & 0 & 1\end{bmatrix}=\begin{bmatrix}0 & -1 & 45\\ 1 & 0 & 0\\ 0 & 0 & 1\end{bmatrix}$$

(2) 求解 A_1、B_1 的坐标

将上述位移矩阵中的元素对应地代入式(4.24)得方程组:

$$\begin{cases}x_{A_1}(0.134x_{B_1}-0.5y_{B_1}-16.454)+y_{A_1}(0.5x_{B_1}+0.134y_{B_1}-9.5)-19x_{B_1}+180.5=0\\ x_{A_1}(x_{B_1}-y_{B_1})+y_{A_1}(x_{B_1}+y_{B_1}-45)-45x_{B_1}+1\,012.5=0\end{cases}$$

此方程组只能解两个未知数,故应设定其中的二参数,例如设定 $x_{A_1}=22$, $y_{A_1}=25$,将设定值代入上面方程组,得

$$\begin{cases}-3.552x_{B_1}-7.65y_{B_1}+304.988=0\\ 2x_{B_1}+3y_{B_1}-112.5=0\end{cases}$$

解出:$x_{B_1}=-11.714$, $y_{B_1}=45.300$。

(3) 计算机构尺寸

曲柄长度

$$a=\sqrt{x_{A_1}^2+y_{A_1}^2}=33.302 \text{ mm}$$

连杆长度

$$b=\sqrt{(x_{A_1}-x_{B_1})^2+(y_{A_1}-y_{B_1})^2}=39.354 \text{ mm}$$

偏距

$$e=y_{B_1}=45.3 \text{ mm}$$

解算结果按 $\mu_l=1$ mm/mm 绘出机构运动简图如图 4.16 所示。因有 $b<a+e$，故该机构为摇杆滑块机构。

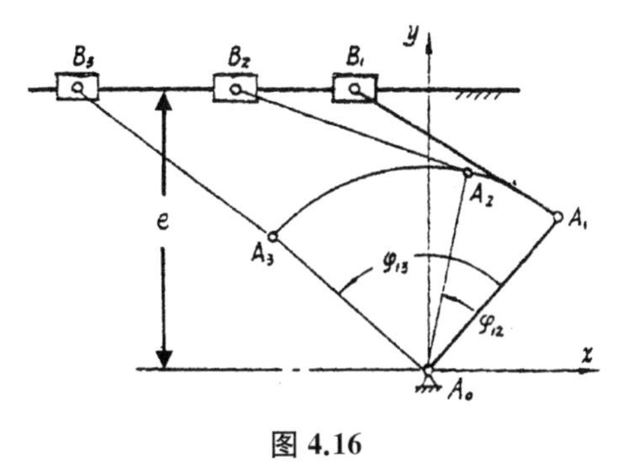

图 4.16

5　函数机构综合[16-18]

5.1　函数机构综合的基本问题

在一些数学解算装置和仪表传动机构中，往往利用铰链四杆机构两连架杆的相对角位移来模拟某种物理量之间的函数关系。实现这种函数模拟关系的机构因此被称为函数机构。

如图 4.17 所示的铰链四杆机构，欲模拟某给定函数 $y=f(x)$，函数自变量在已知的

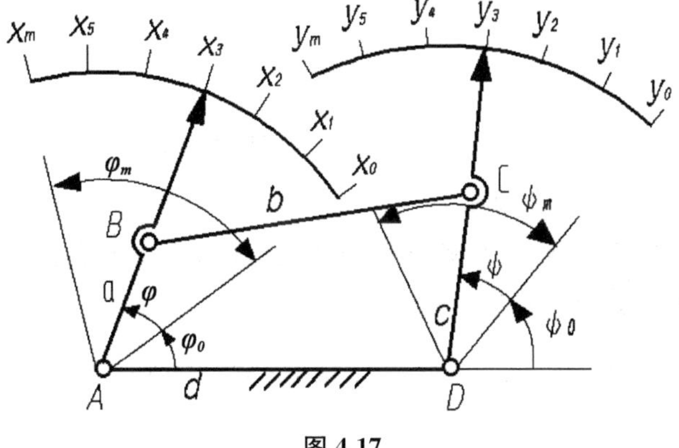

图 4.17

测量范围 $x_0 \leqslant x \leqslant x_m$ 内变化，令连架杆 AB 为指针指示变量 x，另一连架杆 CD 的指针指示函数值 y，这就是函数机构。

此机构综合的实质就是要确定机构尺寸 a、b、c(取 $d=1$)和角度的度量起始角 φ_0、ψ_0，使输入角 φ 和函数自变量 x 成比例时，输出角 ψ 与函数值 y 成比例。按此要求，可以确定适当的比例系数 μ_x 和 μ_y，把给定的函数关系 $y=f(x)$ 转换为连架杆之间的对应角位移函数 $\psi=F(\varphi)$。

设已知函数 $y=f(x)$ 的自变量区间为 $[x_0,\ x_m]$，则函数值的对应变动范围是 $[y_0,\ y_m]$，$y_0=f(x_0)$，$y_m=f(x_m)$。若取变量 $(x-x_0)$ 和机构输入角 φ 的比例系数为 μ_x，函数值 $(y-y_0)$ 与机构输出角 ψ 的比例系数为 μ_y，即：

$$\begin{aligned} \mu_x &= \frac{x-x_0}{\varphi} \quad \text{或} \quad x-x_0=\mu_x\varphi \\ \mu_y &= \frac{y-y_0}{\psi} \quad \text{或} \quad y-y_0=\mu_y\psi \end{aligned} \tag{4.25}$$

则当 $x=x_0$，$y=y_0$ 时必有 $\varphi=0$，$\psi=0$；而当 $x=x_m$，$y=y_m$ 时两连架杆的转动：

$$\begin{aligned} \varphi_m &= \frac{x_m-x_0}{\mu_x} \quad \text{或} \quad \mu_x=\frac{x_m-x_0}{\varphi_m} \\ \psi_m &= \frac{y_m-y_0}{\mu_y} \quad \text{或} \quad \mu_y=\frac{y_m-y_0}{\psi_m} \end{aligned} \tag{4.26}$$

在式(4.26)中，当已知变量 x 的区间 $[x_0,\ x_m]$ 时，由已知函数 $y=f(x)$ 也就确定了 y 的区间 $[y_0,\ y_m]$。于是，选定比例系数 μ_x，μ_y 后即可计算得 φ_m、ψ_m。在机构设计中，更常用的方法是先选定 φ_m、ψ_m(一般选为小于 $120°$)，然后由式(4.26)确定比例系数 μ_x 和 μ_y。

由式(4.25)可以写出模拟给定函数 $y=f(x)$ 的机构连架杆转角函数

$$\psi=\frac{1}{\mu_y}(y-y_0)=\frac{1}{\mu_y}[f(x_0+\mu_x\varphi)-y_0]=F(\varphi) \tag{4.27}$$

上式表明，通过比例系数 μ_x，μ_y 可得给定函数转换为模拟机构的角位移函数。$y=f(x)$ 和 $\psi=F(\varphi)$ 都称为期望函数。

然而，机构实际能实现的主、从动连架杆的角位移关系，显然是与机构的结构尺寸直接有关，即实际机构的输出角是如下函数：

$$\psi'=F_j(a,\ b,\ c,\ \varphi_0,\ \psi_0,\ \varphi)=F_j(R_K,\ \varphi) \tag{4.28}$$

或对应的实现函数是

$$y' = f_j(R_K, x) \tag{4.29}$$

式中的 R_K 代表机构的尺寸参数，称结构参数。函数 $F_j(R_K, \varphi)$ 和 $f_j(R_K, x)$ 称为机构函数。

因此，函数机构综合的基本问题是，采用适当的设计方法确定铰链四杆机构的结构参数 R_K（即尺寸参数 a, b, c, φ_0, ψ_0），使机构函数 $F_j(R_K, \varphi)$ 或 $f_j(R_K, x)$ 与期望函数 $F(\varphi)$ 或 $f(x)$ 尽可能做到吻合，以实现模拟给定函数的目的。

5.2　函数机构的结构误差分析

如前几节所述，由于铰链四杆机构可供选择的结构参数数目有限，最多为 5 个，因此能够实现的连架杆对应位置最多也只能有 5 个。例如，在代数法中的方程组最多能列出 5 个方程，见式(4.5)，给出 5 个对应的 φ 和 ψ，方程组可解，若要求更多的对应位置，方程组将无解。换言之，用铰链四杆机构来模拟给定函数时，最多只能在五个位置上是精确的，而其余各位置一般地存在着误差。这种由于结构参数数目的限制而产生的机构设计误差称为结构误差，下面来分析结构误差的表达式。

结构误差最基本的表达式可用输出角误差 Δ_ψ 来表示，即

$$\Delta_\psi = \psi - \psi' = F(\varphi) - F_j(R_K, \varphi)$$

但由于 $\psi' = F_j(R_K, \varphi)$ 的函数式十分复杂，不便于应用，因此通常引入如下所述的加权偏差 Δ_q 概念。

在图 4.18 所示的铰链四杆机构中，设想将连杆 $\overline{BC}$ 拆去，使两连架杆按期望的函数 $\psi = F(\varphi)$ 占有一系列的相应位置。由于期望输出角 ψ 与机构实际输出角 ψ' 除了在少数几个精确点上完全吻合外，其余位置均存在着误差，因此 B、C 两点的距离 b_v 也只有在这些关于个别精确点上等于原机构中的连杆长度 b，在其他位置上 $b_v \neq b$。b_v 的长度可借用式(4.2)写出，令其中的 $d = 1$，则有

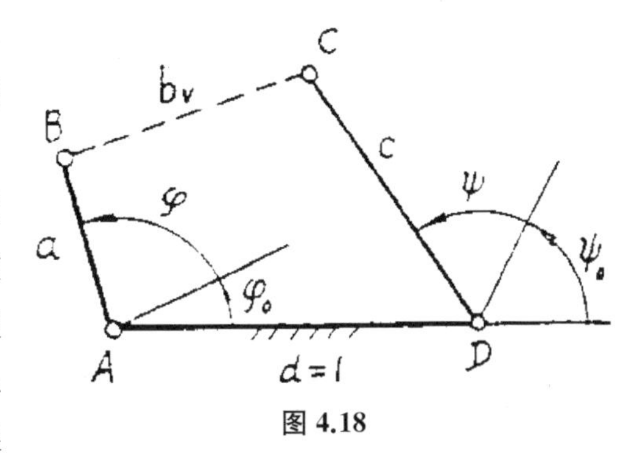

图 4.18

$$b_v^2 = a^2 + c^2 + 1 - 2a\cos(\varphi_0 + \varphi) + 2c\cos(\psi_0 + \psi) - 2ac\cos[(\varphi_0 + \varphi) - (\psi_0 + \psi)] \tag{4.30}$$

由此，转角偏差 Δ_ψ 可用连杆长度偏差 Δ_b 来间接地反映：

$$\Delta_b = b - b_v \tag{4.31}$$

当 $\Delta_b = 0$ 时 Δ_ψ 必为零；Δ_b 增大时，Δ_ψ 也必增大。如果进一步设想以 b^2 与 b_v^2 之差来表达偏差时，则有

$$\Delta_q = b^2 - b_v^2 = (b + b_v)(b - b_v) \tag{4.32}$$

将式(4.31)的关系代入

$$\Delta_q = (b + b_v)\Delta_b = (2b - \Delta_b)\Delta_b = 2b\Delta_b - \Delta_b^2$$

略去二阶无穷小 Δ_b^2 有 $\Delta_q \approx 2b\Delta_b$。

令 $q = 2b - \Delta_b \approx 2b$，可得：

$$\Delta_q = q\Delta_b \tag{4.33}$$

则 Δ_q 称为加权偏差，它近似为 Δ_b 的 $2b$ 倍。q 称为加权系数。

结构偏差所以采用式(4.32)所示的加权偏差形式，其原因是它与机构的尺寸参数和期望转角(φ, ψ)的关系，极易由式(4.30)和(4.32)写出：

$$\Delta_q = b^2 - a^2 - c^2 - 1 + 2a\cos(\varphi_0 + \varphi) + 2c\cos(\psi_0 + \psi) + 2ac\cos[(\varphi_0 + \varphi) - (\psi_0 + \psi)] \tag{4.34}$$

为了便于求解，将上式中的已知量 φ、ψ 和未知量 a、b、c、φ_0、ψ_0 分开，并写成一种易于求解的多项式形式，即写作：

$$\Delta_q = 2[p_0 f_0(\varphi) + p_1 f_1(\varphi) + \cdots p_6 f_6(\varphi)] \tag{4.35}$$

式中，$f_i(\varphi)$为已知量 φ、$\psi = F(\varphi)$ 的函数，有

$$\begin{cases} f_0(\varphi) = \cos\varphi & f_1(\varphi) = \sin\varphi \\ f_2(\varphi) = \cos\psi & f_3(\varphi) = \sin\psi \\ f_4(\varphi) = 1 & f_5(\varphi) = \cos(\psi - \varphi) \\ f_6(\varphi) = \sin(\psi - \varphi) & \end{cases} \tag{4.36}$$

p_i 为未知量参数，内含有机构的待求参数，有

$$\begin{cases} p_0 = a\cos\varphi_0 & p_1 = -a\sin\varphi_0 \\ p_2 = -\cos\psi_0 & p_3 = c\sin\psi_0 \\ p_4 = \dfrac{1}{2}(b^2 - a^2 - c^2 - 1) & p_5 = -p_0 p_2 - p_1 p_3 \\ p_6 = p_1 p_2 - p_0 p_3 & \end{cases} \tag{4.37}$$

由上式可见，p_5、p_6 为非独立参数，故式(4.35)中代表结构参数的 p_0、p_1、…、p_6 中只有 p_0、p_1、…、p_4 五个是独立参数。

式(4.35)便是铰链四杆机构函数机构常用的加权偏差表达式。对于其他形式的四杆机构，其加权偏差将具有其他形式[17]。

5.3 函数逼近综合方法

按给定期望函数设计铰链四杆机构，如前所述只能在少数几个精确点处无偏差地实现，而就整个运动范围来说，就只能近似地实现了。为了使运动的误差得到有效地控制，就要利用数学上的函数逼近理论来解决问题，即寻求一组结构参数 R_K，使机构函数 $y'=f_j(R_K, x)$ 与期望函数 $y=f(x)$ 尽可能地接近。机构函数 $y'=f_j(R_K, x)$ 也常称为逼近函数。

逼近函数问题可以用不同的方法求解。在机构综合中，常用的有插值逼近法、平方逼近法和最佳逼近法三种。现分别讨论如下。

(1) 插值逼近法

插值逼近法是按照机构函数 $y'=f_j(R_K, x)$ 与期望函数 $y=f(x)$ 在给定区间 $[x_0, x_m]$ 内有 n 个点完全相等的条件来计算机构的结构参数。这些 $y'=y$ 的点就是所谓的精确点，也称插值结点，在插值结点处 $\Delta y=y-y'=0$。图 4.19 为有三个插值结点的函数图形，图中画有小圆圈的点即为插值结点，粗实线为机构函数曲线，细实线为期望函数曲线。

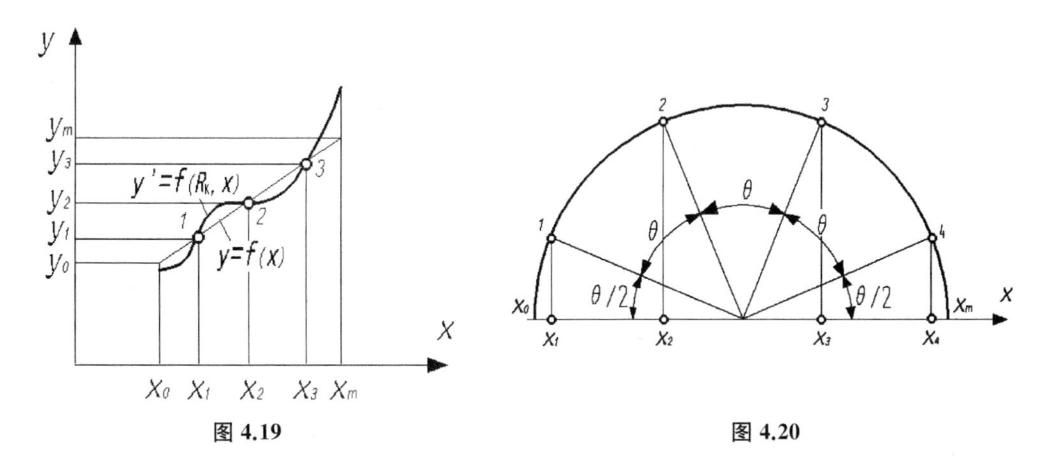

图 4.19　　　　图 4.20

用插值法构造逼近函数 $f_j(R_K, x)$ 时，它与期望函数 $f(x)$ 的偏差是与插值结点的数目及其分布位置密切有关。插值结点数目越多，则偏差越小。但由于机构待定参数的数目最多为五个，因此插值结点的数目也不可超过五个，否则无解。而插值结点的分布，按切贝契夫的研究，提出如下的插值点计算公式认为具有较小的结构误差：

$$x_i=\frac{x_0+x_m}{2}-\frac{x_m-x_0}{2}\cos\frac{2i-1}{2n}\pi \quad i=1, 2, 3, \cdots, n \tag{4.38}$$

式中，i 是插值结点的序号，x_0、x_m 是给定期望函数的自变量下限和上限，n 是插值结点的数目。图 4.20 是 $n=4$ 时用切贝契夫插值点计算式计算出各点 x_1、x_2、x_3、x_4 的几何图形。它是以 x_m-x_0 为直径作半圆，按 $\theta=\frac{\pi}{n}$ 在圆周工作分点 1、2、3、4，这些点在 x 轴上的投影点即为切贝契夫插值点的位置。

当用切贝契夫插值公式确定插值结点后，机构的近似综合实际上就是在 n 个结点上的精确综合。对于铰链四杆机构，可利用代数方法综合方程式(4.4)的方程组求解，式中的 φ、ψ 由给定函数 $y=f(x)$ 按比例系数计算得各插值结点的对应数值 φ_i 和 ψ_i 代入，$i=1, 2, \cdots, n$，最大 n 值为 5。对于曲柄(摇杆)滑块机构，可利用式(4.9)的方程组求解。φ 和 S 同理由插值结点的 x，y 按比例系数推算而得。

(2) 平方逼近法

平方逼近法也是常称的最小二乘法。它是按照在给定变量区间 $[x_0, x_m]$ 内，机构函数 $y'=f_j(R_K, x)$ 与期望函数 $y=f(x)$ 的均方偏差最小为条件来求解机构的结构参数 R_K。若用前面所述的加权偏差 Δ_q 作为机构运动偏差，则在 $[x_0, x_m]$ 区间内的均方偏差可表示为：

$$\Delta_q \text{ 取连续函数时}, \Delta_S=\sqrt{\frac{\int_{x_0}^{x_m} \Delta_q^2 dx}{x_m - x_0}} \tag{4.39}$$

$$\Delta_q \text{ 取离散值时}, \Delta_S=\sqrt{\frac{\sum_{i=0}^{m} \Delta_{qi}^2}{m+1}} \tag{4.40}$$

其中 m 为分点数。

欲使均方偏差 Δ_S 为最小，必须使积分 $I=\int_{x_0}^{x_m} \Delta_q^2 dx$ 或离散值的和 $\sum_{i=0}^{m} \Delta_{qi}^2$ 为最小。对于 Δ_q 为连续函数来说，由式(4.35)得

$$I=\int_{\varphi_0}^{\varphi_m} \{2[p_0 f_0(\varphi)+p_1 f_1(\varphi)+\cdots+p_6 f_6(\varphi)\}^2 d\varphi \tag{4.41}$$

为求得 I 最小时的结构参数 p_0、p_1、…，令 I 对所有待定参数 $p_i(i=0, 1, \cdots, 6)$ 的偏导数为零，从而得方程组

$$\frac{\partial I}{\partial p_i}=\int_{\varphi_0}^{\varphi_m} [p_0 f_0(\varphi)+p_1 f_1(\varphi)+\cdots+p_6 f_6(\varphi)] f_i(\varphi) d\varphi=0 \tag{4.42}$$

$$i=0, 1, \cdots, 6$$

若令

$$C_{kl}=\int_{\varphi_0}^{\varphi_m} f_k(\varphi) f_i(\varphi) d\varphi \quad k, i=0, 1, \cdots, 6 \tag{4.43}$$

则式(4.42)可简记为

$$\begin{cases} C_{00}p_0+C_{01}p_1+\cdots+C_{06}p_6=0 \\ C_{10}p_0+C_{11}p_1+\cdots+C_{16}p_6=0 \\ \cdots\cdots \\ C_{60}p_0+C_{61}p_1+\cdots+C_{66}p_6=0 \end{cases} \tag{4.44}$$

若 Δ_q 为离散值，式(4.44)仍适用，但 C_{kl} 按下式计算

$$C_{kl}=\sum_{i=0}^{m}f_k(\varphi_i)f_i(\varphi_i)\quad k,\ i=0,\ 1,\ \cdots,\ 6 \tag{4.45}$$

式(4.43)、(4.45)中的 $f(\varphi)$ 可由给定的期望函数 $\psi=f(\varphi)$ 按式(4.36)计算得，也即 C_{kl} 为已知值。方程组(4.44)中的待求参数是 p_0、p_1、…、p_4 五个而 p_5、p_6 为非独立参数，是 p_0、p_1、p_2、p_3、p_4 的非线性函数。因此，式(4.44)是一个非线性方程组，需用非线性方程组解法求解结构参数 p_0、p_1、…、p_6。

(3) 最佳逼近法

最佳逼近法也称为一致逼近法。它是在自变量的给定区间 $[x_0,\ x_m]$ 内，按照机构函数 $f_j(R_K,\ x)$ 与期望函数 $f(x)$ 的最大极限偏差达到最小为条件，来计算机构的结构参数。即令

$$\Delta_{\max}=\max|f_j(R_K,\ x)-f(x)|\rightarrow \text{最小值}\ L$$

根据函数逼近理论，这种逼近函数有如下几何特征。首先，机构函数 $f_j(R_K,\ x)$ 的曲线是被包容在与期望函数 $f(x)$ 曲线相距 $\pm L$ 的两条等距曲线之间，如图 4.21 所示。零偏差点(即精确点)的数目 n 最多等于机构待定参数的数目。在铰链四杆机构中，n 的最大值为 5。偏差值达到 $\pm L$ 最大处的点称为极限偏差点，如图中画有小圆圈的点所示，则可见其数目应是 $n+1$ 个点，且各极限偏差点的偏差值为依次正、负交替的点。此外，除两端点以外，其余极限偏差点处均为偏差函数的极值点，即机构函数的曲线与包容曲线相切。

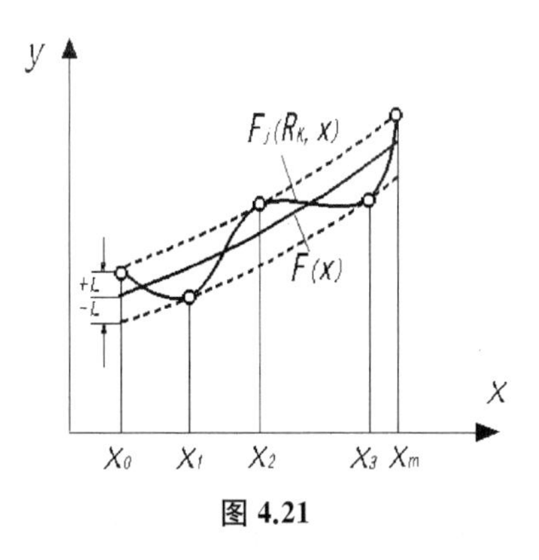

图 4.21

理论已证明，这种逼近与任何其他逼近相比，其最大结构偏差达到最小，且诸极限偏差点上的偏差绝对值趋于一致。正因为如此，称为最佳逼近或一致逼近。

下面仍以加权偏差 Δ_q 作为机构的结构偏差来推导最佳逼近法应满足的条件。

按最佳逼近的特征，在各极限偏差点，应满足

$$\left.\begin{aligned} &\Delta_q(x_0)=L \\ &\Delta_q(x_1)=-L \\ &\cdots \\ &\Delta_q(x_n)=(-1)^nL \end{aligned}\right\} n+1\ \text{个方程} \tag{4.46}$$

和在除两个端点外的其余极限偏差点处，应有偏差函数之导数为零，即满足：

$$\left.\begin{array}{l}\Delta_q'(x_1)=0\\ \Delta_q'(x_2)=0\\ \cdots\\ \Delta_q'(x_{n-1})=0\end{array}\right\} n-1\text{ 个方程} \tag{4.47}$$

方程组(4.46)、(4.47)共有 $2n$ 个方程，欲求解的未知数有：机构的 n 个结构参数 p_0、p_1、…、p_{n-1}（图 4.21 中，$n=4$），除两端点外的极限偏差点横坐标值 x_1、x_2、…、x_{n-1}（$n-1$ 个），以及结构偏差最大值 L，共 $2n$ 个未知数，方程组可解。

为了简化计算，避免对导函数式(4.47)的求解，建议采用偏差等化法来预先确定诸中间极限偏差点的 x_1、x_2、…、x_{n-1}，这样就只需利用式(4.46)的 $n+1$ 个方程来求解 p_0、p_1、…、p_{n-1} 和 L 共 $n+1$ 个未知数。这是简化的近似计算法。

中间极限偏差点 $x_i(i=1,\ 2,\ \cdots,\ n-1)$ 的选取采用类似于上述切贝契夫插值点确定的如下方法。设零值偏差点数为 n，两端点处的 x 分别为 x_0 和 x_m 是已知的，中间偏差点按下式确定

$$x_i=\frac{1}{2}(x_i'+x_i'')\quad i=1,\ 2,\ \cdots,\ n-1 \tag{4.48}$$

式中

$$x_i'=\frac{x_0+x_m}{2}-\frac{x_m-x_0}{2}\cos\frac{i\pi}{n} \tag{4.49}$$

$$x_i''=F(y_i'') \tag{4.50}$$

$$y_i''=\frac{y_0+y_m}{2}-\frac{y_m-y_0}{2}\cos\frac{i\pi}{n} \tag{4.51}$$

函数 $x=F(y)$ 是给定函数 $y=f(x)$ 的反函数。

5.4 函数逼近法的机构综合举例

本节就函数机构的插值逼近、平方逼近和最佳逼近三种函数逼近方法，各举一个例题来说明方法的应用。

例一 试用插值逼近法综合一铰链四杆机构，近似实现给定函数 $y=\sin x$，$0°\leqslant x\leqslant 90°$。两连架杆的转角范围分别为 $\varphi_m=120°$，$\psi_m=60°$。

解： 按题意，$x_0=0$，$x_m=90°$，相应的 $y_0=0$，$y_m=1$。由式(4.26)求比例系数

$$\mu_x=\frac{x_m-x_0}{\varphi_m}=0.75$$

$$\mu_y = \frac{y_m - y_0}{\psi_m} = \frac{1}{60}$$

设取三个插值结点，$n=3$，按契贝歇夫插值点计算式(4.38)得

$$x_1 = \frac{0+90}{2} - \frac{90-0}{2}\cos\left(\frac{2\times1-1}{2\times3}\times180^\circ\right) = 6.03^\circ$$

$$x_2 = \frac{0+90}{2} - \frac{90-0}{2}\cos\left(\frac{2\times2-1}{2\times3}\times180^\circ\right) = 45^\circ$$

$$x_3 = \frac{0+90}{2} - \frac{90-0}{2}\cos\left(\frac{2\times3-1}{2\times3}\times180^\circ\right) = 83.97^\circ$$

相应的函数值为

$$y_1 = \sin x_1 = 0.105\,0,\ y_2 = \sin x_2 = 0.707\,1,\ y_3 = \sin x_3 = 0.994\,5$$

由式(4.25)得连架杆的对应转角为

$$\varphi_1 = \frac{x_1 - x_0}{\mu_x} = 8.04^\circ,\ \psi_1 = \frac{y_1 - y_0}{\mu_y} = 6.300^\circ$$

$$\varphi_2 = \frac{x_2 - x_0}{\mu_x} = 60.00^\circ,\ \psi_2 = \frac{y_2 - y_0}{\mu_y} = 42.426^\circ$$

$$\varphi_3 = \frac{x_3 - x_0}{\mu_x} = 111.96^\circ,\ \psi_3 = \frac{y_3 - y_0}{\mu_y} = 59.670^\circ$$

由于取三个插值结点，只能求三个待定机构参数，故必须在 a，b，c，φ_0，ψ_0 五个参数中先设定其中的二个，今设定 $\varphi_0 = 97^\circ$，$\psi_0 = 60^\circ$，则由式(4.4)写出

$$R_1 + 0.2595R_2 + 0.4019R_3 = 0.7800$$

$$R_1 + 0.9205R_2 - 0.2152R_3 = 0.5797$$

$$R_1 + 0.8750R_2 - 0.4950R_3 = 0.0124$$

解上面的线性方程组得

$$R_1 = -0.3028,\ R_2 = 1.3802,\ R_3 = 1.8030$$

若设定机架长度为 $d = 40$ mm，则其余三杆长度为

$$a = d/R_3 = 22.18\ \text{mm}$$

$$c = d/R_2 = 28.98\ \text{mm}$$

$$b = \sqrt{a^2 + c^2 + d^2 - 2acR_1} = 57.63\ \text{mm}$$

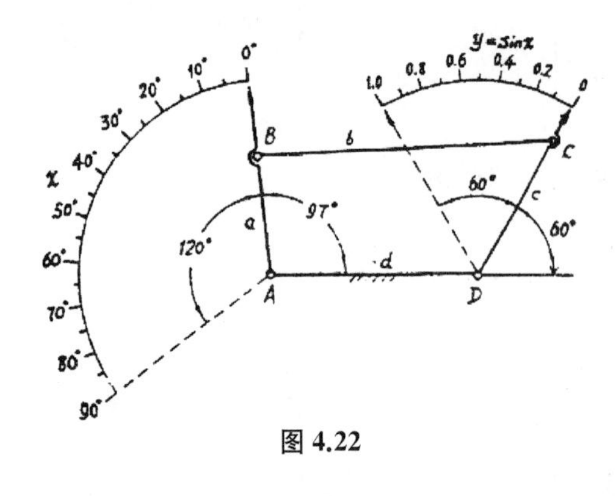

图 4.22

按比例尺 $\mu_l=1\ \mathrm{mm/mm}$ 给出的机构简图见图4.22。此机构为双摇杆机构。

例二 试用平方逼近法综合一铰链四杆机构,近似实现给定函数 $y=\lg x$,$1\leqslant x\leqslant 10$。两连架杆的转角范围分别为 $\varphi_m=100°$,$\psi_m=-50°$。

解: 按题意,$x_0=1$,$x_m=10$,相应的函数值 $y_0=0$,$y_m=1$。由式(4.26)求比例系数

$$\mu_x=\frac{x_m-x_0}{\varphi_m}=\frac{9}{100}$$

$$\mu_y=\frac{y_m-y_0}{\psi_m}=-\frac{1}{50}$$

再由式(4.27)求两连架杆转角的函数关系:

$$\psi=\frac{1}{\mu_y}[f(x_0+\mu_x\varphi)-y_0]=-50\lg\left(1+\frac{9}{100}\varphi\right)$$

此题应按式(4.43)的连续函数积分来求解 C_{kl},但为了简便,这里采用离散化处理。取 $\varphi_m=100°$ 分成十等分,即 $i=0$,…,10,求出十一组 φ 与 ψ 相对应的离散值,并代入式(4.36)计算 $f_0(\varphi)$、$f_1(\varphi)$、…、$f_6(\varphi)$。计算值列于下表:

i	$\varphi°$	$\psi°$	$f_0(\varphi)$	$f_1(\varphi)$	$f_2(\varphi)$	$f_3(\varphi)$	$f_4(\varphi)$	$f_5(\varphi)$	$f_6(\varphi)$
0	0	0	1	0	1	0	1	1	0
1	10	−13.94	0.9848	0.1736	0.9705	−0.2409	1	0.9140	−0.4058
2	20	−22.36	0.9397	0.3420	0.9248	−0.3804	1	0.7389	−0.6738
3	30	−28.41	0.8660	0.5000	0.8796	−0.4758	1	0.5238	−0.8518
4	40	−33.14	0.7660	0.6428	0.8373	−0.5467	1	0.2900	−0.9570
5	50	−37.02	0.6428	0.7660	0.7984	−0.6021	1	0.0520	−0.9986
6	60	−40.31	0.5000	0.8660	0.7626	−0.6469	1	−0.1790	−0.9839
7	70	−43.17	0.3420	0.9397	0.7293	−0.6842	1	−0.3935	−0.9193
8	80	−45.69	0.1736	0.9848	0.6985	−0.7156	1	−0.5834	−0.8112
9	90	−47.95	0	1.0000	0.6698	−0.7426	1	−0.7426	−0.6698
10	100	−50.00	−0.1736	0.9848	0.6428	−0.7660	1	−0.8660	−0.5000

然后由式(4.45)计算 C_{kl}，k，$l=0$，1，…，6。

$$C_{00}=\sum_{i=0}^{10} f_0(\varphi_i)^2=1^2+0.9848^2+0.9397^2+0.8660^2$$
$$+0.7660^2+0.6428^2+0.5000^2+0.3420^2+0.1736^2+0+(-0.1736)^2$$
$$=5.0300$$

$$C_{01}=\sum_{i=0}^{10} f_0(\varphi_i)f_1(\varphi_i)=1\times 0+0.9848\times 0.1736+0.9397\times 0.3420$$
$$+0.8660\times 0.5000+0.7660\times 0.6428+0.6428\times 0.7660$$
$$+0.5000\times 0.8660+0.3420\times 0.9397+0.1736\times 0.9848$$
$$+0\times 1+(-0.1736)\times 0.9848=2.6645$$

$C_{02}\cdots C_{06}$，$C_{10}\cdots C_{16}$，… 等，依次按式(4.36)计算，将所计算得的 C_{kl} 的值列于下表中。

k	0	1	2	3	4	5	6
0	5.0300	2.6645	5.3816	−2.3612	6.0413	3.1286	−4.0060
1	2.6645	5.9679	5.4108	−4.6273	7.1997	−1.7952	−5.7849
2	5.3816	5.4108	7.3725	−4.4245	8.9136	1.4304	−6.1229
3	−2.3612	−4.6273	−4.4245	3.6274	−5.8102	1.0770	4.6109
4	6.0413	7.1997	8.9136	−5.8012	11.0000	0.7542	−7.7722
5	3.1286	−1.7952	1.4304	1.0770	0.7542	4.5712	0.2977
6	−4.0060	−5.7849	−6.1229	4.6109	−7.7722	0.2977	6.4288

将各 C_{kl} 代入方程组(4.44)得偏导数为零的方程组：

$$\begin{cases}5.0300p_0+2.6645p_1+5.3816p_2-2.3612p_3+6.0413p_4+3.1286p_5-4.0060p_6=0\\ 2.6645p_0+5.9697p_1+5.4108p_2-4.6273p_3+7.1997p_4-1.7952p_5-5.7849p_6=0\\ 5.3816p_0+5.4108p_1+7.3725p_2-4.4245p_3+8.9136p_4+1.4304p_5-6.1229p_6=0\\ -2.3612p_0-4.6273p_1-4.4245p+3.6274p_3-5.8012p_4+1.0770p_5+4.6109p_6=0\\ 6.0413p_0+7.1997p_1+8.9136p_2-5.8012p_3+11p_4+0.7542p_5-7.7722p_6=0\\ 3.1286p_0-1.7952p_1+1.4304p_2+1.0770p_3+0.7542p_4+4.5712p_5+0.2977p_6=0\\ -4.0060p_0-5.7849p_1-6.1229p_2+4.6109p_3-7.7722p_4+0.2977p_5+0.4288p_6=0\end{cases}$$

此方程组表面似线性方程组，但实际上因 p_5、p_6 有式(4.37)所写的非线性关系，它是一个非线性方程组，用逐次逼近法求得其近似解为：

$$p_0=0.6986,\ p_1=-0.9585,\ p_2=0.0856,\ p_3=0.5581,$$

$$p_4=-0.2774,\ p_5=-0.7964,\ p_6=0.0311$$

若将上面的近似解代回前面六个方程中，各式左侧计算结果依次为：0.000093，−0.000189，−0.000051，0.000119，−0.000210，0.000200，−0.000054，其数量级在 $10^{-3}\sim10^{-4}$ 间，可见解的精度已相当高。

最后，由式(4.37)求得机构尺寸为：$a=1.1861$，$b=1.5178$，$c=-0.0720$，$\varphi_0=53.914^\circ$，$\psi_0=56.151^\circ$。机构简图见图 4.23(取 $d=30$ mm)。c 为负值表示在 ψ_c 的反方向取连架杆 CD。

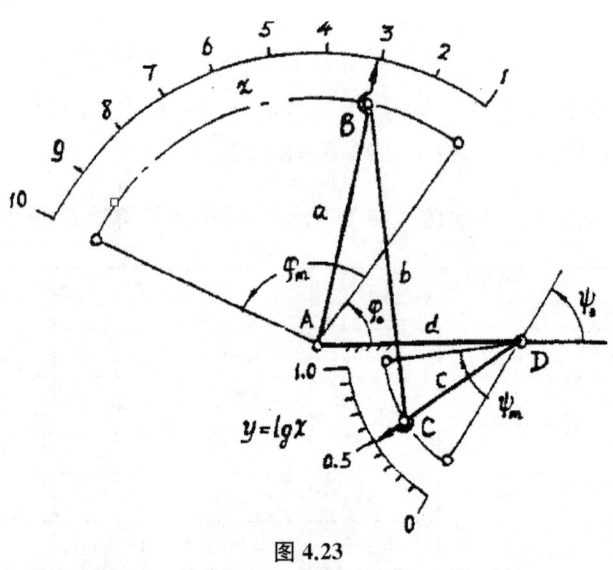

图 4.23

例三 试用最佳逼近法综合一铰链四杆机构，近似实现函数 $y=\lg x$，$1\leqslant x\leqslant 10$，$\varphi_m=100^\circ$，$\psi=-50^\circ$。

解：此题数据与例二相同，故 μ_x，μ_y，$\psi=f(\varphi)$ 与前题相同：

$$\mu_x=\frac{9}{100},\ \mu_y=-\frac{1}{50} \tag{a}$$

$$\psi=-50\lg\left(1+\frac{9}{100}\varphi\right)$$

其反函数为

$$\varphi=\frac{100}{9}(10^{-\frac{\psi}{50}}-1) \tag{b}$$

由式(4.35)写出

$$\Delta_q=2[p_0f_0(\varphi)+p_1f_1(\varphi)+\cdots+p_6f_6(\varphi)] \tag{c}$$

按最佳逼近应满足式(4.46)，即将式(c)代入式(4.46)得

$$p_0f_0(\varphi_i)+p_1f_1(\varphi_i)+\cdots+p_6f_6(\varphi_i)=\pm L/2$$

式中，共有 p_0、p_1、…、p_6 和 L 八个待求量，考虑到式(4.37)中 p_5、p_6 为非独立参数，故待求量只有 p_0、p_1、…、p_4、L 六个，需列出六个方程组求解。在逼近区间(φ_0、φ_m)中两端点已知，再取四个中间极限偏差点 φ_1、φ_2、φ_3、φ_4 即可。

按式(4.48)～(4.51)确定这些极限偏差点，以 φ_m、ψ_m 代替 x_m、y_m，$x_0=y_0=0$ 有

$$\varphi_i'=\frac{\varphi_m}{2}\left(1-\cos\frac{i\pi}{n}\right)\quad i=0,\ 1,\ 2,\ 3,\ 4,\ 5\quad n=5$$

计算得：

$$\varphi_0'=0,\ \varphi_1'=9.549^\circ,\ \varphi_2'=34.549^\circ,$$

$$\varphi_3'=65.451^\circ,\ \varphi_4'=90.451^\circ,\ \varphi_5'=100^\circ$$

由式(4.51)，将 ψ_i''代以式中的 y_i''，计算 ψ_i''

$$\psi_i'=\frac{\psi_m}{2}\left(1-\cos\frac{i\pi}{n}\right)\quad i=0,\ 1,\ 2,\ 3,\ 4,\ 5\quad n=5$$

得：

$$\psi_0'=0,\ \psi_1'=-4.775^\circ,\ \psi_2'=-15.335^\circ,$$

$$\psi_3'=-32.725^\circ,\ \psi_4'=-45.445^\circ,\ \psi_5'=-55.325^\circ$$

将 ψ_i''之值代入式(b)的反函数式得

$$\varphi_0'=0,\ \varphi_1'=2.733^\circ,\ \varphi_2'=22.940^\circ,$$

$$\varphi_3'=39.038^\circ,\varphi_4'=78.069^\circ,\ \varphi_5'=100^\circ$$

最后由式(4.48)计算各中间极限偏差点

$$\varphi_i=\frac{1}{2}(\varphi_i-\varphi_i')\quad \psi_i=-50\lg\left(1+\frac{9}{100}\varphi_i\right)$$

以及已知的两端点处的 φ、ψ，计算加权偏差式(4.35)中的 $f_i(\varphi)$，$i=0,\ 1,\ \cdots,\ 6$。计算结果列表如下：

i	φ_i°	ψ_i°	$f_0(\varphi_i)$	$f_1(\varphi_i)$	$f_2(\varphi_i)$	$f_3(\varphi_i)$	$f_4(\varphi_i)$	$f_5(\varphi_i)$	$f_6(\varphi_i)$
0	0	0	1	0	1	0	1	1	0
1	6.141	−9.554	0.9943	0.1070	0.9861	−0.1660	1	0.9627	−0.2705
2	24.020	−24.997	0.9134	0.4071	0.9063	−0.4226	1	0.6558	−0.7549
3	52.245	−37.802	0.6123	0.7900	0.7901	−0.6129	1	−0.0008	−1.0000
4	84.260	−46.683	0.1000	0.9950	0.6860	−0.7276	1	−0.6553	−0.7544
5	100	−50	−0.1736	0.9848	0.6428	0.7660	1	−0.8600	−0.5000

将表中的数值代入方程(d),得方程组:

$$\begin{cases} p_0 + p_2 + p_4 + p_5 - 0.5L = 0 \\ 0.9943p_0 + 0.1070p_1 + 0.9861p_2 - 0.1660p_3 + p_4 + 0.9627p_5 - 0.2705p_6 + 0.5L = 0 \\ 0.9134p_0 + 0.4071p_1 + 0.9063p_2 - 0.4226p_3 + p_4 + 0.6558p_5 - 0.7549p_6 - 0.5L = 0 \\ 0.6123p_0 + 0.7900p_1 + 0.7901p_2 - 0.6129p_3 + p_4 - 0.0008p_5 - p_6 + 0.5L = 0 \\ 0.1p_0 + 0.9950p_1 + 0.6860p_2 - 0.7276p_3 + p_4 - 0.6553p_5 - 0.7544p_6 - 0.5L = 0 \\ -0.1736p_0 + 0.9848p_1 + 0.6428p_2 + 0.7660p_3 + p_4 - 0.8600p_5 - 0.5p_6 + 0.5L = 0 \end{cases}$$

解上述方程组,得:

$$p_0 = 0.7271, \quad p_1 = -1.2280, \quad p_2 = 0.3707,$$
$$p_3 = -0.5439, \quad p_4 = -0.1607, \quad p_5 = -0.9374,$$
$$p_6 = -0.0597, \quad L = -0.0007084$$

所得极限偏差是足够精确的。由式(4.37)求得机构尺寸为:

$$a = 1.4271, \quad b = 1.7744, \quad c = 0.6583, \quad \varphi_0 = 59.37°, \quad \psi_0 = 235.73°$$

按式(4.35)可以计算各极限偏差点处的加权偏差值,周期变化曲线如图 4.24 所示。由此图可知,六个极限偏差点处的加权偏差绝对值大体相等,与 L 的最大差距发生在 φ_3 的位置处,数值为 0.000158,约为 L 值的 22%。产生与 L 值偏离的原因是,我们并未按理论要求 $\Delta_q'(x_i)=0$ 来确定中间极限偏差点的位置(见式 4.47),而是近似地采用了偏差等化法的式(4.48)~(4.51)来确定这些点。但由此例可见,这种近似方法的误差相当地小,是可行的。而使解算方法有了较大的简化。

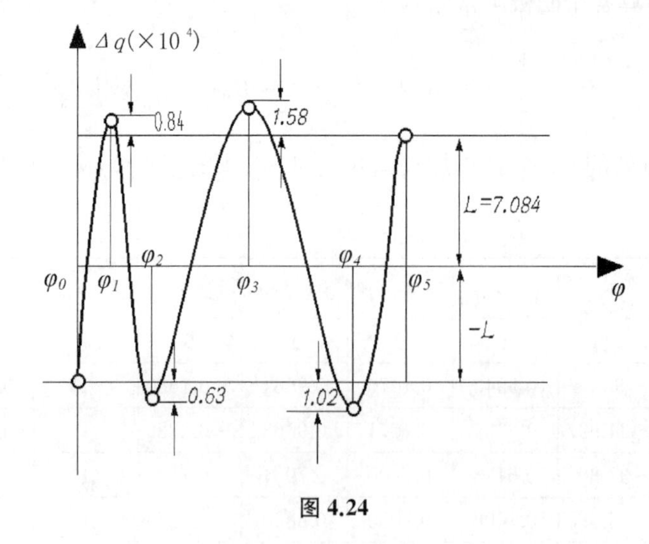

图 4.24

第五章

导向机构综合

1　概述

导向机构是指能使连杆点实现给定运动轨迹的连杆机构。一般地说，连杆机构不可能精确地实现任意给定的轨迹，因而导向机构的综合也只能是一种近似综合。在大多数的情况下，预定轨迹是以离散点的位置坐标形式给出的，因此导向机构综合的任务就在于使所设计机构的连杆上某点能通过一系列给定的有序设计点。

本章主要讨论铰链四杆导向机构的综合问题。综合的方法主要将介绍封闭矢量方程综合法、位移矩阵综合法和函数逼近法。最后讨论实现同一连杆点轨迹的导向机构变换问题，为设计提供可选择的若干种不同尺寸的机构方案。

1.1　连杆曲线方程

导向机构综合是要在满足连杆上一点实现给定运动轨迹的前提下确定机构的结构参数，因此首先要建立连杆点轨迹坐标与机构结构参数之间的关系式，即建立连杆曲线方程式。

如图 5.1 所示，设连杆点 M 的坐标为$(x,\ y)$，则铰链点 C 的坐标是

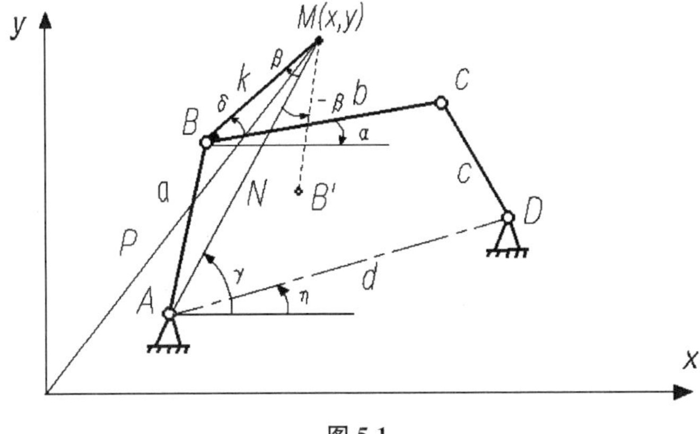

图 5.1

$$\begin{cases} x_C = x + b\cos\alpha - k\cos(\delta+\alpha) \\ y_C = y + b\sin\alpha - k\sin(\delta+\alpha) \end{cases} \tag{5.1}$$

式中，α 是随机构位置而变化的角度，规定逆时针度量为正，顺时针方向度量为负，则由图写出

$$\alpha = \gamma + \beta - \delta \tag{5.2}$$

式中 δ 为机构的结构参数，γ、β 分别用下式表示

$$\begin{cases} \cos\gamma = \dfrac{x - x_A}{N} \\ \sin\gamma = \dfrac{y - y_A}{N} \end{cases} \tag{5.3}$$

$$\begin{cases} \cos\beta = \dfrac{N^2 + k^2 - a^2}{2kN} \\ \sin\beta = \pm\sqrt{1-\cos^2\beta} = \pm\dfrac{\sqrt{4k^2N^2 - (N^2+k^2-a^2)^2}}{2kN} \end{cases} \tag{5.4}$$

$$N^2 = (x - x_A)^2 + (y - y_A)^2 = \rho^2 - 2xx_A - 2yy_A + x_A^2 + y_A^2 \tag{5.5}$$

式(5.4)中根号前的“$\pm$”号，表示对应于同一点 M 的位置，点 B 可有二个不同的位置，如图 5.1 中的 B 和B'，B 点取“$-$”，B'点取“$+$”。将式(5.2)、(5.3)和(5.4)代入式(5.1)，经整理后得：

$$\begin{cases} x_C = x + \dfrac{VQ + WT}{2k} \\ y_C = y + \dfrac{VT - WQ}{2k} \end{cases} \tag{5.6}$$

式中

$$\begin{cases} V = \pm\dfrac{1}{N^2}\sqrt{4k^2N^2 - (N^2+k^2-a^2)^2} \\ W = \dfrac{N^2 + k^2 - a^2}{N^2} \\ T = (y - y_A)b\sin\delta + (x - x_A)(b\cos\delta - k) \\ Q = (x - x_A)b\sin\delta - (y - y_A)(b\cos\delta - k) \end{cases} \tag{5.7}$$

由 C、D 两点距离为定长 C，写出约束条件：

$$(x_C - x_D)^2 + (y_C - y_D)^2 = C^2 \tag{5.8}$$

式中

$$\begin{cases} x_D = x_A + d\cos\eta \\ y_D = y_A + d\sin\eta \end{cases} \tag{5.9}$$

将式(5.6)和(5.9)代入式(5.8)，最后得

$$\left(x + \frac{VQ + WT}{2k} - x_A - d\cos\eta\right)^2 + \left(y + \frac{VT - WQ}{2k} - y_A - d\sin\eta\right)^2 = C^2 \tag{5.10}$$

这就是连杆曲线方程式。若将式(5.7)代入展开后，可得到 M 点轨迹坐标的一个六次代数方程，其中含有如下九个机构结构参数：a、b、c、d、k、δ、x_A、y_A、η。

1.2 机构的结构偏差分析

现在讨论导向机构近似综合时所产生的结构偏差问题。若设计要求实现的轨迹方程是 $y=f(x)$，而实际上机构所能描绘出的连杆点轨迹方程为 $y'=f_j(x)$ 则是由式(5.10)所确定的，它与机构的结构参数 $R_k=(a, b, c, d, k, \delta, \eta, x_A, y_A)$ 有关。由于可供设计选择的结构参数最多为九个，因而期望轨迹与机构实际轨迹最多只可能有九个点完全一致，其余各点必定存着结构偏差。

最为直接的结构偏差应该是期望轨迹与实际轨迹之间沿期望轨迹曲线之法线方向所度量的距离 Δ_n。但是这种结构偏差的表达式十分复杂，不便于计算。在实用中，仍然用导出的加权偏差 Δ_q 来替代 Δ_n。现对加权偏差作如下分析。

图 5.2 所示为分析轨迹结构偏差的图形。设想将原铰链四杆机构的铰链 C 点处，添加一个滑块，使之成为一个自由度等于 2 的机构。若原铰链四杆机构的实现轨迹能与期望轨迹完全一致的话(即无结构偏差)，则当令机构中之 M 点沿期望轨迹曲线 1 运动时，C 点必在以 D 为圆心、以长度 C 为半径的圆周 $2'$ 上运动。但是，由于结构误差的存在，实际

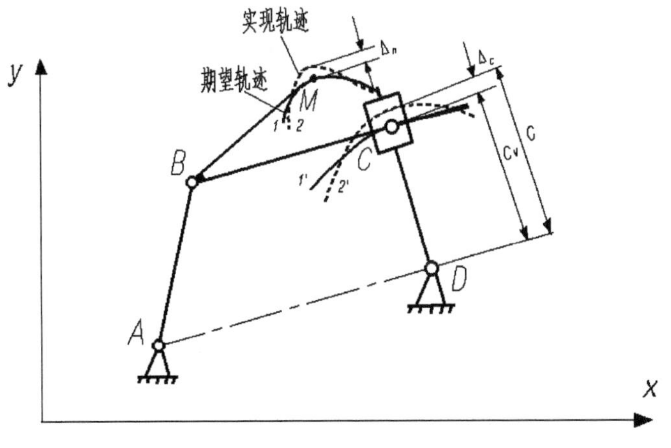

图 5.2

上 C 点并不在虚线圆弧 $2'$上运动，而是产生 $1'$所示的非圆曲线运动。在图示位置，$\overline{DC}=c_v\neq c$，其偏差为 $\Delta_c=c-c_v$。此偏差可以间接反映原连杆点 M 的轨迹法向偏差 Δ_n 的大小。当 $\Delta_n=0$ 时，必有 $\Delta_c=0$；当 Δ_n 增大时，Δ_c 也增大。为进一步简化问题，选取下面形式的加权偏差

$$\Delta_q=c^2-c_v^2$$

作为机构轨迹的偏差函数，则因

$$\Delta_q=(c+c_v)(c-c_v)=(c+c_v)\Delta_c=(2c-\Delta_c)\Delta_c=2c\Delta_c-\Delta_c^2$$

略去式中的二阶无穷小量 Δ_c^2，则有

$$\Delta_q=2c\Delta_c \tag{5.11}$$

可见，加权偏差 Δ_q 近似地为加权系数等于 $2c$ 的径向偏差 Δ_c，因此它也间接地代表着轨迹的法向偏差 Δ_n。当 $\Delta_q=0$ 时，有 $\Delta_c=0$，即也有 $\Delta_n=0$。

加权偏差 Δ_q，它与机构参数和给定 M 点轨迹坐标$(x,\ y)$之间的关系式是易于导出的。在连杆曲线方程(5.10)中，将 x、y 代以给定轨迹的坐标，则式中的 c 即为图 5.2 中的实际杆长 c_v，于是有

$$\begin{aligned}\Delta_q=c^2-c_v^2=c^2-&\left(x+\frac{VQ+WT}{2k}-x_A-d\cos\eta\right)^2\\&+\left(y+\frac{VT-WQ}{2k}-y_A-d\sin\eta\right)^2\end{aligned} \tag{5.12}$$

将式(5.7)中的 T、Q 代入上式，经整理得

$$\begin{aligned}\Delta_q=&-\frac{b\cos\delta}{k}(N^2-a^2-k^2)-\frac{b\sin\delta}{k}U+\frac{d}{k}V\{[b\sin(\delta+\eta)-k\sin\eta](x-x_A)\\&-[b\cos(\delta+\eta)-k\cos\eta](y-y_A)\}+\frac{d}{k}V\{[b\cos(\delta+\eta)-k\cos\eta](x-x_A)\\&+[b\sin(\delta+\eta)-k\sin\eta](y-y_A)\}+2d(x-x_A)\cos\eta+(y-y_A)\sin\eta]-a^2\\&-b^2-d^2+c^2\end{aligned} \tag{5.13}$$

式中

$$\begin{cases}U=\pm\sqrt{4k^2N^2-(N^2+k^2-a^2)^2}\\N=\sqrt{(x-x_A)^2+(y-y_A)^2}\end{cases} \tag{5.14}$$

U 前的“$\pm$”号，对 B'点取正；对 B 点取负(见图 5.1)。

式(5.13)就是常用的铰链四杆机构连杆曲线的加权偏差方程式。当已知机构结构参数 a、b、c、d、k、δ、η、x_A、y_A 和预期轨迹坐标(x, y),则可分析机构的加权偏差值。若用于机构综合时,可以借助于该偏差方程式,用插值法、平方逼近法或最佳逼近法来求解机构的九个结构参数。实际上,由于未知数太多时求解比较困难,因此常常预先设定其中的某些参数,而使未知结构参数为 3~5 个。所设定的参数可以根据连杆曲线图谱来选择,也可用实验法或附加的解析条件来确定。这样做可使机构综合的计算过程大为简化。

加权偏差 Δ_q 与连杆曲线的法向偏差 Δ_n 之间的换算可以用微位移分析方法进行。

在图 5.3 中,令 DC 杆在瞬时位移不动,连杆上的滑块沿 DC 杆滑动时,滑块的微位移即为图 5.2 中的 C 点径向偏差 Δ_c。由 C 点微位移 Δ_c 必将产生 M 点相应的微位移 Δ_m,它们之间的关系可通过该位置的速度矢量图来分析。作出机构的速度矢量图如图 5.3 右上角所示,因为讨论的是微位移,在极短时间间隔内的微位移可以认为与速度成正比,即:

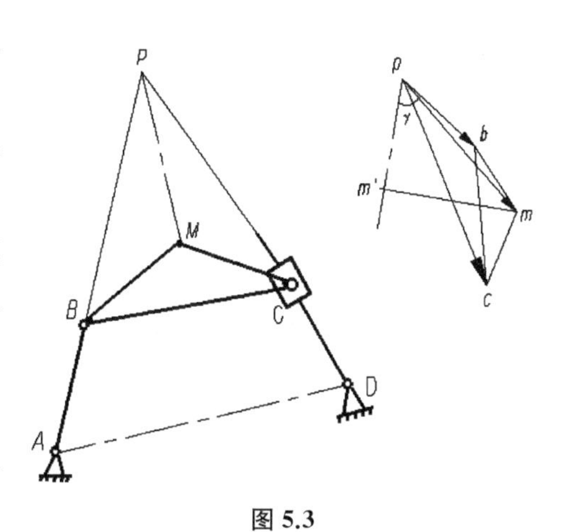

图 5.3

$$\frac{\Delta_c}{\Delta_m}=\frac{V_c}{V_m}=\frac{\overline{pc}}{\overline{pm}} \tag{5.15}$$

又因为铰链四杆机构 $ABCD$ 中,连杆的速度瞬心是图中的点 P,故连杆点 M 期望轨迹之法线必沿 PM 方向线。于是,M 点轨迹的法向位移微量 Δ_n 与 Δ_m 之比就是速度图中的 $\overline{pm'}$ 与 $\overline{pm}$ 之比,即

$$\Delta_m=\frac{\overline{pm}}{\overline{pm'}}\Delta_n \tag{5.16}$$

将式(5.16)代入式(5.15)有

$$\Delta_n=\frac{\overline{pm'}}{\overline{pc}}\Delta_c \tag{5.17}$$

又由式(5.11)知,$\Delta_q=2c\Delta_c$,故得

$$\Delta_n=\frac{1}{2c}\cdot\frac{\overline{pm'}}{\overline{pc}}\cdot\Delta_q \tag{5.18}$$

对于每个机构位置作出速度矢量图,$\overline{pm'}/\overline{pc}$ 即可求得,于是已知加权偏差 Δ_q 和杆长 c 时,即可换算得对应的轨迹法向偏差 Δ_n。

2 导向机构的位移矩阵综合法

本方法用于已知连杆点 M 的若干离散轨迹点(不超过九个)之坐标 (x_i, y_i) 来确定机构的结构参数。

图 5.4 所示的铰链四杆机构 $ABCD$ 中,设已知连杆 BC 上一点M 在坐标系xOy 中沿着轨迹曲线上一系列有序点列M_1、$M_j(j=2, 3, \cdots)$ 运动。这时 M 点的坐标(x, y)为给定,机构综合的任务是确定机构在第 1 个位置时,铰链点 A、B_1、C 和 D 的坐标。

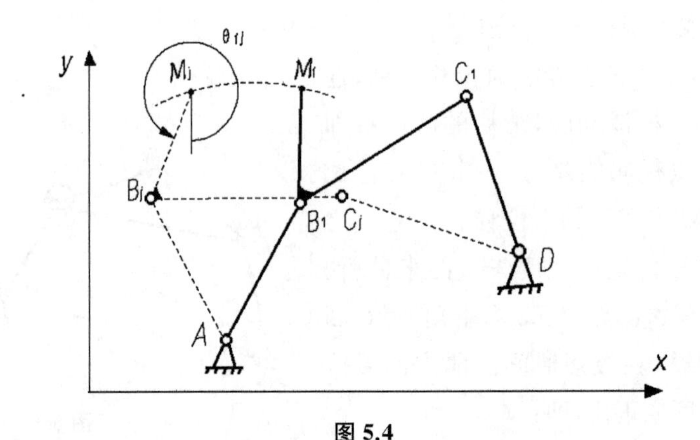

图 5.4

为此,可以列出两连架杆的约束方程式:

$$\begin{cases}(x_{B_j}-x_A)^2+(y_{B_j}-y_A)^2=(x_{B_1}-x_A)^2+(y_{B_1}-y_A)^2\\(x_{C_j}-x_D)^2+(y_{C_j}-y_D)^2=(x_{C_1}-x_D)^2+(y_{C_1}-y_D)^2\\j=2, 3, \cdots\end{cases}\tag{5.19}$$

B_j、C_j 的坐标与 B_1、C 坐标间的关系可以通过连杆的位移矩阵写出方程组

$$\begin{cases}(x_{B_j}\quad y_{B_j}\quad 1)^T=[D_{1j}](x_{B_1}\quad y_{B_1}\quad 1)^T\\(x_{C_j}\quad y_{C_j}\quad 1)^T=[D_{1j}](x_{C_1}\quad y_{C_1}\quad 1)^T\end{cases}\tag{5.20}$$

式中的位移矩阵$[D_{1j}]$可根据第三章中的式(3.30)写出,这里用 M 点的坐标 x_j、y_j 代以式(3.30)中的 x_{P_j}、y_{P_j},用 x_1、y_1 代以 x_{P_1}、y_{P_1},即可得

$$[D_{1j}]=\begin{bmatrix}\cos\theta_{1j} & -\sin\theta_{1j} & x_j-x_1\cos\theta_{1j}+y_1\sin\theta_{1j}\\\sin\theta_{1j} & \cos\theta_{1j} & y_j-y_1\sin\theta_{1j}-y_1\cos\theta_{1j}\\0 & 0 & 1\end{bmatrix}\tag{5.21}$$

式中的连杆相对转角 θ_{1j}是未知量,而轨迹点的坐标 (x_1, y_1)、$(x_j, y_j)j=2, 3, \cdots$ 则是已知的。

将式(5.20)代入式(5.19)中,经整理得非线性方程组

$$\begin{cases}(-x_Ax_{B_1}-y_Ay_{B_1}+x_1x_A+y_1y_A+x_jx_{B_1}+y_jy_{B_1}-x_1x_j-y_1y_j)\cos\theta_{1j}+\\(x_Ay_{B_1}-y_Ax_{B_1}-y_1x_A+x_1y_A+y_jx_{B_1}-x_jy_{B_1}-x_1y_j+y_1x_j)\sin\theta_{1j}+\\x_Ax_{B_1}+y_Ay_{B_1}-x_jx_A-y_jy_A-x_1x_{B_1}-y_1y_{B_1}+(x_1^2+y_1^2+x_j^2+y_j^2)/2=0\\(-x_Dx_{C_1}-y_Dy_{C_1}+x_1x_D+y_1y_D+x_jx_{C_1}+y_jy_{C_1}-x_1x_j-y_1y_j)\cos\theta_{1j}+\\(x_Dy_{C_1}-y_Dx_{C_1}-y_1x_D+x_1y_D+y_jx_{C_1}-x_jy_{C_1}-x_1y_j+y_1x_j)\sin\theta_{1j}+\\x_Dx_{C_1}+y_Dy_{C_1}-x_jx_D-y_jy_D-x_1x_{C_1}-y_1y_{C_1}+(x_1^2+y_1^2+x_j^2+y_j^2)/2=0\\j=2,3,\cdots,n\end{cases}\tag{5.22}$$

该方程组中由 (x_A, y_A)、(x_{B_1}, y_{B_1})、(x_{C_1}, y_{C_1})、(x_D, y_D) 八个结构参数和 $(n-1)$ 个未知连杆相对角位移参数 $(\theta_{12}, \theta_{13}, \cdots, \theta_{1n})$,即共有 $8+(n-1)$ 个未知数,而方程组共有 $2(n-1)$ 个方程组成,因此方程组有解的条件是

$$2(n-1)\leqslant 8+(n-1)$$

即

$$n\leqslant 9\tag{5.23}$$

因此,实现预定轨迹最多可以满足九个精确点。

实际设计中,一般不取九个精确点。因为这不仅极大地增加了非线性方程组的求解困难,而且使机构参数没有选择的余地,所求得的解可能出现机构的某些运动性能或动力性能不很理想的情况。当取 $n<9$ 时,设计应预先选一些机构参数,再求其他的一些机构参数。精确点数目、预选参数数目、待求参数的数目之间的关系如表 5.1 所列。

表 5.1

精确点数 n	2	3	4	5	6	7	8	9
应预选参数数目 $9-n$	7	6	5	4	3	2	1	0
待求参数数目 $2(n-1)$(即设计方程的数目)	2	4	6	8	10	12	14	16

由表可见,当 $n\leqslant 5$ 时,可预选四个以上参数。若将预选的四个参数设为 θ_{1j}, $j=2$, 3, 4, 5。则此时导向机构的综合转化成了导引机构的综合问题,待求的参数就是 A、B、C、D 四个铰链点的 8 个坐标参数。

需要提出注意的是,用位移矩阵法综合所得的机构,其连杆点虽能通过预先规定的若干轨迹点,但却并不一定能按 1、2、3、……的顺序依次通过。因此在综合完成以后,通常还要作轨迹分析。若出现顺序不符合要求的情况,要改变迭代的初值或改变某些预选机构参数的值进行重新计算。

3 导向机构的封闭矢量机构综合法

在图5.5中，将铰链四杆机构的所有杆长都以构件矢量形式表示出来置于坐标系 xoy 中。将封闭矢量多边形 $OABM$ 和 $ABCD$ 的各矢量分别向 x、y 坐标轴投影，可得如下方程式：

$$\begin{cases} a\cos\varphi + b\cos\alpha = d\cos\eta + c\cos\psi \\ a\sin\varphi + b\sin\alpha = d\sin\eta + c\sin\psi \end{cases} \tag{5.24}$$

$$\begin{cases} x_{\mathrm{A}} + a\cos\varphi + k\cos(\alpha+\delta) = x \\ y_{\mathrm{A}} + a\sin\varphi + k\sin(\alpha+\delta) = y \end{cases} \tag{5.25}$$

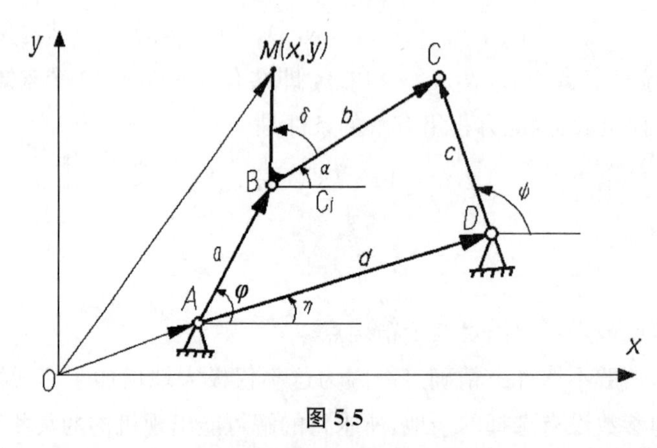

图 5.5

将式(5.24)中的一个式子移项后平方相加，可消去 ψ，得

$$a^2 + b^2 + c^2 - d^2 + 2ab\cos(\varphi-\alpha) - 2ad\cos(\varphi-\eta) - 2bd\cos(\alpha-\eta) = 0 \tag{5.26}$$

对于轨迹给定的 M 点的一系列点列 $(x_i,\ y_i)i=1,\ 2,\ \cdots,\ n$，将式(5.25)和(5.26)可合并为如下方程组：

$$\begin{cases} x_{\mathrm{A}} + a\cos\varphi_i + k\cos(\alpha_i+\delta) - x_i = 0 \\ y_{\mathrm{A}} + a\sin\varphi_i + k\sin(\alpha_i+\delta) - y_i = 0 \\ a^2 + b^2 - c^2 + d^2 + 2ab\cos(\varphi_i-\alpha_i) - 2ad\cos(\varphi_i-\eta) - 2bd\cos(\alpha_i-\eta) = 0 \\ i = 1,\ 2,\ \cdots,\ n \end{cases} \tag{5.27}$$

该方程组共有 $3n$ 个方程式，未知结构参数有 a、b、c、d、k、δ、η、x_{A}、y_{A} 共九个，未知运动参数有 φ_1、φ_2、…、φ_n 和 α_1、α_2、…、α_n 共 $2n$ 个，合计未知参数是 $2n+9$ 个。方程组有解的条件是

$$3n \leqslant 2n+9,\text{即 } n \leqslant 9$$

说明铰链四杆机构最多可实现期望轨迹上的九个精确设计点，这个结论与位移矩阵法的

式(5.23)是一致的。选择不同数目的精确点时，其预选参数数目和待求参数数目之间的关系列于表5.2。

表 5.2

精确点数目 n	2	3	4	5	6	7	8	9
应预选参数数目 $9-n$	7	6	5	4	3	2	1	0
待求参数数目 $3n$(即设计方程数目)	6	9	12	15	18	21	24	27

4　导向机构的函数逼近综合法

导向机构的函数逼近综合法与函数机构综合法类似，即根据建立的连杆点轨迹加权偏差方程式，采用平方逼近或最佳逼近的函数逼近方法来求解出机构的结构参数。至于用插值点逼近的方法，那就比较简单一些，只要在预期轨迹曲线上适当选定数目不超过九个的精确点位置，将其期望坐标值(x, y)代入式(5.13)，并令 $\Delta_q=0$，即可得一个方程组，方程组中包含的方程式数目等于精确点的数目。解此非线性方程组可求出机构的结构参数。需要注意的是，精确点选定为少于九个时，应同时预选若干个机构结构参数，以保持方程式数目与待求参数数目相等。

在第1、2节中已提到，为了便于函数逼近法的求解，加权偏差式(5.13)还需作必要的技术处理，其处理方法如下。

首先，为了简化加权偏差 Δ_q 的计算式，一般将坐标原点移至铰链点 A，即令 $x_A=0$，$y_A=0$，此种情形下式(5.13)可简化为如下形式

$$\Delta_q=-\frac{b\cos\delta}{k}(\rho^2-k^2-a^2)-\frac{b\sin\delta}{k}U+\frac{db\sin(\delta+\eta)}{k}(Vx+Wy)+\frac{db\cos(\delta+\eta)}{k}(Wx-Vy)-d\sin\eta(Vx+Wy-2y)-d\cos\eta(Wx-Vy-2x)-a^2-b^2-d^2+c^2 \tag{5.28}$$

式中

$$\begin{cases}U=\pm\sqrt{4k^2\rho^2-(\rho^2+k^2-a^2)^2}\\ V=U/\rho^2\\ W=\dfrac{\rho^2+k^2-a^2}{\rho^2}\\ \rho^2=(x^2+y^2)\end{cases} \tag{5.29}$$

其次，将加权偏差式(5.28)中的已知量和待求量分离，并写成广义多项式的形式

$$\Delta_q=A[p_0f_0(x)+p_1f_1(x)+\cdots+p_nf_n(x)-Q(x)] \tag{5.30}$$

式中 $f_0(x)$、$f_1(x)$、…、$f_n(x)$ 均为不含待求参数的函数值，为已知量；而 p_0、p_1、…、p_n 是含有未知机构结构参数的待定系数值。

p_i 和 $f_i(x)$，$i=0, 1, \cdots, n$，它们的表示形式随着待求机构结构参数的不同而异，下面分别讨论几种常见的情况。

(1) 待求参数为 c、d、η 三个

此时，其余的六个结构参数当然应该预先设定，他们是 a、b、k、δ 和 $x_A=0$、$y_A=0$。经推导有如下各式

$$\begin{cases} f_0(x)=V\left[x\operatorname{tg}\delta+y\left(\dfrac{k}{b\cos\delta}-1\right)\right]+\dfrac{2k}{b\cos\delta}x+W\left[y\operatorname{tg}\delta-x\left(\dfrac{k}{b\cos\delta}-1\right)\right] \\ f_1(x)=V\left[y\operatorname{tg}\delta-x\left(\dfrac{k}{b\cos\delta}-1\right)\right]+\dfrac{2k}{b\cos\delta}y-W\left[x\operatorname{tg}\delta+y\left(\dfrac{k}{b\cos\delta}-1\right)\right] \\ f_2(x)=1 \\ A=\dfrac{b\cos\delta}{k} \\ Q(x)=\rho^2+U\operatorname{tg}\delta \end{cases} \tag{5.31}$$

和

$$\begin{cases} p_0=d\cos\eta \\ p_1=d\sin\eta \\ p_2=a^2+k^2-\dfrac{k}{b\cos\delta}(a^2+b^2-c^2+d^2) \end{cases} \tag{5.32}$$

加权偏差式为

$$\Delta_q=A[p_0f_0(x)+p_1f_1(x)+p_2f_2(x)-Q(x)] \tag{5.33}$$

其中未知机构结构参数 p_0、p_1、p_2 可用第四章所述的插值逼近、平方逼近、最佳逼近方法进行求解。如果用插值逼近，则显然只能选定连杆曲线上的三点 (x_i, y_i)，$i=1, 2, 3$ 作为插值结点代入式(5.33)，并令 $\Delta_q=0$ 构成由三个方程式的方程组。显见，此为关于 p_0、p_1、p_2 的线性方程组，是较易求解的。

求得 p_0、p_1、p_2 后，即可用以下诸式计算机构的尺寸参数

$$\begin{aligned} &d=\sqrt{p_0^2+p_1^2} \\ &\eta=\operatorname{arctg}(p_1/p_0) \\ &c=\sqrt{a^2+b^2+d^2-\frac{a\cos\delta}{k}(a^2+k^2-p_2)} \end{aligned} \tag{5.34}$$

(2) 待求参数为 b、c、d 三个

此时的加权偏差式同(5.33)，但其中各量如下

$$\begin{cases} f_0(x)=\dfrac{1}{\cos\delta}[(Wx-Vy)\cos(\delta+\eta)+(Vx+Wy)\sin(\delta+\eta)] \\ f_1(x)=\dfrac{k}{\cos\delta}[(2y-Vx-Wy)\sin\eta+(2x+Vy-Wx)\cos\eta] \\ f_2(x)=1 \\ Q(x)=\rho^2+U\mathrm{tg}\,\delta \\ A=\dfrac{b\cos\delta}{k} \end{cases} \tag{5.35}$$

$$\begin{cases} p_0=d \\ p_1=d/b \\ p_2=a^2+k^2-\dfrac{k}{b\cos\delta}(a^2+b^2-c^2+d^2) \end{cases} \tag{5.36}$$

求出 p_0、p_1、p_2 后，机构尺寸为

$$\begin{cases} d=p_0 \\ b=p_0/p_1 \\ c=\sqrt{a^2+b^2+d^2-b\cos\delta(a^2+k^2-p_2)/k} \end{cases} \tag{5.37}$$

(3) 待求参数为 b、c、d、δ 四个

加权偏差式为

$$\Delta_q=A[p_0f_0(x)+p_1f_1(x)+p_2f_2(x)+p_3f_3(x)+p_4f_4(x)-Q(x)] \tag{5.38}$$

式中各项为

$$\begin{cases} f_0(x)=-U \\ f_1(x)=(Vx+Wy)\sin\eta+(Wx-Vy)\cos\eta \\ f_2(x)=k[(2y-Vx-Wy)\sin\eta+(2x+Vy-Wx)\cos\eta] \\ f_3(x)=1 \\ f_4(x)=(Vx+Wy)\cos\eta+(Vy-Wx)\sin\eta \\ Q(x)=x^2+y^2 \\ A=b\cos\delta/k \end{cases} \tag{5.39}$$

$$\begin{cases} p_0=\mathrm{tg}\,\delta \\ p_1=d \\ p_2=d/(b\cos\delta) \\ p_3=a^2+k^2-\dfrac{k}{b\cos\delta}(a^2+b^2-c^2+d^2) \\ p_4=p_0p_1 \end{cases} \tag{5.40}$$

由上式可知，p_4 为非独立参数，独立参数仅为 p_0、p_1、p_2、p_3 四个结构参数，故方程也为非线性方程。若假定机架为水平放置，即 $\eta=0$，则式(5.39)中的 $f_1(x)$、$f_2(x)$、$f_4(x)$ 还可进一步简化为

$$\begin{cases} f_1(x)=Wx-Vy \\ f_2(x)=k(2x+Vy-Wx) \\ f_4(x)=Vx+Wy \end{cases} \tag{5.41}$$

求得 p_0、p_1、p_2、p_3 后，机构尺寸为

$$\begin{cases} d=p_1 \\ \delta=\operatorname{arctg} p_0 \\ b=d/(p_2\cos\delta) \\ c=\sqrt{a^2+b^2+d^2-p_1(a^2+k^2-p_3)/(kp_2)} \end{cases} \tag{5.42}$$

(4) 待求参数为 b、c、d、η 四个

加权偏差式同(5.38)，式中各项为

$$\begin{cases} f_0(x)=\dfrac{k}{\cos\delta}(2x+Vy-Wx) \\ f_1(x)=Vx+Wy+\operatorname{tg}\delta(Vy-Wx) \\ f_2(x)=-\rho^2-U\operatorname{tg}\delta \\ f_3(x)=1 \\ f_4(x)=\dfrac{k}{\cos\delta}(2y-Vx-Wy) \\ Q(x)=Vy-Wx-\operatorname{tg}\delta(Vx+Wy) \\ A=\dfrac{bd}{k}\cos\eta\cos\delta \end{cases} \tag{5.43}$$

$$\begin{cases} p_0=1/b \\ p_1=\operatorname{tg}\eta \\ p_2=1/(d\cos\eta) \\ p_3=\dfrac{1}{d\cos\eta}\left[a^2+k^2-\dfrac{k}{b\cos\delta}(a^2+b^2-c^2+d^2)\right] \\ p_4=p_0p_1 \end{cases} \tag{5.44}$$

机构尺寸为

$$
\begin{cases}
b=\dfrac{1}{p_0}\\
\eta=\operatorname{arctg} p_1\\
d=1/(p_2\cos\eta)\\
c=a^2+b^2+d^2-(a^2+k^2-dp_3\cos\eta)\dfrac{b\cos\delta}{k}
\end{cases}
\tag{5.45}
$$

(5) 待求参数为 b、c、d、δ、η 五个

加权偏差式表示为

$$
\Delta_q=p_0f_0(x)+p_1f_1(x)+\cdots+p_6f_6(x) \tag{5.46}
$$

式中

$$
\begin{cases}
f_0(x)=a^2+k^2-\rho^2,\ f_1(x)=-U,\ f_2(x)=2y-Vx-Wy\\
f_3(x)=2x+Vy-Wx,\ f_4(x)=1,\\
f_5(x)=-Vx-Wy,\ f_6(x)=Vy-Wx
\end{cases}
\tag{5.47}
$$

$$
\begin{cases}
p_0=b\cos\delta/k\\
p_1=b\sin\delta/k\\
p_2=d\sin\eta\\
p_3=d\cos\eta\\
p_4=c^2-a^2-b^2-d^2\\
p_5=-p_0p_2-p_1p_3\\
p_6=p_1p_2-p_0p_3
\end{cases}
\tag{5.48}
$$

加权偏差式(5.46)为关于待求参数 p_0、p_1、…、p_4 的非线性方程式，p_5、p_6 为非独立参数。应用函数逼近法可求出五个结构参数 p_0、p_1、…、p_4。最后由以下诸式计算机构尺寸。

$$
\begin{cases}
b=k\sqrt{p_0^2+p_1^2},\ \delta=\operatorname{arctg}(p_1/p_0),\ \eta=\operatorname{arctg}(p_2/p_3)\\
d=\sqrt{p_1^2+p_3^2},\ c=\sqrt{a^2+b^2+c^2+p_4}
\end{cases}
\tag{5.49}
$$

5　导向机构综合举例

例一　试用位移矩阵法综合一铰链四杆机构，要求连杆点 M 能依次通过如下七个精确点

点序号	1	2	3	4	5	6	7
x	13.84	−31.07	−51.64	32.95	44.74	58.62	66.27
y	188.47	140.64	96.53	99.62	113.95	127.98	215.07

解：

(1) 确定机构的预选参数

按表5.1，对于七个精确设计点的导向机构，应预选二个机构参数。现设定坐标原点取在铰链 A 处，即取 $x_A=0$、$y_A=0$。

(2) 建立方程组

由式(5.22)，以 $x_A=0$、$y_A=0$ 代入得下列方程组

$$\begin{cases}(x_jy_{B_1}+y_jy_{B_1}-x_1x_j-y_1y_j)\cos\theta_{1j}+(y_jx_{B_1}-x_jy_{B_1}-x_1y_j-y_1x_j)\sin\theta_{1j}\\ -x_1x_{B_1}-y_1y_{B_1}+(x_1^2+y_1^2+x_j^2+y_j^2)/2=0\\ (-x_Dx_{C_1}-y_Dy_{C_1}+x_1x_D+y_1y_D+x_jx_{C_1}+y_jy_{C_1}-x_1x_j-y_1y_j)\cos\theta_{1j}+\\ (x_Dy_{C_1}-y_Dx_{C_1}-y_1x_D+x_1y_D+y_jx_{C_1}-x_jy_{C_1}-x_1y_j+y_1x_j)\sin\theta_{1j}+\\ x_Dx_{C_1}+y_Dy_{C_1}-x_jx_D-y_jy_D-x_1x_{C_1}-y_1y_{C_1}-(x_1^2+y_1^2+x_j^2+y_j^2)/2=0\\ j=2,\ 3,\ \cdots,\ 7\end{cases} \tag{a}$$

方程组(a)共有12个方程式，已知参数为 $(x_j,\ y_j)$，$j=1,\ 2,\ \cdots,\ 7$；待求参数有 x_{B_1}、y_{B_1}、x_{C_1}、y_{C_1}、x_D、y_D、$\theta_{1j}(j=2,\ 3,\ \cdots,\ 7)$ 共12个，故方程组可解。

(3) 求解非线性方程组

用迭代法求解式(a)的非线性方程组。为了提高收敛速度，利用连杆曲线图谱选择如下一组近似解为迭代初始点：

$$x_{B_1}=-82\text{ mm},\ y_{B_1}=70\text{ mm},\ x_D=190\text{ mm},\ y_D=1\text{ mm}$$

$$x_{C_1}=90\text{ mm},\ y_{C_1}=158\text{ mm},\ \theta_{12}=9^\circ,\ \theta_{13}=22^\circ$$

$$\theta_{14}=81^\circ,\ \theta_{15}=76^\circ,\ \theta_{16}=70^\circ,\ \theta_{17}=4^\circ$$

采用阻尼最小二乘法解方程组(a)，得如下解：

$$x_{B_1}=-95.523\,2\text{ mm}\quad y_{B_1}=80.407\,3\text{ mm}\quad x_D=174.194\,0\text{ mm}\quad y_D=18.574\,8\text{ mm}$$

$$x_{C_1}=76.790\,7\text{ mm}\quad y_{C_1}=170.530\,5\text{ mm}\quad \theta_{12}=0.145\,752\text{ rad}\quad \theta_{13}=0.349\,826\text{ rad}$$

$$\theta_{14}=1.410\,86\text{ rad}\quad \theta_{15}=1.329\,56\text{ rad}\quad \theta_{16}=1.233\,31\text{ rad}\quad \theta_{17}=-0.035\,776\text{ rad}$$

(4) 计算机构尺寸

$$a=\sqrt{(x_{B_1}-x_A)^2+(y_{B_1}-y_A)^2}=124.86\text{ mm}$$

$$b=\sqrt{(x_{C_1}-x_{B_1})^2+(y_{C_1}-y_{B_1})^2}=194.46\ \text{mm}$$

$$c=\sqrt{(x_{C_1}-x_D)^2+(y_{C_1}-y_D)^2}=180.50\ \text{mm}$$

$$d=\sqrt{x_D^2+y_D^2}=175.18\ \text{mm}$$

$$k=\sqrt{(x_1-x_{B_1})^2+(y_1-y_{B_1})^2}=153.75\ \text{mm}$$

$$\overline{CM}=\sqrt{(x_1-x_{C_1})^2+(y_1-y_{C_1})^2}=65.46\ \text{mm}$$

$$\delta=\arccos\left(\frac{b^2+k^2-\overline{CM}^2}{2bk}\right)=17.05°$$

$$\eta=\text{arctg}\left(\frac{y_D}{x_D}\right)=6.09°$$

(5) 机构分析

按计算得的机构尺寸，用 $\mu_l=3.4$ mm/mm 绘出其机构运动简图如图 5.6 所示。验算其曲柄条件：

$$a+b=319.72\ \text{mm},\ c+d=355.68\ \text{mm}$$

有　　$$a+b<c+d$$

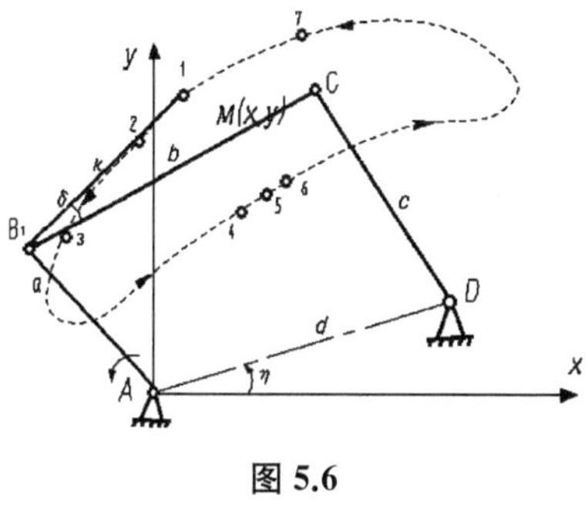

图 5.6

故 a 为曲柄，c 为摇杆，该机构为曲柄摇杆机构。

用作图法绘制 M 点的轨迹曲线可知，M 点能顺序通过 1、2、…、7 诸点，符合设计要求。

机构的最小传动角

$$\gamma_{\min}=\arccos\left[\frac{b^2+c^2-(d-a)^2}{2bc}\right]=14.83°$$

例二　试用插值函数逼近法综合一铰链四杆机构，要求实现连杆曲线的如下五个轨迹点坐标：

点　号	1	2	3	4	5
x	256.8	150.4	53.9	160.3	286.4
y	303.0	350.3	312.3	249.1	251.6

解：

(1) 确定机构的预选参数

按式(5.13)加权偏差方程，对于给定五个精确点的综合，应在机构的九个结构参数中预选四个。设选取如下参数为已知：

$$x_A=0,\ y_A=0,\ a=240\ \text{mm},\ k=160\ \text{mm}$$

注意，在预选 a、k 的尺寸时应使连杆点 M 能沿整个给定轨迹运动，否则是不合理的。在设定上述参数后，待求参数为 b、c、d、δ 和 η 五个，属于第 4 节中所述的第(5)种情况。

(2) 计算加权偏差方程中的有关参量

在加权偏差方程式(5.46)中，函数值 $f_i(x)$，$i=0, 1, \cdots, 6$ 以及包含在这些函数中的 ρ、U、V、W 等均可按给定的轨迹点坐标(x, y)和已知的 a、k 计算得，计算公式见式(5.29)和(5.47)。今将计算结果列于下表(设 U 计算式根号前的±号取其负)。

点　号	1	2	3	4	5
ρ	397.184	381.222	316.917	296.221	381.218
U	−184.225	−125.337	−74840.63	−76665.19	−45149.23
V	0.116845	−0.310639	−0.745153	−0.873708	−0.310672
W	0.797154	0.779811	0.681390	0.635315	0.779807
$f_0(x)$	−74555.10	−6213.03	−17236.42	−4546.773	−62127.16
$f_1(x)$	18432.47	45145.26	74840.63	76665.19	45149.23
$f_2(x)$	394.469	474.152	451.996	479.999	395.977
$f_3(x)$	273.486	74.699	−161.639	1.118	271.298
$f_4(x)$	1	1	1	1	1
$f_5(x)$	−211.531	−226.448	−172.634	−18.201	−107.223
$f_6(x)$	−240.114	−226.101	−269.439	−319.482	−301.502

(3) 建立方程组并求解

将上面计算得的 $f_i(x)$，$i=0, 1, \cdots, 6$ 代入式(5.46)，并令在插值结点处的加权偏差 $\Delta_q=0$，则可得到如下一组由五个方程式组成的非线性方程组：

$$\begin{cases}-74555.10p_0+18432.47p_1+394.469p_2+273.486p_3+p_4-211.531p_5-240.114p_6=0\\ -62130.03p_0+45145.26p_1+474.152p_2+74.699p_3+p_4-226.448p_5-226.101p_6=0\\ -17236.42p_0+74846.63p_1+451.966p_2-161.639p_3+p_4-172.634p_5-269.439p_6=0\\ -4546.773p_0+76665.19p_1+479.999p_2+1.118p_3+p_4-18.201p_5-319.482p_6=0\\ -62127.16p_0+45149.23p_1+395.977p_2+271.298p_3+p_4-107.223p_5-301.502p_6=0\end{cases}$$

解此方程组中的待求结构参数 p_0、p_1、p_2、p_3、p_4，可获得三组解答，下面列出其中的一组解答：

$$p_0=1.674745,\ p_1=0.968798,\ p_2=200.0797$$

$$p_3 = 338.5145, \quad p_4 = -294337.8$$

由这些结构参数，按式(5.49)计算得机构尺寸如下

$$b = 309.563 \text{ mm} \quad c = 117.114 \text{ mm} \quad d = 393.223 \text{ mm}$$

$$\delta = 30.0483° \quad \eta = 30.5853°$$

该机构为曲柄摇杆机构，其中 c 为曲柄。机构运动简图如图 5.7 所示 ($\mu_l = 10$ mm/mm)。机构的最小传动角 $\gamma_{\min} = 48.8104°$。

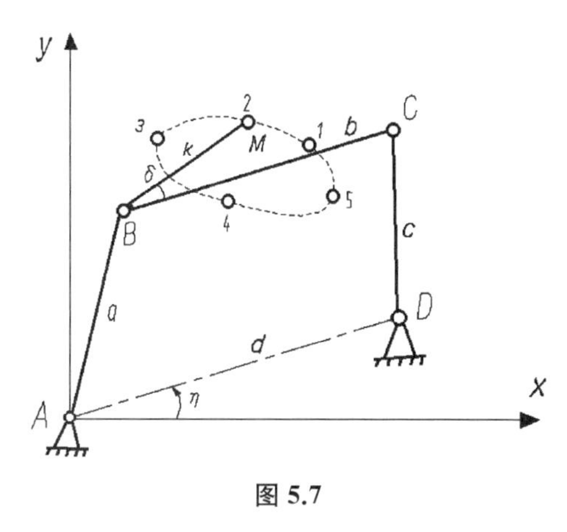

图 5.7

(4) 讨论

若在本题计算中，取式(4.28)中之 U 根号前的正号，则可建立另一个与(a)式不同的方程组，于是又可以得到三组解答。因此本题共可以得到六种解答。其几何解释是，U 计算式根号前的"±"号，前面已叙述过，参看图 5.1，当 x、y、a、k 相同情况下，铰链 B 有 B 和 B' 两种位置，所以机构的解有二个；而当选定 U 为正号或负号时，又有三种解，这是非线性方程组常有的情况，其几何解释是实现同一连杆点轨迹的铰链四杆机构有三种不同的尺寸，可以互相等效替代。进一步的详细说明是下节中的 Roberts 定理。

6　导向机构的变换

实现某一给定的连杆点轨迹曲线的机构不是唯一的，既可以用三种不同尺寸的铰链四杆机构来实现，也可以用六杆机构来替代。因此，若已综合得到实现某连杆点轨迹的一个机构，可以通过一定的方法获得另外一些替代机构，这些替代机构称为同源机构。同源机构之间的更换就是所谓导向机构的变换。

6.1　西尔威斯特(Sylvester)仿图仪原理

Sylvester 仿图仪的结构如图 5.8 所示。其中构件 1、2、3、4 组成一平行四边形。构件 2、3 上各固结有一个三角形，且两个三角形相似。现令构件 3 上的三角形顶点 C 在已知曲线Ⅰ上运动，则可以证明，构件 2 上的三角形顶点 C' 描绘出的轨迹曲线Ⅱ，其形状与Ⅰ曲线相似，其尺寸比例尺是 $k = \overline{AC'} : \overline{AC} = \overline{BM} : \overline{BC}$，且图形的相对转角 α' 等于三角形的结构角 α。这就是 Sylvester 仿图仪的特性。利用此特性可将它作为图形缩放仪器。现将其原理证明如下。

已知：$ABMB'$ 为平行四边形，$\triangle B'C'M \backsim \triangle BMC$，三角形的边长比 $\overline{B'C'} / \overline{B'M} =$

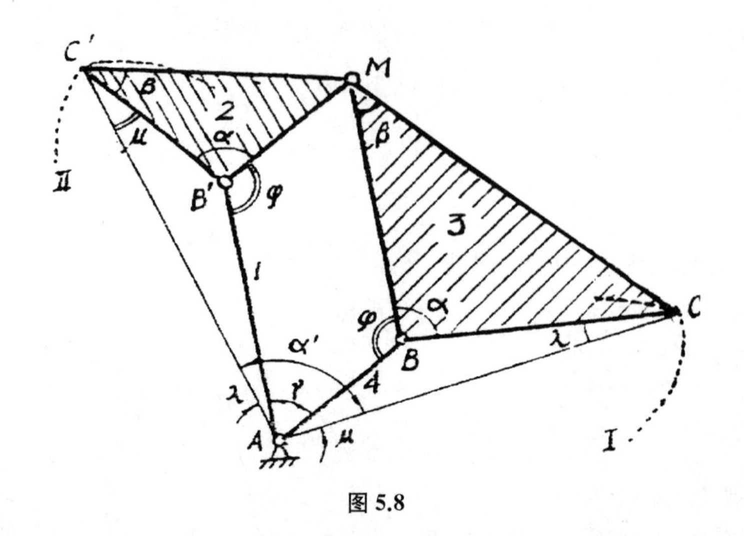

图 5.8

$\overline{BM}/\overline{BC}=k$。

求证：(1) 当 C 在曲线Ⅰ上任一点时，必有 $\overline{AC'}/\overline{AC}$ 为定值，且等于 k（这即是证明曲线Ⅰ、Ⅱ相似）；(2) α' 为定值，且等于结构角 α（这即是证明Ⅰ、Ⅱ曲线的相对转角 α' 为 α）。

证明：

(1) 由构件 2、3 的两个三角形相似有

$$\frac{\overline{B'C'}}{\overline{B'M}}=\frac{\overline{BM}}{\overline{BC}}=k$$

因 $\overline{B'M}=\overline{AB}$ 和 $\overline{BM}=\overline{AB'}$ 代入上式得

$$\frac{\overline{B'C'}}{\overline{AB}}=\frac{\overline{AB'}}{\overline{BC}}=k \tag{5.50}$$

$$\text{又} \angle AB'C'=\angle ABC=360^\circ-\alpha-\varphi \tag{5.51}$$

故 $\triangle AB'C' \backsim \triangle CBA$，因而有对应边成比例，且由式(5.51)可得

$$\frac{\overline{AC'}}{\overline{AC}}=\frac{\overline{B'C'}}{\overline{AB}}=\frac{\overline{AB'}}{\overline{\mathrm{BC}}}=k \tag{5.52}$$

(2)
$$a'=\gamma+\lambda+\mu \tag{5.53}$$

由$\square AB'MB$ 有

$$\gamma=180^\circ-\varphi \tag{5.54}$$

又因 $\triangle AB'C' \backsim \triangle ABC$ 得

$$\lambda+\mu=180^\circ-[360^\circ-(\alpha+\varphi)] \tag{5.55}$$

将式(5.54)、(5.55)代入(5.53)得

$$\alpha=\alpha'$$

于是，Sylvester 仿图仪原理得证。

6.2　同源四杆机构的变换——罗伯兹-契贝歇夫定理

罗伯兹(Roberts)-契贝歇夫定理是确定四杆机构的同源机构的最早理论，它也是上述 Sylvester 仿图仪原理的应用。

罗伯兹-契贝歇夫定理叙述于下：

若已有一铰链四杆机构的连杆点描绘某一轨迹曲线，则必存在有另外二个铰链四杆机构，它们的连杆点可以描绘出完全相同的轨迹曲线。即对于一个已知铰链四杆机构必存在有两个同源机构。

同源机构的作图求解方法如下。

设图 5.9 中粗实线所示的四杆机构是一个连杆点 M 能实现预定轨迹的基本导向机构。首先，在此基本机构上叠加一个Ⅱ级杆组 $AB'M$，并使 $AB'MB$ 构成一个平行四边形，然后在 $B'M$ 构件上作出 $\triangle B'C'M \backsim \triangle BMC$。则根据 Sylvester 仿图仪原理知，必有 C' 点和 C 点的轨迹相似，且它们相对转角为结构角 α。由于 C 点轨迹是以 D 为圆心的圆弧，故 C' 点轨迹也是一圆弧，设其圆心为 E，则两圆心点 E、D 对 A 所夹的角度 $\angle DAE=\alpha$，两圆弧的半径之比 $\frac{\overline{EC'}}{\overline{DC}}=\frac{\overline{BM}}{\overline{BC}}=k$，故 $\overline{EC'}=k\,\overline{DC}$。根据以上几何关系可以求出 E 点的位置。因此，如果在 C' 与 E 点之间添加一根杆件，E 点就是一个固定铰链点，它的添加并不影响基本机构的运动。

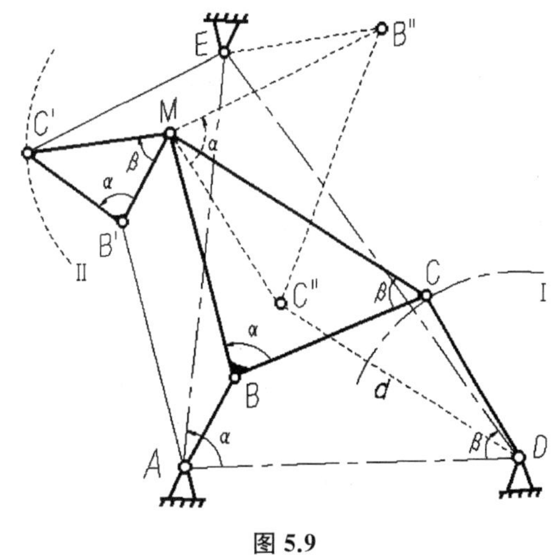

图 5.9

现在再来观察图 5.9 中用细实线表示的四杆机构 $AB'C'E$，它的连杆 $\overline{B'C'}$ 上之 M 点的运动轨迹，必与基本机构中 M 点之轨迹重合。故它就是基本机构的一个同源机构。

根据类似的作图方法，可以再作出一个图中虚线所示的机构 $DC''B''E$，其中 $DC''\,/\!/\,MC$，$DC''=MC$，$\triangle C''MB'' \backsim \triangle CBM$，$\angle ADE=\beta$，则按 Sylvester 仿图仪原理，它有 $\frac{\overline{EB''}}{\overline{AB}}=\frac{\overline{C'M}}{\overline{MB'}}=\frac{\overline{MC}}{\overline{CB}}=k'$，$\therefore\ \overline{EB''}=k'\,\overline{AB}$。

这个铰链四杆机构 $EB''C''D$ 是基本机构的又一个同源机构。

于是罗伯兹-契贝歇夫定理得证。

由图 5.9 可知，三个机架铰链点 A、D、E 构成的三角形，必与连杆三角形有相似关系，即 $\triangle ADE \backsim \triangle BCM$，故铰链点 E 很方便就可以求得。

6.3 同源六杆机构的变换

四杆机构的连杆曲线也可以利用多杆机构来实现，一般以六杆机构来替代较多。当然，就机构的结构来说，增加构件的数目将使机构的复杂程度增加，且由于运动副存在的间隙和构件在受力后产生弹性变形等原因，构件和运动副数目增多将导致运动精度的降低和弹性振动的加剧，因此一般情况下尽量不作这种变换。但是，如果所进行的变换能够在机构的某些特性方面，比如传动特性、机构尺寸、机架位置布局等方面有较大程度的改善，则此种变换仍是具有积极意义的。

下面来讨论把四杆导向机构变换成六杆导向机构的方法。

设图 5.10 中虚线所示的铰链四杆机构中的连杆点 M 能描绘出给定的连杆曲线。今联接一个Ⅱ级杆组 DEM，构成$\square DEMC$，并任意选定 β 角和 F 点的位置构成 $\triangle EFM$。根据 Sylvester 仿图仪原理，构件 $2'$ 上 F 点的轨迹必相似于连杆 2 上的 F' 点的轨迹，只要满足 $\triangle EFM \backsim \triangle CMF'$ 和 $\angle F'DF=\beta$。作为构件 2 上的 F' 点之轨迹，可由铰链四杆机构 $ABCD$ 来作出，则 F 点的轨迹是 F' 点轨迹缩放 k 倍而得，$k=\overline{EF}/\overline{FM}$，且相对转角等于 β，于是 F 点的轨迹也可以作出。根据此 F 点的轨迹，可以综合得另一个铰链四杆机构 $DGHI$，综合时以 D 为坐标原点，即 $x_D=0$，$y_D=0$ 来计算。最后，拆去虚线所示的原机构，剩下粗实线部分所示的六杆机构即为原铰链四杆机构的同源机构，它的 M 点轨迹必与原机构中 M 点的轨迹一致。

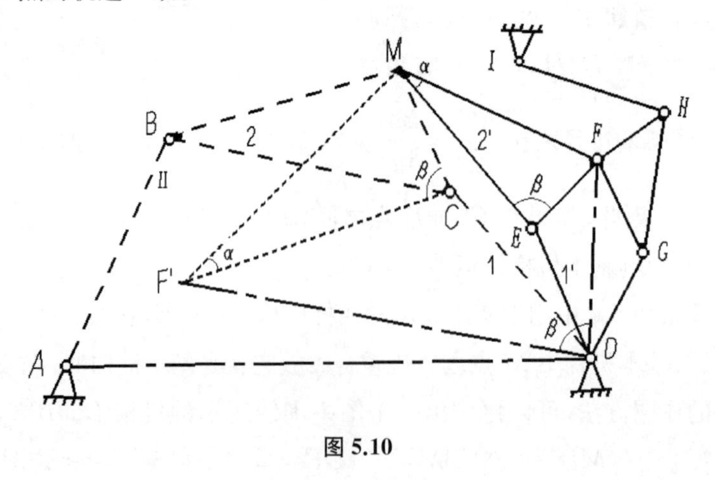

图 5.10

由图可见，经过变换后，此六杆机构所占的空间尺寸较小，机构更为紧凑，机架位置也有所改变，可能会更适合所设计机构对机架位置的特殊要求。

应该指出，由于 F 点在与 EM 线呈 β 角的 EF 线上可以随意选择，因此同源六杆机构的解不是唯一的，理论上为无穷多。另外，选择不同的缩放比例尺 $k=\overline{EF}/\overline{EM}$ 可以大范围地改变机构的外廓尺寸（图 5.10 中的 $k=0.5$），选择不同的角度 β 可以改变 F 点轨迹相对于机架的位置。

6.4　导向机构变换举例

例一　图 5.11 中，曲柄滑块机构 ABC 中的连杆点 M 可描绘出给定的连杆曲线，试求出另一个能实现相同轨迹的同源曲柄滑块机构。

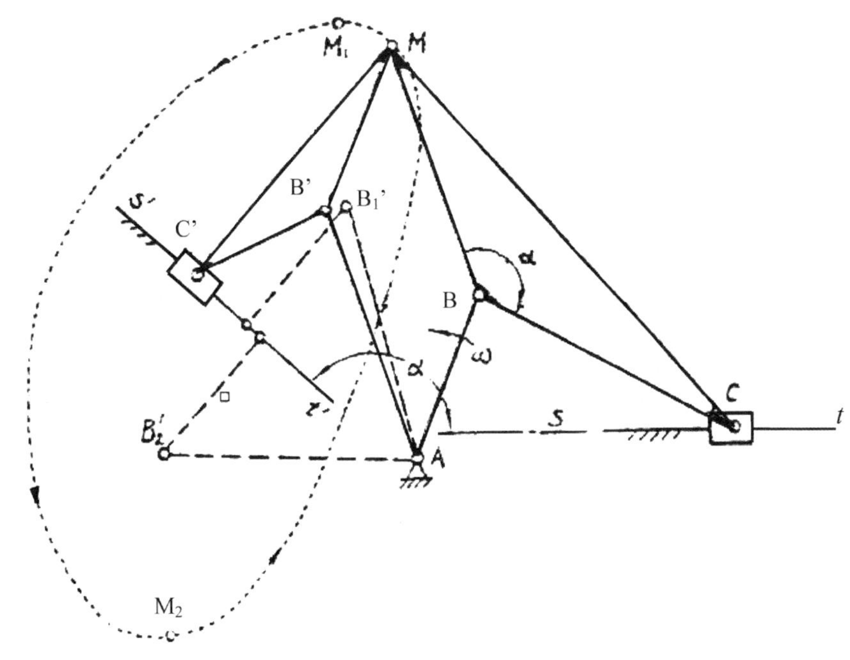

图 5.11

解：

（1）按照 Sylvester 仿图仪原理，在原曲柄滑块机构中添加一个Ⅱ级杆组 $AB'M$，且使 $ABMB'$ 成为一个平行四边形。以 $\overline{B'M}$ 基础，作出 $\triangle B'MC' \backsim \triangle BCM$，则必有 C、C' 的轨迹相似。因为已知 C 点轨迹为一直线，故 C' 点的轨迹也必为直线。

（2）又由 Sylvester 仿图仪原理可知，C' 点的直线轨迹 $s't'$ 应与 C 点轨迹直线 st 相夹角度等于 $\triangle MBC$ 的结构角 α，因此过 C' 点作出 $s't'$，使它与 st 直线夹角 α，在 C' 点处添加沿 $s't'$ 方向移动的滑块，即得到一个实现同样 M 点轨迹的同源曲柄滑块机构 $AB'C'$。

（3）分析讨论

原机构为曲柄滑块机构，当曲柄沿逆时针方向转动时，M 点运动轨迹的方向是确定的，也是沿逆时针方向运动。但按图中同源机构的尺寸关系知，它是一个摇杆滑块机构，

AB'只能在一定的角度内摆动，它的两个死点位置是AB_1'和AB_2'。在此种情况下，为了得到与原机构完全相同的轨迹运动方向，应该克服机构在死点位置的运动不确定性。当处于死点位置B_1'时，应使滑块继续沿t'方向运动；当处于死点位置B_2'时，应使滑块继续沿s'方向运动。为满足此要求固然可利用滑块的惯性作用，但毕竟不十分可靠，需采用其他一些强制性的结构措施才好。但是若为相反的情况：综合所得的基本机构是一个摇杆滑块机构，则由于死点位置的运动不确定性可能导致不能完整地实现给定轨迹曲线或轨迹运行方向的不确定，此时我们同样可以作出它们的同源机构ABC，用此曲柄滑块机构代替原来的机构$AB'C'$，这种变换显然是极有实用意义的。

例二 图5.12中实线所示为一个六杆机构，连杆4上的M点描绘出一根给定的连杆曲线。但因结构上的限制，希望机架铰链A、B能安置在M点轨迹的下方。试求能满足这一要求的同源机构。

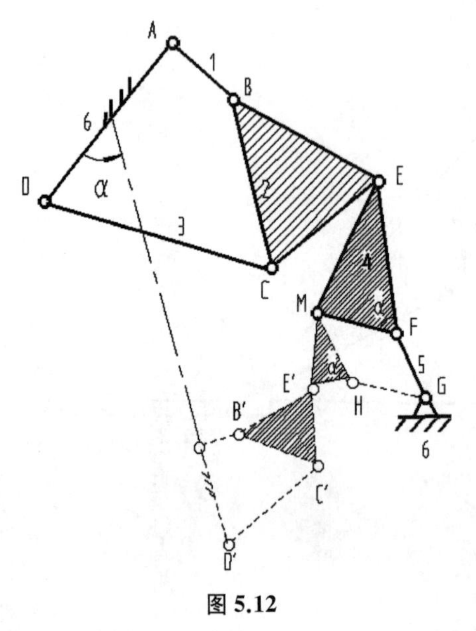

图 5.12

解：

(1) 在原机构上添加一个Ⅱ级杆组GHM，作$\triangle FME \backsim \triangle HE'M$，则由Sylvester仿图仪原理可知，$E'$点的运动轨迹与$E$点运动轨迹相似，缩小比例$k=\overline{MF}/\overline{EF}$，相对转角等于结构角$\alpha$。

(2) 将原机构$ABCD$（含E点）按比例k缩小，并相对转过α角得$A'B'C'D'$（含E'点）相联接以后，则显然E'点的轨迹是协调一致的。

(3) 拆去实线所示的原机构，则在虚线所示的$A'B'C'D'E'HGM$六杆机构中，M点的轨迹必与原机构完全相同，因此这就是原机构的同源机构。

由图可知，该同源机构不仅满足了机架位置下移的要求，而且也缩小了原机构的外廓尺寸。这种变换方法可获得多种设计方案，供设计者根据具体情况予以选择。

第六章

平面高副机构理论基础及其设计

由第三～五章所述的低副机构综合方法可知，一般所设计的低副机构只能近似地实现给定的运动规律。为了能够准确地满足较为复杂的运动规律，采用高副机构是适宜的。高副机构按其运动副元素之间相对运动性质的不同可分为两大类：一类是构成高副的两运动副元素之间的相对运动为纯滚动，此类机构称为瞬心线机构；另一类是两高副元素之间相对运动为滚动兼滑动，此类机构称为共轭曲线机构。这两类机构设计的基本问题都是根据给定的运动规律来确定高副元素的形状和尺寸。本章讨论的就是这两类机构的理论基础及其设计方法。

1　瞬心线

1.1　基本概念

在机械原理课程中已讨论过瞬心的问题：任意两个运动构件在某一瞬时必存在一个速度相等且几何位置重合的点，这一点称为相对速度瞬心，简称为相对瞬心，当其中一构件为固定不动时，该点称为绝对瞬心，显然绝对瞬心的速度必为零。图 6.1 中，(a)图的 P_{12}是两作纯滚动椭圆摩擦轮 1、2 的相对瞬心；(b)图的 P_{12}是滚轮 1 在滚道 2 上作纯滚动时的绝对瞬心；(c)图的 P_{13}是曲柄 1 和滑块 3 的相对瞬心。

当两构件作连续相对运动时，其瞬心点一般也在不断地改变其位置。若将曾作为瞬

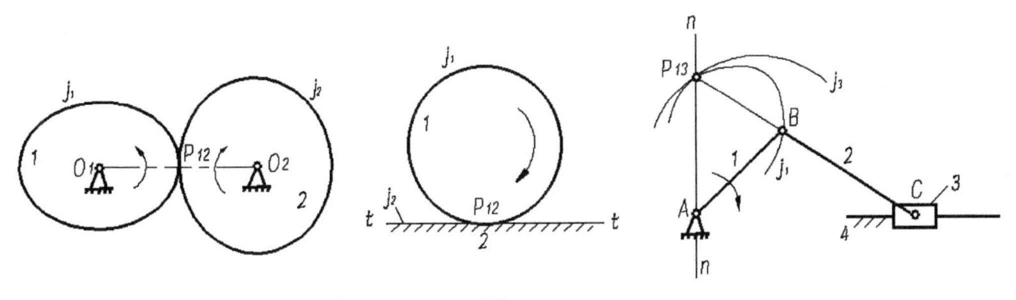

图 6.1

心的点相对于两高副元素所在构件的平面上描绘出它的轨迹曲线，则此轨迹线称为瞬心线。在运动构件上描绘的瞬心线称为动瞬心线，在固定构件上描绘的瞬心线称为定瞬心线。图 6.1 中，(a)图的两椭圆曲线 j_1、j_2 即为该机构的两条动瞬心线；(b)图的滚轮圆周线 j_1 为动瞬心线，而滚道直线 j_2 为定瞬心线；(c)图中瞬心绘在曲柄平面上的轨迹线 j_1 和绘在滑块平面上的轨迹 j_3 均为动瞬心线。

瞬心点在固定坐标平面上的轨迹线称为复瞬心线。图 6.1 中，图(a)的椭圆摩擦轮机构的复瞬心线，根据三心定理它必与两椭圆轮的回转中心连线 O_1O_2 相重合；图(b)的滚轮与滚道的复瞬心线 tt 与滚道定瞬心线 j_2 相重合；图(c)的曲柄滑块机构中曲柄与滑块相对运动的复瞬心线为通过 A 点并与滑道相垂直的直线 $n-n$。

1.2 瞬心线的性质

图 6.2 中，构件 2 的两端分别紧靠机架 1 的曲线 α 和 β 作运动，则通过两端接触点所作法线 n_1、n_2 之交点 P 即为其速度瞬心。按照瞬心线的概念可以作出一系列的瞬心点位置，其轨迹曲线 j_1 既是机架的定瞬心线，又是构件 2 运动时的复瞬心线。若将一系列瞬心点描绘到构件 2 上，可得相对轨迹 j_2，这就是构件 2 上的动瞬心线。

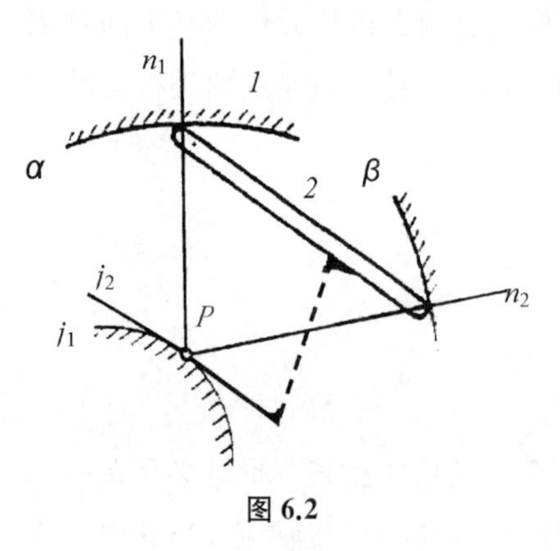

图 6.2

现在来讨论瞬心线的性质。由图 6.2 可知当构件 2 在运动过程中处于图示位置时，构件 1、2 所在平面上在 P 点处的速度必然相等，且因其中 1 为机架，其速度必为零，即有 $v_{P_1}=v_{P_2}=0$。这说明，P_1、P_2 两点之间没有相对运动，且绝对速度为零，或者说动瞬心线 j_2 与定瞬心线 j_1 之间是作无滑动的纯滚动。假如构件 1 并非固定不动，则虽 j_1 也变成了动瞬心线，但因仍有 $v_{P_1}=v_{P_2}\neq 0$，故 P_1、P_2 两点之间依然无相对运动，两瞬心线 j_1、j_2 之间还是作无滑动的纯滚动。

由以上分析，我们得到如下结论：互作平面平行运动两构件的瞬心之间，必随两构件的相对运动而作纯滚动，这就是瞬心线的重要性质。

再来观察另一个问题，如果我们反过来，将与构件 2 虚拟地与动瞬心线 j_2 相固联，并主动地在定瞬心线 j_1 上作纯滚动，此时由它带动的棍棒运动与原来依靠 α、β 曲线滑动时的运动完全相同。这就说明，任意两构件的相对运动可用与这两构件相联的一对瞬心线作纯滚动来实现。

1.3 瞬心线替代机构的求作

由上面瞬心线性质可知，任意两个互作平面运动的构件，其相对运动总可以由它的相对瞬心线的纯滚动来实现,因此在已有的各种平面低和高副机构中任意两构件的相对运动都可以用瞬心线间的纯滚动来替代,于是原机构也就可以用瞬心线机构来替代。

瞬心线替代机构中,瞬心线的几何作图方法是:首先作出两构件在一系列相对运动位置的瞬心在固定平面上的轨迹,即复瞬心线,然后以其中一构件的某一位置为参考位置,把该构件其余一系列构件位置覆盖到参考位置上,得到复瞬心线上各点相对于该构件在参考位置的轨迹点,这些点的连线就是该构件上的动瞬心线。同样的方法再可求作另一构件上的动瞬心线。当然也可以用解析的方法来求解瞬心线的方程式。

下面举几个例子来具体说明几种高副机构和低副机构的瞬心线替代机构之求作方法。

例一　已知图 6.3(a)所示平底移动从动件的偏心圆凸轮机构中,偏心轮半径为 R,偏心距为 e。试求用以实现与凸轮和平底从动件之间相对运动完全相同的瞬心线替代机构。

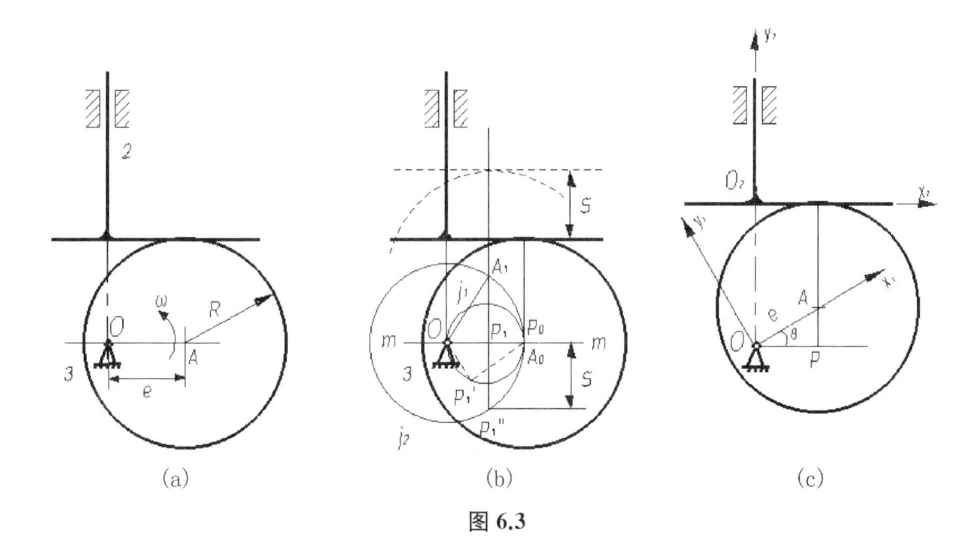

图 6.3

(1) 图解法

首先求作复瞬心线(参看图 6.2)。如图(b)所示,当偏心凸轮的圆心 A 处于水平起始位置 A_0 时,其对应的相对瞬心 P_0 与 A_0 相重合。当凸轮沿 ω 方向转过某一角度时,圆心 A 到达 A_1 位置,对应瞬心是 P_1 点。由此分析可知,无论凸轮转到任何位置,凸轮与从动件的相对瞬心都落在通过 O 点的水平线 $m-m$ 上,其复瞬心线就是 $m-m$ 线上的 $\overline{OP_0}$ 线段。

下面求作凸轮构件上的动瞬心线 j_1。初始位置时的 P_0 是 j_1 线上的一个点。当圆心到达 A_1 时瞬心为 P_1,为了求出 P_1 点相对于凸轮构件平面上的位置,可将直角三角形 $\triangle OA_1P_1$ 的 $\overline{OA_1}$ 沿凸轮反转方向转到与 $\overline{OA_0}$ 相重合的位置,此时 P_1 点到了 P_1'点,则 P_1' 就是 j_1上的又一个点。按照这一方法,即可求出一系列瞬心在凸轮平面上的相对位置 P_0、P_1'、P_2'、…,其轨迹线就是凸轮的动瞬心线。显然它应是以 e 为直径的一个圆。

再求作移动从动件上的瞬心线 j_2。初始位置的瞬心 P_0 也是 j_2 上的一个点。当凸轮圆心到 A_1 时，画出凸轮和从动件的新位置如图(b)中虚线所示，从动件向上位移量为 s。为了画出瞬心 P_1 相对于从动件的位置，可从 P_1 点向下取 s 得 P_1''，这是 j_2 线上的又一个点。依此方法作出一系列点 P_0、P_1''、P_2''、…，将它们连成曲线即为 j_2 瞬心线。可以证明 j_2 是以 $2e$ 为直径的一个圆。

于是，若以 j_1 和 j_2 为两内接触的摩擦轮作纯滚动，则它们的相对运动与原偏心圆凸轮机构是完全相同的。

(2) 解析法

设定分别固结于凸轮和从动件的两直角坐标系 x_1-y_1 和 x_2-y_2 如图(c)所示。在图示位置时的瞬心为 P，对从动件坐标系写出 P 点的如下参数方程式

$$x_2 = e\cos\theta$$

$$y_2 = -(R + e\sin\theta)$$

从上面两式中消去 θ，得从动件瞬心线 j_2 的直角坐标方程式

$$x_2^2 + (y_2 + R)^2 = e^2 \tag{a}$$

方程(a)显然是一个以 e 为半径，圆心坐标为(0, $-R$)的一个圆。

将瞬心 P 写在凸轮坐标系 x_1Oy_1 中的参数方程是

$$x_1 = e\cos^2\theta$$

$$y_1 = -e\cos\theta\sin\theta$$

由上面两式消去 θ，得凸轮上瞬心线 j_1 的方程式

$$\left(x_1 - \frac{e}{2}\right)^2 + y_1^2 = \left(\frac{e}{2}\right)^2 \tag{b}$$

方程(b)显然是以 $e/2$ 为半径，圆心坐标为($e/2$, 0)的一个圆。

例二 已知图 6.4(a)所示的反平行四边形铰链四杆机构，其尺寸关系是 $AD=BC$，$AB=CD$，且 $AB<CD$。试求与两连架杆 AB 和 CD 的相对运动完全相同的瞬心线替代机构。

(1) 图解法

首先求作复瞬心线，参看图 6.4(b)。当铰链四杆机构在 AB_1C_1D 位置时，根据三心定理，连架杆 1、3 的相对瞬心 P_1 必在 B_1C_1 与 AD 线的交点处。当机构运动到 AB_2C_2D 位置时，相对瞬心必在 B_2C_2 与 AD 两线的交点 P_2 处。由此可知，瞬心点 P_1、P_2、P_3、…在固定平面上的轨迹必与 AD 线相重合，即复瞬心线是 AD 线上的一段。

为了求作构件 1、3 各自的动瞬心线，这里我们分析两个机构位置时的情况即可。设

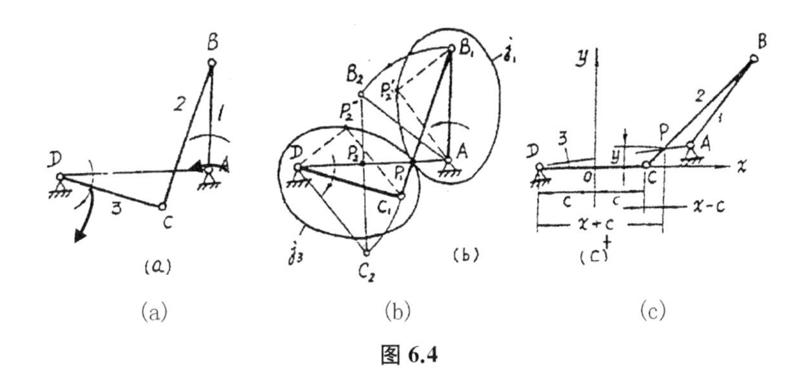

(a)　(b)　(c)

图 6.4

定机构的参考位置为 AB_1C_1D，则此时瞬心点 P_1 将是两动瞬心线在该参考位置的重合点，即 P_1 既是瞬心线 j_1 上的一点，又是瞬心线 j_2 上的一点。当机构运动到 AB_2C_2D 位置时，瞬心 P_2 相对于构件 1 的位置可以用如下方法求作：将 $\triangle AB_2P_2$ 绕 A 点反转至 B_2 与 B_1 相重合，则 P_2 所到达的 P_2' 即是构件 1 动瞬心线上的一点。P_2 相对于构件 3 的位置 P_2''，则是将 $\triangle DC_2P_2$ 绕 D 点反转到 C_2 与 C_1 相重合时 P_2 点所到达的位置。P_2'、P_2'' 即分别是构件 1、3 动瞬心线 j_1、j_3 上的一个点。

依照相同的方法，可以作出 P_3'、P_3''；P_4'、P_4''；…（图中未示出）。将 P_1、P_2'、P_3'、…和 P_1、P_2''、P_3''、…诸点分别连成光滑曲线即得两动瞬心线 j_1 和 j_3。作图结果，j_1 和 j_3 是两个形状相同的椭圆。

（2）解析法

为了求构件 3 上的动瞬心线坐标方程，在构件 3 上设定动坐标系 xOy，O 点取在 DC 的中点，参看图(c)。

由已知条件 $AB=CD$，$AD=BC$，不难证明 $\triangle ABP \cong \triangle DCP$，得 $PC=PA$。于是有 $DP+PC=DP+PA=DA$（常数），可知 P 点相对于 AB 杆的轨迹必为一椭圆，即动瞬心线 j_3 为一椭圆，其方程推导如下。

设 $AD=BC=2a$，$AB=CD=2c$，P 点坐标为(x, y)，则

$$DP+PC=\sqrt{(x+c)^2+y^2}+\sqrt{(x-c)^2+y^2}=AD=2a$$

整理得 $\dfrac{x^2}{a^2}+\dfrac{y^2}{a^2-c^2}=1$

令 $a^2-c^2=b^2$，有

$$\frac{x^2}{a^2}+\frac{y^2}{b^2}=1$$

这是标准椭圆方程，A、B 为椭圆之焦点，其长半轴为机架 AD 长度之一半，即等于 a，短半轴长度为 $b=\sqrt{a^2-c^2}$。

同理，构件 1 上的动瞬心线 j_1 经推导也是一个椭圆，且其参数与前者完全相同。

由此例可以看到，反平行四边形机构中，当 AB 杆等速转动时所得到的从动件 DC 的变速运动规律，与这两个椭圆轮作纯滚动时的瞬心线机构完全相同。即低副机构可以用运动规律完全相同的瞬心线机构来替代，反之亦然。

2 瞬心线机构设计

瞬心线机构设计的基本问题是，确定两构件上的瞬心线形状或其数学方程式，使之满足从动件的预定运动规律。瞬心线机构除了作为摩擦传动直接应用外，更重要的它是共轭齿廓传动中的基础机构。例如设计非圆齿轮机构时，首先要设计它的瞬心线，然后再根据瞬心线来设计其共轭齿廓。

2.1 瞬心线机构的基本运动关系

图 6.5 所示为以瞬心线 j_1、j_2 为廓线的瞬心线机构，设它们分别以角速度 ω_1、ω_2 绕 O_1、O_2 点回转。根据瞬心线的性质以及三心定理，它必有如下三个基本的运动关系。

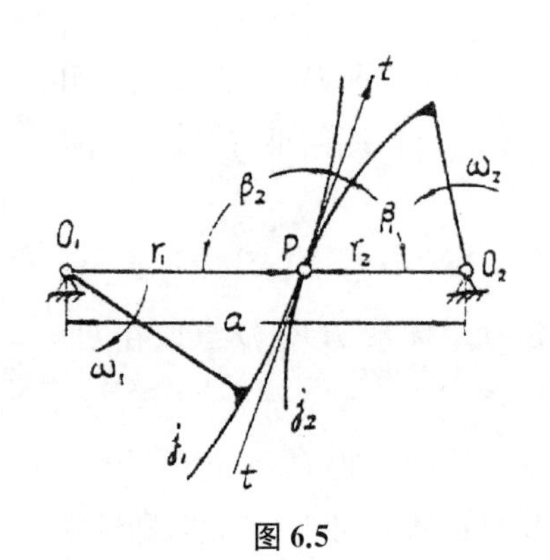

图 6.5

(1) 两瞬心线 j_1、j_2 的接触点必在连心线 O_1O_2 上

瞬心线机构中，两瞬心线的接触点即为两构件的相对瞬心。根据三心定理，两构件的相对瞬心必在此两构件转动中心的连线上。

设 $O_1P=r_1$，$O_2P=r_2$，$O_1O_2=a$，则必有如下关系式

$$r_1+r_2=a \tag{6.1}$$

$$\frac{\omega_1}{\omega_2}=\frac{r_2}{r_1} \tag{6.2}$$

(2) 两瞬心线转过的曲线长度必相等

根据瞬心线的性质，瞬心线互作纯滚动，故两曲线走过的曲线长度 ΔS_1、ΔS_2 必相等，在 $\Delta t \to 0$ 的瞬间，必有其微分 $dS_1=dS_2$。若设某瞬间的两件转角微量分别为 $d\theta_1$、$d\theta_2$，则必有

$$r_1d\theta_1=r_2d\theta_2 \tag{6.3}$$

(3) 两瞬心线在接触点的斜率必相等

由图 6.5 知，瞬心线的接触点是两构件动瞬心线 j_1、j_2 的切点，故 j_1 和 j_2 在 P 点必有一公切线 tt，于是 j_1 和 j_2 在接触点 P 必有相同的斜率。

这第(3)个关系实际上可由上面(1)、(2)两个关系推导而得，并非独立，证明如下。

若规定瞬心线极角 θ 的度量方向与转动方向相反，其数值与构件转角相等，在此基础上又规定切线 tt 的正向取与瞬心线极角 θ 的增加方向一致，例如图 6.5 所示那样。按这一规定，接触点的向径 $\vec{r_1}$ 和 $\vec{r_2}$ 与 $\vec{tt}$ 正向所夹的角度 β_1 及 β_2 标注在图 6.5 中。现只需证明 $\mathrm{tg}\beta_1=-\mathrm{tg}\beta_2$ 就说明了接触点的斜率相等。

$$\left.\begin{aligned}\mathrm{tg}\beta_1=\frac{ds_1}{dr_1}=\frac{r_1 d\theta_1}{dr_1}\\ \mathrm{tg}\beta_2=\frac{ds_2}{dr_2}=\frac{r_2 d\theta_2}{dr_2}\end{aligned}\right\}\tag{6.4}$$

由式(6.1)写出在图示瞬间和下一瞬间的关系式

$$r_1+r_2=a$$

$$(r_1+dr_1)+(r_2+dr_2)=a$$

将此两式相减得

$$dr_1+dr_2=0\quad 或 \quad dr_1=-dr_2\tag{6.5}$$

将式(6.5)和(6.3)代入(6.4)即得

$$\mathrm{tg}\beta_1=-\mathrm{tg}\beta_2\tag{6.6}$$

因此，第(3)个运动关系可通过(1)、(2)两个关系推证出，显然并非独立。

式(6.6)也可用如下角度关系表示

$$\beta_1+\beta_2=\pi\tag{6.7}$$

式(6.1)、(6.3)和(6.7)就是外接触瞬心线机构的三个基本运动关系式。对于内接触瞬心线机构，其基本运动关系式可写为

$$\left.\begin{aligned}r_2-r_1=a\\ r_1 d\theta_1=r_2 d\theta_2\\ \beta_1=\beta_2\end{aligned}\right\}\tag{6.8}$$

2.2　瞬心线机构的图解设计

首先讨论两构件均为转动的瞬心线机构图解设计问题。

设给定机构的中心距为 a，两构件的角速度 $\omega_1(t)$、$\omega_2(t)$ 要求如图 6.6(a)所示，周期 T 对应于主、从动构件转动角度的时间。试用图解法绘制两构件的动瞬心线 j_1 和 j_2。

图解可按如下方法步骤进行。

(1) 由已知的 $\omega_1(t)$、$\omega_2(t)$ 线图，用线图积分法绘制出两构件的角位移线图 $\varphi_1(t)$、

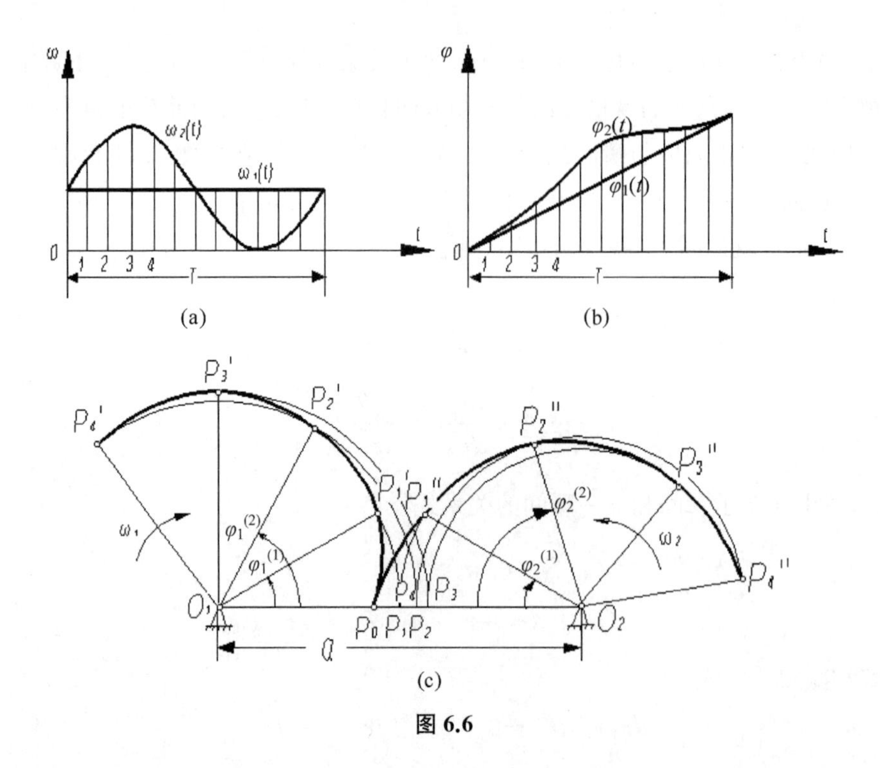

图 6.6

$\varphi_2(t)$，其中因 ω_1 为常数，故 $\varphi_1(t)$ 为斜直线，见图(b)。

(2) 用取定的长度比例尺 μ_l 在图(c)中确定两构件回转中心 O_1、O_2 的位置。

(3) 计算与图(a)中横坐标点 0、1、2、…相对应的向径 r_1 和 r_2。计算公式由式(6.1)、(6.2)导出得

$$r_1=\frac{\omega_2}{\omega_1+\omega_2}a \qquad r_2=a-r_1$$

(4) 在图(c)中按上面计算的 r_1、r_2 作出复瞬心线上的各点 P_0、P_1、…。

(5) 以图(b)中的 $\varphi_1(t)$、$\varphi_2(t)$ 曲线，计算与横坐标点 1、2、…相对应的转角 $\varphi_1^{(1)}$、$\varphi_1^{(2)}$、… 和 $\varphi_2^{(1)}$、$\varphi_2^{(2)}$、…。

(6) 由复瞬心线上的 P_1、P_2、…诸点沿与构件角速度相反的方向分别绕 O_1 和 O_2 转过上述对应的转角，可得到点 P_1'、P_2'、…和 PP_1''、P_2''、…，将它们连成光滑曲线 j_1 和 j_2，则 j_1、j_2 即为要设计的动瞬心线。

图上只绘出：0～4 的五个点，其余各点可用相同方法作出。

下面再讨论两构件之一为转动，另一构件为移动的瞬心线机构图解设计问题(图 6.7)。

设转动构件 1 以等角速度 ω 绕 O_1 轴回转，构件 2 沿已知距 O_1 水平距离为 a 的垂直方向导路 xx_1 以图 6.7(a)所示的速度线图作往复直线运动，T 代表主动件转动一个周期(对应转角为 360°)的时间。试用图解法设计瞬心线 j_1 和 j_2。

图解方法步骤如下。

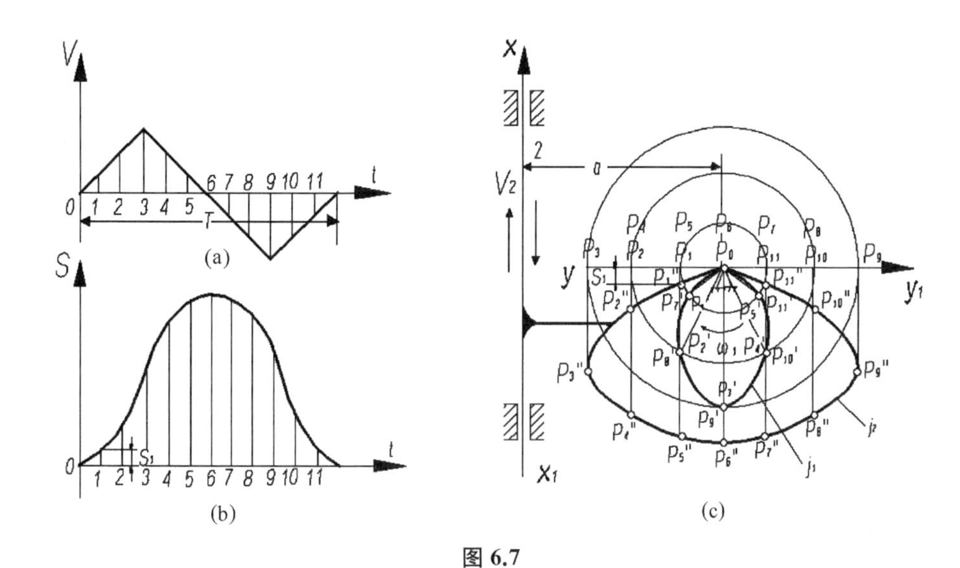

图 6.7

（1）由已知的线图 $V(t)$ 用图解积分法绘出从动件的位移线图 $S(t)$，如图(b)。

（2）求作复瞬心线上各点 P_0、P_1、P_2、…的位置。按瞬心概念，$O_1P=V/\omega_1$，且 P 点必在通过 O_1 点又垂直于 xx_1 的水平线 yy_1 上。根据计算得的 O_1P 值即可得到复瞬心线上的 P_0、P_1、P_2、…诸点。量取时注意，当 $V>0$ 时 P 点从 O_1 向左量取，当 $V<0$ 时则向右量取。图(c)中 yy_1 线上的 $P_3 \sim P_9$ 一段即为复瞬心线。

（3）在图(c)中作转动构件的动瞬心线 j_1。因构件 1 作等角速转动，所以与线图 $V(t)$ 和 $S(t)$ 横坐标上等分点 0、1、2、…、11 相对应的构件 1 之转角间隔也是相等的。由 O_1y 为起始线，绕 O_1 点沿 ω_1 的反方向作出各间隔角为 30°的射线。以 O_1 为圆心，以 $\overline{O_1P_1}$、$\overline{O_1P_2}$、…、$\overline{O_1P_5}$ 为半径作圆弧与对应射线相交于 P_1'、P_2'、…、P_5' 诸点，P_0'、P_6' 与 O_1 点重合，将 P_0'、P_1'、…、P_6' 连成光滑曲线，即得从动件上升时的主动件瞬心线 j_1，此时主动件仅转了半周，即 $\varphi_1=\pi$。主动件的后半周是对应于从动件下降的过程，瞬心线作法相同，但因 V 为负值，$\overline{O_1P_i'}$ $(i=7、8、\cdots、11)$，在 O_1 点反侧(即右侧)量取。由于升、降行程从动件运动规律的对称性，结果所得瞬心线形状与升程也相对称。

（4）在图(c)中作移动构件上的动瞬心线 j_2。因构件 2 作移动，故 j_2 各点用如下方法求作：由 P_1 点沿 V 相反方向取 $\overline{P_1P_1''}=S_1$ 得 P_1'' 点，P_1'' 即为 j_2 上的第 1 个点。同理 $\overline{P_2P_2''}=S_2$ 得 P_2'' 点，依次可作出 P_1''、P_2''、P_3''、…、P_{11}''、P_0'' 诸点，将它们连成光滑曲线即得从动件的动瞬心线 j_2。

2.3　瞬心线机构的解析设计

（1）两构件均为转动的瞬心线方程

设已知两转动构件的回转中心距为 a，要求实现的传动比函数为 $i_{12}=f(\varphi_1)$，φ_1 为主动构件 1 的转角，下面推导两构件上动瞬心线 j_1、j_2 的极坐标方程。

按传动比函数 $$i_{12}=\frac{\omega_1}{\omega_2}=\frac{r_2}{r_1}=f(\varphi_1)$$

下文中，将 i_{12} 简记作 i。又中心距为

$$a=r_2\pm r_1$$

联立解出

$$\left.\begin{aligned}r_1&=\frac{a}{i\pm1}=\frac{a}{f(\varphi_1)\pm1}\\ \theta_1&=-\varphi_1\end{aligned}\right\}\tag{6.9}$$

式(6.9)即为构件 1 上动瞬心线的极坐标参数方程式。式中的“±”号，上面符号用于外接触，下面符号用于内接触。

构件 2 的瞬心线极坐标参数方程为

$$\left.\begin{aligned}r_2&=a\mp r_1=\frac{ai}{i+1}\\ \theta_2&=-\varphi_2\end{aligned}\right\}\tag{6.10}$$

式中的 φ_2 由已知传动比函数积分而得

$$i_{12}=\frac{\omega_1}{\omega_2}=\frac{d\varphi_1/dt}{d\varphi_2/dt}=\frac{d\varphi_1}{d\varphi_2}$$

$$\varphi_2=\int_0^{\varphi_1}\frac{d\varphi_1}{i}=\int_0^{\varphi_1}\frac{d\varphi_1}{f(\varphi_1)}\tag{6.11}$$

式(6.9)、(6.10)中的 $\theta_1=-\varphi_1$ 和 $\theta_2=-\varphi_2$ 表示极角 θ_1、θ_2 的度量方向均与构件转动的方向相反。

应用上述的瞬心线方程，也可在已知中心距及一条瞬心线的情况下求解另一条瞬心线。

例一 已知瞬心线机构的中心距 $a=80$ mm，主动构件以等角速度 $\omega_1=10$ rad/s 回转，从动构件等加-等减速规律运动，其角加速度线图如图 6.8 所示，当 $\varphi_1=0$ 时 $\omega_2=\omega_1$。试用解析法求解两瞬心线。

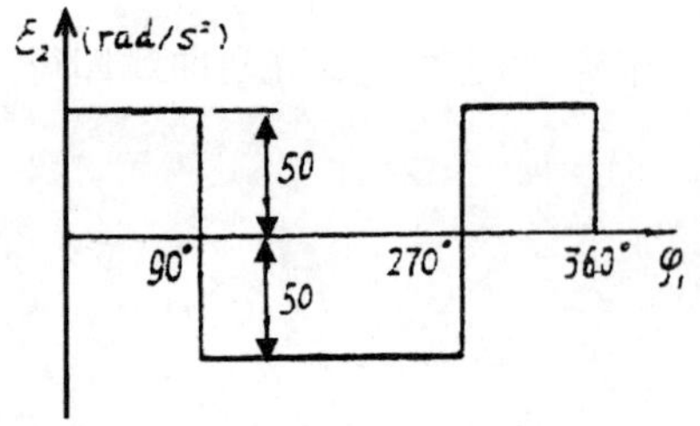

图 6.8

解：首先由已知从动件加速度规律求出各 φ_1 区段的从动件速度方程式 $\omega_2=f(\varphi_1)$。由加速度方程积分，并考虑到初始条件，写出以下各方程。

在 $\varphi_1=0\sim\pi/2$ 区段

$$\varepsilon_2=d\omega_2/dt\text{，又 }dt=d\varphi_1/\omega_1$$

代入得

$$\frac{d\omega_2}{d\varphi_1}=\frac{\omega_2}{\omega_1}\text{，取积分}\int_0^{\omega_2} d\omega_2=\int_0^{\varphi_1}\frac{\varepsilon_2}{\omega_1}d\varphi_1$$

$\omega_2=\frac{\varepsilon_2}{\omega_1}\varphi_1+C$，由给定初始条件：$\varphi_1=0$ 时，$\omega_1=\omega_2$，得积分常数 $C=\omega_1$，故有

$$\omega_2=\omega_1+\frac{\varepsilon_2}{\omega_1}\varphi_1$$

或

$$\omega_2=10+5\varphi_1 \tag{a}$$

在 $\varphi_1=\pi/2\sim 3\pi/2$ 区段，同样方法解出

$$\omega_2=\omega_2^{\left(\frac{\pi}{2}\right)}-\frac{\varepsilon_2}{\omega_1}\left(\varphi_1-\frac{\pi}{2}\right)$$

式中 $\omega^{\left(\frac{\pi}{2}\right)}$ 为当 $\varphi_1=\frac{\pi}{2}$ 时的 ω_2，由式(a)可得

$$\omega^{\left(\frac{\pi}{2}\right)}=10+5\left(\frac{\pi}{2}\right)$$

代入

$$\omega_2=(10+5\pi)-5\varphi_1 \tag{b}$$

在 $\varphi_1=3\pi/2\sim 2\pi$ 区段

$$\omega_2=\omega_2^{\left(\frac{3}{2}\pi\right)}+\frac{\varepsilon_2}{\omega_1}\left(\varphi_1-\frac{3}{2}\pi\right)$$

由式(b)解出当 $\varphi_1=\frac{3\pi}{2}$ 时的 $\omega_2^{\left(\frac{3\pi}{2}\right)}$ 代入上式得

$$\omega_2=(10-5\pi)-5\varphi_1 \tag{c}$$

由式(a)、(b)、(c)可写出三个区间的传动比函数

$$\left.\begin{aligned}
i&=\frac{\omega_1}{\omega_2}=\frac{10}{10+5\varphi_1} & \left(0<\varphi_1\leqslant\frac{\pi}{2}\right)\\
i&=\frac{10}{10+5\pi-5\varphi_1} & \left(\frac{\pi}{2}<\varphi_1\leqslant\frac{3}{2}\pi\right)\\
i&=\frac{10}{10-5\pi-5\varphi_1} & \left(\frac{3}{2}\pi<\varphi_1\leqslant 2\pi\right)
\end{aligned}\right\} \tag{d}$$

于是按式(6.9)～(6.11)写出如下瞬心线方程式(取外接触方式)

$$\left.\begin{aligned} r_1 &= \frac{a}{i+1} = \frac{80}{f(\varphi_1)+1} \\ \theta_1 &= -\varphi_1 \end{aligned}\right\} \tag{e}$$

$$\left.\begin{aligned} r_2 &= \frac{ai}{i+1} = \frac{80f(\varphi_1)}{f(\varphi_1)+1} \\ \theta_2 &= -\int_0^{\varphi_1} \frac{d\varphi_1}{f(\varphi_1)} \end{aligned}\right\} \tag{f}$$

式中 $f(\varphi_1)=i$，函数式见(d)式。

按式(e)、(f)可在计算机上进行数值计算，设定一系列的 φ_1，计算得相应的瞬心线极坐标 $j_1(r_1, \theta_1)$ 和 $j_2(r_2, \theta_2)$。如果需要还可以将它们转换成直角坐标系 $j_1(x_1, y_1)$ 和 $j_2(x_2, y_2)$。

例二 设已知瞬心线机构中心距为 a，一条瞬心线 j_1 上的起始半径为 r_{01}，其上任一点的切线与该点向径 r_1 间的夹角 β_1 为常数(参看图 6.5)，$\mathrm{tg}\beta_1=\frac{1}{m}$。试导出两条瞬心线 j_1、j_2 的极坐标方程。

解： 先求 j_1 的极坐标方程。由式(6.4)得

$$\mathrm{tg}\beta_1 = \frac{r_1 d\theta_1}{dr_1} = \frac{1}{m} \tag{a}$$

于是取积分有 $\int_{r_{01}}^{r_1} \frac{dr_1}{r_1} = \int_0^{\theta_1} m d\theta_1$，积分后得 $\ln\frac{r_1}{r_{01}} = m\theta_1$

则得

$$r_1 = r_{01} e^{m\theta_1} \tag{b}$$

再求 j_2 的极坐标方程，由式(6.1)和(6.3)

$$r_2 = a - r_1 = a - r_{01} e^{m\theta_1} \tag{c}$$

$r_1 d\theta_1 = r_2 d\theta_2$，且由式(a) $r_1 d\theta_1 = dr_1/m$，故

$$\theta_2 = \int_0^{\theta_1} \frac{r_1 d\theta_1}{r_2} = \int_{r_{01}}^{r_1} \frac{dr_1}{m(a-r_1)} = \frac{1}{m}\ln\frac{a-r_{01}}{a-r_1} \tag{d}$$

式(c)、(d)就是瞬心线 j_2 的极坐标参数方程，当给定 θ_1 即可求出 r_2、θ_2。

若令 $a-r_{01}=r_{02}$，则

$$\theta_2 = \frac{1}{m}\ln(r_{02}/r_2) \tag{e}$$

或 $r_2 = r_{02} e^{-m\theta_2}$

方程(b)、(e)说明，j_1 和 j_2 均为对数螺旋线。

(2) 一构件为转动，另一构件为移动的瞬心线方程

图 6.9 中，构件 1 以角速度 ω 转动，通过瞬心线 j_1 和 j_2 的纯滚动，使构件 2 以速度 V 作直线移动。针对此类机构，其传动比函数为

$$i=\frac{V}{\omega}=\frac{ds}{d\varphi}=f(\varphi)$$

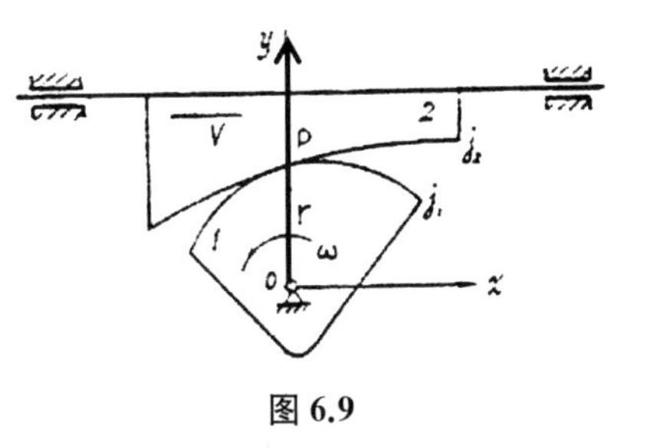

图 6.9

式中，φ 为构件 1 的转角，s 为构件 2 的位移。

根据三心定理，构件 1、2 的相对瞬心 P 应在过 O 点且垂直于 V 方向的 Oy 坐标轴线上。瞬心点处必有

$$V=\overline{OP}\cdot\omega=r\omega \tag{6.12}$$

故瞬心线 j_1 的极坐标方程为

$$\left.\begin{aligned}r&=\frac{V}{\omega}=f(\varphi)\\ \theta&=-\varphi\end{aligned}\right\} \tag{6.13}$$

因构件 2 作直线移动，故瞬心线 j_2 用直角坐标表示较适宜。将式(6.12)两端同乘以 dt，且因 $V=ds/dt$ 和 $\omega=d\varphi/dt$，得

$$ds=rd\varphi=dx$$

对上式积分，可得 j_2 的直角坐标方程

$$\left.\begin{aligned}x&=\int_0^{\varphi_1}rd\varphi\\ y&=r\end{aligned}\right\} \tag{6.14}$$

例三　要求瞬心线机构中的转动构件 1 与移动构件 2 之间实现如下位移方程：$S=R\varphi+K\sin\varphi$，式中 R、K 为常数，逆时针方向转动，构件 2 向左移动。试写出两构件的瞬心线方程式。

解　首先写出传动比函数

$$\psi(\varphi)=\frac{V}{\omega}=\frac{ds}{d\varphi}=R+K\cos\varphi$$

于是瞬心线 j_1 的极坐标参数方程由式(6.13)写出

$$\left.\begin{aligned}r&=R+K\cos\varphi\\ \theta&=-\varphi\end{aligned}\right\} \tag{a}$$

再由式(6.14)写出构件 2 瞬心线 j_2 的直角坐标方程

$$\left.\begin{aligned} x &= \int_0^{\varphi} r d\varphi = \int_0^{\varphi} (R + K\cos\varphi) d\varphi = R\varphi + K\sin\varphi \\ y &= r = R + K\cos\varphi \end{aligned}\right\} \tag{b}$$

2.4 瞬心线机构的几个问题讨论

为了所设计的瞬心线具有平滑的外形，或者满足瞬心线外凸的要求，或者为能实现连续运动而希望整圈曲线连续且封闭等，则在设计时还应注意某些条件，现分述于下。

(1) 传动函数的性质

传动函数一般是根据机构的传动要求确定的，但它又直接影响到瞬心线的光滑性和形状的凹凸，在选择传动比函数时应予以注意。

为了使瞬心线具有平滑的外形，其上每一点的切线斜率应呈连续变化，传动比函数 $i(\varphi_1)$ 对变量 φ_1 在其定义域内应是连续可导的，证明如下。

由式(6.4)知

$$\mathrm{tg}\,\beta_1 = \frac{r_1 d\theta_1}{dr_1} = \frac{r_1}{dr_1/d\theta_1}$$

将式(6.9)的关系代入上式可得

$$\mathrm{tg}\,\beta_1 = \frac{a}{i+1} \Big/ \frac{a \cdot di/d\varphi_1}{(i+1)^2} = \frac{i+1}{di/d\varphi_1} \tag{6.15}$$

由式(6.6)写出

$$\mathrm{tg}\,\beta_2 = -\,\mathrm{tg}\,\beta_1 = -\frac{i+1}{di/d\varphi_1} \tag{6.16}$$

由式(6.15)、(6.16)可知，只有当 $di/d\varphi_1$ 连续可导时，β_1、β_2 才是连续变化的，瞬心线才能具有平滑的外形。

另外，一般要求当主动构件单向连续回转时，从动件也应该是单向连续回转的。因此角位移函数 $\varphi_2 = f(\varphi_1)$ 应是单调递增函数。

传动比函数还影响着瞬心线形状的凹或凸。在某些情况下，要求瞬心线必须外凸时，则对传动比函数又有特殊的要求。例如一些以非圆瞬心线为基础的齿轮，当用滚刀加工时就有这样的要求。下面分析瞬心线外凸时传动比函数应具有的性质。

瞬心线的曲率半径

$$\rho = \frac{\left[r^2 + (dr/d\varphi)^2\right]^{\frac{3}{2}}}{r^2 + 2\left(\dfrac{dr}{d\varphi}\right)^2 - r\dfrac{d^2 r}{d\varphi^2}}$$

对于主动轮

$$r_1 = \frac{a}{1+i}$$

$$\frac{dr_1}{d\varphi_1} = -\frac{a}{(1+i)^2} \cdot \frac{di}{d\varphi_1}$$

$$\frac{d^2 r}{d\varphi_1^2} = -a\,\frac{(1+i)\,\dfrac{d^2 i}{d\varphi_1^2} - 2\left(\dfrac{di}{d\varphi_1}\right)^2}{(1+i)^3}$$

$$\rho_1 = a\,\frac{\left[(1+i)^2 + \left(\dfrac{di}{d\varphi_1}\right)^2\right]^{\frac{3}{2}}}{(1+i)^3\left(1+i+\dfrac{d^2 i}{d\varphi_1^2}\right)} \tag{6.17}$$

对于从动轮

$$r_2 = \frac{ai}{1+i}$$

$$\frac{dr_2}{d\varphi_2} = ai\,\frac{di/d\varphi_1}{(1+i)^2}$$

$$\frac{d^2 r_2}{d\varphi_2^2} = ai\,\frac{(1+i)\left[\left(\dfrac{di}{d\varphi_1}\right)^2 + i\,\dfrac{d^2 i}{d\varphi_1^2}\right] - 2i\left(\dfrac{di}{d\varphi_1^2}\right)^2}{(1+i)^3}$$

$$\rho_2 = \frac{i\left[(1+i)^2 + \left(\dfrac{di}{d\varphi_1}\right)^2\right]^{\frac{3}{2}}}{(1+i)^3\left[1+i+\left(\dfrac{di}{d\varphi_1}\right)^2 - i\,\dfrac{d^2 i}{d\varphi_1^2}\right]} \tag{6.18}$$

由式(6.17)、(6.18)可知，两式的分子总为正，欲使主动瞬心线外凸，条件为

$$1+i+\frac{d^2 i}{d\varphi_1^2} \geqslant 0 \tag{6.19}$$

欲使从动轮瞬心线外凸，其条件是

$$1+i+\left(\frac{di}{d\varphi_1}\right)^2 - i\,\frac{d^2 i}{d\varphi_1^2} \geqslant 0 \tag{6.20}$$

(2) 瞬心线的封闭条件

在连续回转的瞬心线机构中，两条瞬心线的一整周(2π 角)均应为向径变化周期角的

整数倍,否则在一圈的始末处瞬心线不能光滑衔接,无法连续运动。

设实现预定传动比 i 完整变化一次的时间为 T(即传动比周期),主动构件转一圈的时间为 T_1,则主动构件瞬心线封闭的条件是

$$\frac{T_1}{T}=K_1$$

K_1是正整数。同理,若从动轮转一圈时间为 T_2,则它的封闭条件是

$$\frac{T_2}{T}=K_2$$

K_2也是正整数。因此,一对瞬心线均为封闭的条件是

$$\frac{T_1}{K_1}=\frac{T_2}{K_2}=T \tag{6.21}$$

下面进一步讨论,当主动瞬心线已成为封闭时,应满足什么条件才能使从动瞬心线也成为封闭。设主动瞬心线在一周内有 K_1条重复曲线(即实现 K_1个传动比周期变化),则每一个周期它的转角 $\varphi_1=2\pi/K_1$。此时从动瞬心线转过的角度应满足 $\varphi_2=2\pi/K_2$。据式(6.11)有

$$\varphi_2=\int_0^{\varphi_1}\frac{d\varphi_1}{i(\varphi_1)}=\int_0^{\varphi_1}\frac{r_1}{a-r_1}d\varphi_1 \tag{6.22}$$

以 $\varphi_2=2\pi/K_2$ 和 $\varphi_1=2\pi/K_1$ 代入得

$$\frac{2\pi}{K_2}=\int_0^{\frac{2\pi}{K_1}}\frac{d\varphi_1}{i(\varphi_1)}=\int_0^{\frac{2\pi}{K_1}}\frac{r_1(\varphi_1)}{a-r_1(\varphi_1)}d\varphi_1 \tag{6.23}$$

当已知传动比函数 $i(\varphi_1)$和 K_1时,可由上式计算 K_2,若 K_2为正整数,则满足连续传动条件。也可以反过来利用式(6.23),令 K_2为某一正整数,求出所必需的中心距 a。

例题 瞬心线机构中,已知主动构件的瞬心线为一椭圆,其长半轴 $a_0=60$ mm,离心率 $e=0.5$,并绕其焦点之一作定轴转动。要求主动件回转一周对应从动件回转 1/4 周。试确定中心距 a 和计算从动瞬心线的坐标。

解: 由题目所给条件,写出构件 1 的瞬心线 j_1 之椭圆方程式

$$r_1=\frac{p_0}{1-e\cos\varphi_1} \tag{a}$$

式中,$p_0=a_0(1-e^2)$。为满足瞬心线封闭条件式(6.23),且已知 $K_1=1$,则有

$$\frac{2\pi}{K_2}=\int_0^{2\pi}\frac{r_1}{a-r_1}d\varphi_1=\frac{2\pi p_0}{\sqrt{(a-p_0)^2-a^2e^2}}$$

由上式解出中心距

$$a = a_0[1+\sqrt{K_2^2 - e^2(K_2^2 - 1)}] \tag{b}$$

将式(a)、(b)代入式(6.22)和 $r_2 = a - r_1$，可写出瞬心线 j_2 的方程

$$\left.\begin{aligned} r_2 &= a - \frac{p_0}{1 - e\cos\varphi_1} \\ \varphi_2 &= \int_0^{\varphi_1} \frac{p_0/(1 - e\cos\varphi_1)}{a - p_0/(1 - e\cos\varphi_1)} d\varphi_1 \end{aligned}\right\} \tag{c}$$

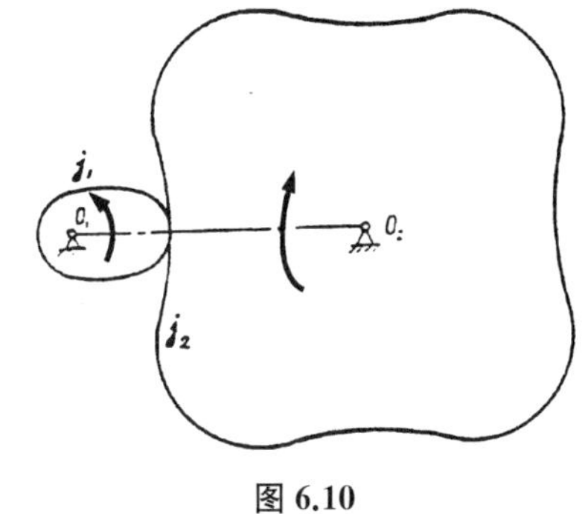

图 6.10

可见，r_2和 φ_2 均为 φ_1 的函数，以 φ_1 的一系列数值代入(c)式计算即可得 j_2 各点之极坐标。由计算结果画出的瞬心线机构图形如图 6.10。

3　共轭曲线

3.1　共轭曲线概念

前面所述的瞬心线机构，从理论上讲可以产生任意要求的运动规律，但实际上由于某些瞬心线的形状可能自身交叉，或曲线延伸至无穷远而无法实现；另一方面，瞬心线机构要依靠摩擦力传动，当传递扭矩较大时，必须施加以很大的正压力以产生足够的摩擦力，这就使轴和轴承都受到很大载荷，并且难免仍有产生相对滑动的可能，不能精确地实现预期的运动规律。鉴于上述原因，瞬心线机构在实际应用中受到较大的限制，而更多的则是采用以瞬心线机构为基础的共轭曲线机构。广泛应用的齿轮机构就是最典型的共轭曲线机构之一。

共轭曲线的实质是互为包络的两曲线，故首先讨论一下包络曲线的形成。在图 6.11 中，j_1 和 j_2 分别为构件 1、2 上的瞬心线，其中 j_2 为定瞬心线。当 j_1 在 j_2 上作纯滚动时，固结在 j_1 上的曲线 K_1将依次占据 K_1'、K_1''、… 等一系列的位置，作 K_1一系列位置的包络线 K_2，则在数学上称曲线 K_2为 K_1的包络线，曲线 K_1为被包络线。根据相对运动原理，若设定 j_1 固定不动或为定瞬心线，当 j_2 在 j_1 上作纯滚动时，与 j_2 固结在一起的 K_2曲线也有一系列的相对运动位置，它们的包络线一定就是 K_1曲线。因此，曲线 K_1、K_2是互为包络的曲线。

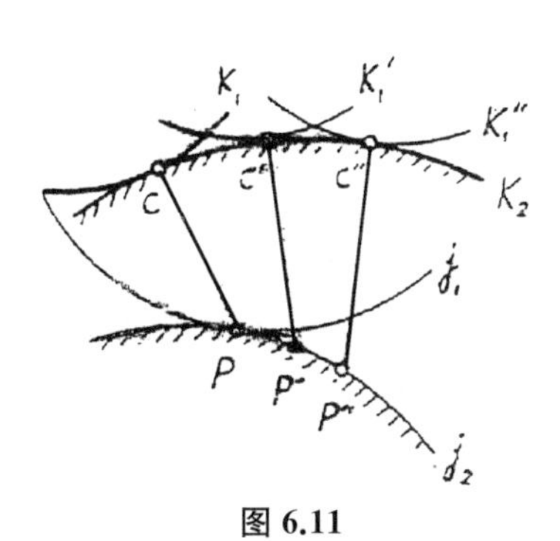

图 6.11

由上述包络线的形成可知，当构件 1、2 的瞬心线作纯滚动时，互为包络的两曲线 K_1、K_2任意瞬时必相切，也即 K_1、K_2可以作为高副机构中的运动副元素时刻保持接触。因此在机构学中，将互为包络的曲线称为共轭曲线，共轭

曲线的一系列接触点 C、C'、C''、…称为共轭点。显然,共轭曲线的接触点一般不在瞬心线上,故共轭曲线在接触点处的相对速度不为零,即存在有相对滑动。

在渐开线圆柱齿轮传动中,两个齿轮的节圆是它们的瞬心线,互作纯滚动,而两轮渐开线形状的齿廓曲线即为共轭曲线,它们之间的相对运动是滚滑兼有的。两条渐开线间有互为包络的关系,这种包络关系正是用范成法切削齿形的基本原理所在。

3.2 共轭曲线的性质

图 6.12 中,设 K_1、K_2为一对共轭曲线,j_1、j_2 为与之对应的瞬心线。当构件 1 以角速度 ω_1 绕 O_1点转动时,通过共轭曲线推动构件 2 以角速度 ω_2 绕 O_2轴转动。下面讨论共轭曲线的几个基本性质。

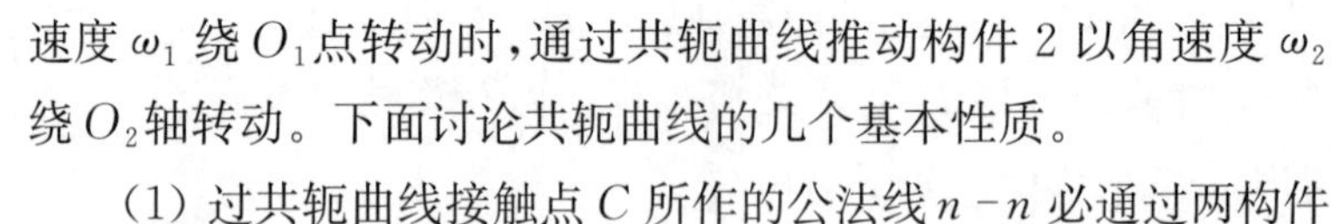

(1) 过共轭曲线接触点 C 所作的公法线 $n-n$ 必通过两构件的相对瞬心 P。

这一性质是很显然的,这是因为构成高副的两构件之相对瞬心必在通过接触点 C 的法线 $n-n$ 上,又由三心定理知相对瞬心必在连心线 O_1O_2上,故 $n-n$ 必通过 P 点。

(2) 共轭曲线在接触点的相对滑动速度 $V_r=\omega_r l$。

由瞬心线性质知,构件 1、2 在图 6.12 所示位置的相对运动是绕 P 点的纯滚动。设 ω_{12}为构件 1 相对于构件 2 的相对转动角速度,即令 $\omega_r=\omega_{12}$,则共轭曲线在接触点 C 处的相对滑动速度为

图 6.12

$$V_r=V_{12}=\omega_{12}l \tag{6.24}$$

式中,$l=\overline{PC}$,即瞬心点到共轭点之间的距离。

(3) 共轭曲线在接触点的公法线将连心线分成的两线段与构件的角速度成反比,即

$$\overline{O_2P}:\overline{O_1P}=\omega_1:\omega_2。$$

这一性质就是机械原理课程中所述的齿廓啮合基本定律。

4 共轭曲线机构设计

由上述共轭曲线的概念及其性质可知,凡高副机构中一对相互接触且存在相对滑动的曲线都是共轭曲线。因此构成高副的两曲线只有两种情况:或是相对作纯滚动的瞬心线,或是兼有滚滑的共轭曲线。由共轭曲线组成的高副机构称为共轭曲线机构。共轭曲线机构设计的基本问题是确定共轭曲线的形状和尺寸。

下面分别介绍共轭曲线机构设计的图解方法和解析方法。

4.1　共轭曲线机构设计的图解法

由共轭曲线概念知，共轭曲线实质是一对互为包络的曲线，因此共轭曲线机构的设计通常是在给定运动规律要求和已知共轭曲线之一的情况下，按包络原理求解与之共轭的另一曲线。

根据已知运动规律用作图求解共轭曲线时可以直接用反转法进行，正像在机械原理课程中所讲述的凸轮廓线设计方法那样(凸轮机构也是一种共轭机构)。但在一些其他形式的共轭曲线机构设计问题中，常常是先由运动要求设计出瞬心线，然后再在此基础上来设计共轭曲线，象非圆齿轮机构设计就属于这一类。下面分别介绍直接包络法、法线包络法、啮合线法三种图解方法。

(1) 直接包络法

设已知共轭曲线机构的两相对瞬心线 j_1、j_2，并已知构件 1 的共轭曲线 K_1，求作与之共轭的构件 2 上的共轭曲线 K_2。

图 6.13 中，已知 j_1、j_2 和 K_1，求作 K_2。虽然 j_1、j_2 都是动瞬心线，但用相对运动概念可将 j_2 看作固定，只要使 j_1 在 j_2 上作纯滚动，则 1、2 两构件间的相对运动不变。为求作 K_2，可以令 K_1 曲线与 j_1 固结，j_1 在 j_2 上作纯滚动，作出一系列的 j_1'、j_1''、……和相对应的 K_1'、K_1''、……，然后作曲线族 K_1、K_1'、K_1''、…… 的包络线，即得所求的共轭曲线 K_2。

这种方法的作图步骤较繁，并不易作精确，故较少应用。

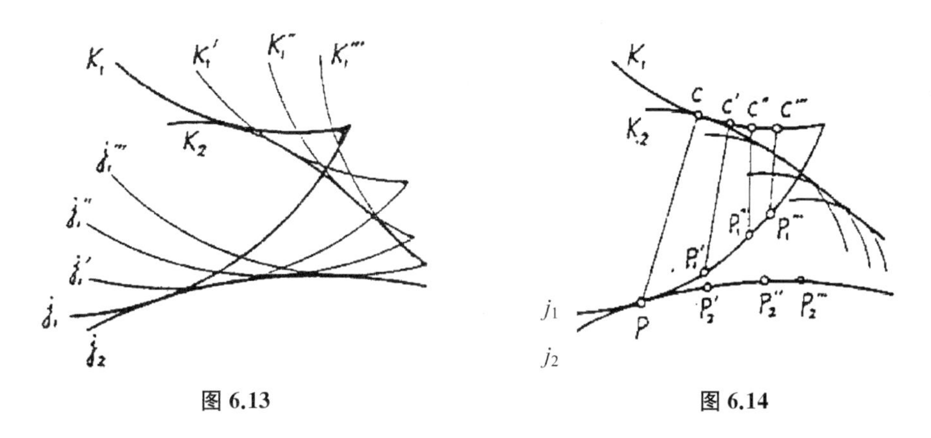

图 6.13　　图 6.14

(2) 法线包络法

由共轭曲线性质知，过共轭点 C 所作的法线必通过瞬心。根据这一性质可以用如下的法线包络法来求作共轭曲线。

在图 6.14 中，设已知 j_1、j_2、K_1，求作 K_2。首先在曲线 K_1 上确定有一定间隔的点列 C、C'、C''、…，并通过这些点作曲线 K_1 在该点的法线，交瞬心线 j_1 于相应的点列 P、P_1'、P_1''、…。然后在瞬心线 j_2 上取 P_2'、P_2''、…等点，使 $\widehat{PP_1'}=\widehat{PP_2'}$，$\widehat{P_2'P_2''}=\widehat{P_1'P_1''}$，……。

再分别以 P、P_2'、P_2''、… 等点为圆心，以 $\overline{PC}$、$\overline{P_1'C'}$、$\overline{P_1''C''}$、… 为半径作圆弧。最后作这些圆弧的包络线即为所求的 K_2 曲线。

(3) 啮合线法

在已知一对瞬心线和一条齿廓曲线的条件下，也可以借助于啮合线来求另一共轭曲线，此种方法称之啮合线法。所谓啮合线是指共轭曲线一系列接触点在固定平面上的轨迹。下面以齿轮机构为例来说明这一方法。

在图 6.15 中，设 j_1、j_2 两瞬心线是分别以 O_1、O_2 为圆心的圆，即一般所称的节圆。今已知 j_1、j_2 和 K_1，求作 K_2。

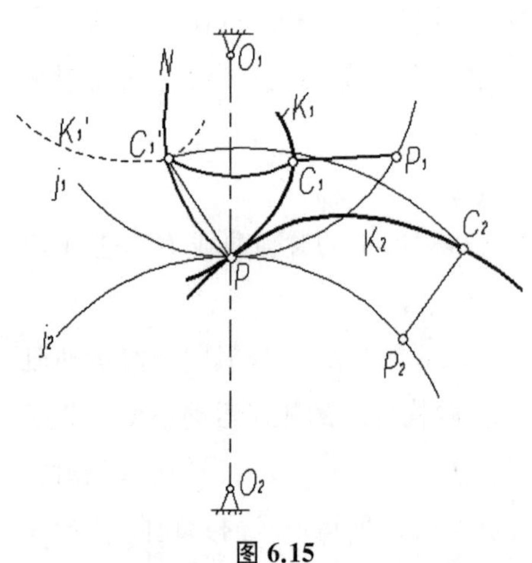

图 6.15

设在 K_1 曲线上任取一点 C_1，过该点作 K_1 的法线交 j_1 于 P_1。设想将齿轮 1 顺时针转到 P_1 与 P 点相重合的位置，K_1 曲线到达 K_1'位置。C_1'点的位置可用如下方法作出：以 O_1 为圆心和为 $\overline{O_1C_1}$ 为半径画圆弧，以 P 为圆心和 $\overline{P_1C_1}$ 为半径画圆弧，此两圆弧之交点即为 C_1'。根据共轭曲线接触点的法线必通过瞬心的性质，可知 C_1'即为 C_1 参与啮合时的接触点位置，是啮合线上的一点。将这一作图方法重复用于 K_1 曲线上的一系列点，即可作出齿轮传动的啮合线 N(图中未示出)。

下面来求作与 C_1 相啮合时 K_2 曲线上的对应点 C_2。按瞬心线纯滚动的关系，取 $\widehat{PP_2}=\widehat{PP_1}$，则 C_2 点可这样作出：以 O_2为圆心和 $\overline{O_2C_1'}$ 为半径画圆弧，再以 P_2为圆心和 $\overline{PC_1'}$ 为半径画圆弧，此两圆弧之交点即为共轭曲线 K_2 上与 C_1 相对应的一点 C_2。其作图原理是显而易见的，设想当 P_1、P_2转到与 P 点重合时，C_1、C_2 将重合于 C_1'，它必是啮合线上的一点。

最后以啮合线 N 上的一系列点重复上述的作图，可作出一系列 K_2 曲线上的点，于是 K_2 即可作得。

4.2 共轭曲线机构设计的解析法

解析方法的设计思路是与图解方法一致的，不同的仅是用数学方程式来表达。下面也分两种情况来分别讨论：一种是按包络原理来建立方程，另一种是按啮合线法(也称齿廓法线法)来建立方程。

(1) 包络原理法

这种方法是基于共轭曲线互为包络的原理，由已知被包络线(如图 6.14 中的 K_1)及其相对运动时的曲线族(如图 6.14 中的 K_1、K_1'、K_1''、……)方程来建立包络线方程式。根据给出被包络线方程的形式不同，包络线方程的建立方法也不一样，下面分 A、B、C 三种情况分别加以讨论。

A. 被包络曲线方程为隐函数形式

设已知被包络曲线 K_1 以隐函数 $F_1(x,\ y)=0$ 的形式给出，则曲线族 K_1、K'_1、K''_1、……(图 6.16)的方程也相应写作隐函数形式

$$F(x,\ y,\ \alpha)=0 \tag{6.25}$$

式中 α 是与 K_1 曲线族中每一根曲线位置有关的参变量，x、y 为 K_1 曲线上任一点在固结于 K_2 的直角坐标系中的坐标值。由于 K_1 上某点的坐标还随曲线族的位置而变化，因此式中的 $x=x(\alpha)$，$y=y(\alpha)$。

由图 6.16 可知，包络曲线 K_2 乃是曲线族 K_1、K'_1、K''_1、……与之相切的一系列切点之集合，因此包络线上的点 C、C'、C''不仅应满足曲线族方程(6.25)，而且应同时满足相切的条件。

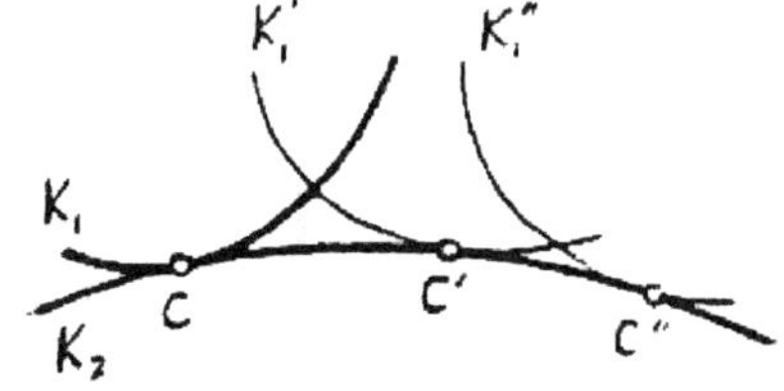

图 6.16

按曲线族的隐函数方程写出任一点切线之斜率式为

$$\kappa=-\frac{\partial F/\partial x}{\partial F/\partial y}$$

而包络线 K_2 上各点的斜率为

$$\kappa'=dy/dx$$

由于曲线族与包络线 K_2 在 C、C'、C''、… 各点相切，故其斜率应该相等，即 $\kappa=\kappa'$，于是有

$$\frac{\partial F}{\partial x}dx+\frac{\partial F}{\partial y}dy=0 \tag{6.26}$$

取式(6.25)的全微分有

$$\frac{\partial F}{\partial x}dx+\frac{\partial F}{\partial y}dy+\frac{\partial F}{\partial \alpha}d\alpha=0 \tag{6.27}$$

比较式(6.26)和(6.27)，并注意到 $d\alpha$ 是非一定为零的任意数，可得 $\partial F/\partial\alpha=0$，即

$$\frac{\partial}{\partial \alpha}F(x,\ y,\ \alpha)=0$$

上式就是包络线 K_2 与曲线族相切的条件，于是包络线应满足方程组

$$\left.\begin{aligned}&F(x,\ y,\ \alpha)=0\\&\frac{\partial}{\partial \alpha}F(x,\ y,\ \alpha)=0\end{aligned}\right\} \tag{6.28}$$

在上面方程组中消去参变量 α 即可得包络线方程

$$F_2(x, y)=0$$

或由方程(6.28)中解出 x、y 可得到包络线参数方程

$$x=x(\alpha), \ y=y(\alpha)$$

例一 图 6.17 所示的摆线滚子从动件盘形凸轮机构中，已知凸轮理论廓线的坐标方程为 $x=x(\varphi)$，$y=y(\varphi)$，式中 φ 为凸轮转角，从 x 轴起沿 ω 的反方向度量，滚子半径 r 已知，求凸轮工作廓线的坐标方程。

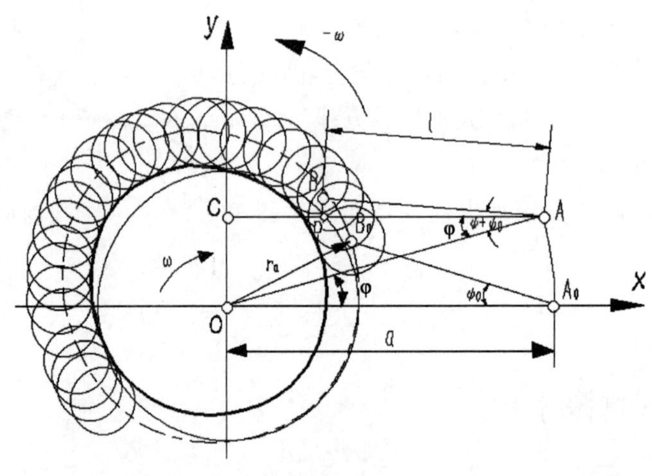

图 6.17

解 设工作廓线上各点之坐标为(x_1, y_1)。工作廓线是圆心在理论廓线上的一族滚子圆的包络线，它应满足方程组(6.28)，其中滚子圆曲线族的方程可写作

$$F(x_1, y_1, \varphi)=(x_1-x)^2+(y_1-y)^2-r^2=0 \tag{a}$$

式中的 $x=x(\varphi)$，$y=y(\varphi)$，凸轮转角 φ 就是式(6.25)中的参变量 α。再对式(a)写出其偏微分式

$$\frac{\partial F}{\partial \varphi}=-2(x_1-x)\frac{dx}{d\varphi}-2(y_1-y)\frac{dy}{d\varphi}=0 \tag{b}$$

联立(a)、(b)可解得

$$\left.\begin{aligned} x_1&=x+r\frac{dy/d\varphi}{\sqrt{(dx/d\varphi)^2+(dy/d\varphi)^2}} \\ y_1&=y+r\frac{dx/d\varphi}{\sqrt{(dx/d\varphi)^2+(dy/d\varphi)^2}} \end{aligned}\right\} \tag{c}$$

这就是凸轮工作廓线的直角坐标参数方程式。

式中的 x、y 方程式在文献[16]中已推导出：

$$\left.\begin{aligned} x &= a\cos\varphi - l\cos(\psi + \psi_0 - \varphi) \\ y &= a\sin\varphi + l\sin(\psi + \psi_0 - \varphi) \end{aligned}\right\} \tag{d}$$

$$\psi_0 = \arccos\frac{a^2 + l^2 - r_a^2}{2al} \tag{e}$$

$$\left.\begin{aligned} \frac{dx}{d\varphi} &= l\sin(\psi + \psi_0 - \varphi)\left(\frac{d\psi}{d\varphi} - 1\right) - a\sin\varphi \\ \frac{dy}{d\varphi} &= l\cos(\psi + \psi_0 - \varphi)\left(\frac{d\psi}{d\varphi} - 1\right) + a\cos\varphi \end{aligned}\right\} \tag{f}$$

式(f)中的 ψ、$d\psi/d\varphi$ 由给定的从动件运动规律求得。

由式(d)、(f)按逐点给定的 φ 计算 x、y、$dx/d\varphi$、$dy/d\varphi$，再代入式(c)即可求得凸轮工作廓线(即滚子包络线)各点的坐标(x_1, y_1)。

B. 被包络曲线为参数方程形式

设已知被包络曲线 K_1 有如下的参数方程形式

$$x = x(t),\ y = y(t)$$

则其曲线族方程也写成参数方程形式，有

$$x = x(t, \alpha),\ y = y(t, \alpha) \tag{6.29}$$

此处 α 也是对应于曲线族中每一根曲线的位置参数。方程(6.29)中的 t 和 α 是互不相关的独立参变量。

对于包络线 K_2 来说，K_2 上各点必在曲线族上，故式(6.29)适合于 K_2 的方程，然而曲线族中的每一根曲线只有一个切点落在 K_2 上，这个切点对于每一个确定的 α(即某一特定位置的 K_1 曲线)来说只是一个特定的点，在该点 K_1 和 K_2 具有相等的斜率。

被包络曲线族各点的斜率按式(6.29)写出有

$$\kappa = \frac{dy}{dx} = \frac{\partial y/\partial t}{\partial x/\partial t}$$

而包络线 K_2 上的各点都对应着一定的 α，而该点(x, y)又被包络曲线 K_1 的参数方程决定于参数 t，因此对于曲线族与包络线 K_2 的这些切点来说 α 与 t 又有一定的对应关系，即有 $t = t(\alpha)$ 的关系，因此 K_2 上各点之斜率可写出为

$$\kappa' = \frac{dy}{dx} = \frac{dy/d\alpha}{dx/d\alpha} = \frac{\dfrac{\partial y}{\partial t}\cdot\dfrac{dt}{d\alpha} + \dfrac{\partial y}{\partial \alpha}}{\dfrac{\partial x}{\partial t}\cdot\dfrac{dt}{d\alpha} + \dfrac{\partial x}{\partial \alpha}}$$

据 $\kappa=\kappa'$，得

$$\frac{\partial y}{\partial t}\cdot\frac{\partial x}{\partial \alpha}=\frac{\partial y}{\partial \alpha}\cdot\frac{\partial x}{\partial t}$$

于是包络线 K_2 应满足如下方程组

$$\left.\begin{aligned}&x=x(t)\\&y=y(t)\\&\frac{\partial y}{\partial t}\cdot\frac{\partial x}{\partial \alpha}=\frac{\partial y}{\partial \alpha}\cdot\frac{\partial x}{\partial t}\end{aligned}\right\}\tag{6.30}$$

从上面方程组中的第三式可解出 $t=t(\alpha)$，再代入前二个方程式即可解得包络线 K_2 的坐标(x, y)。

例二 求加工矩形花键齿廓 ab 侧所用插齿刀的齿廓方程。已知花键轴及插齿刀的瞬心圆半径为 $r_1=67\,\text{mm}$ 和 $r_2=33.5\,\text{mm}$，花键的顶圆和根圆半径为 $r_e=36\,\text{mm}$ 和 $r_i=31\,\text{mm}$，键宽 $B=12\,\text{mm}$。

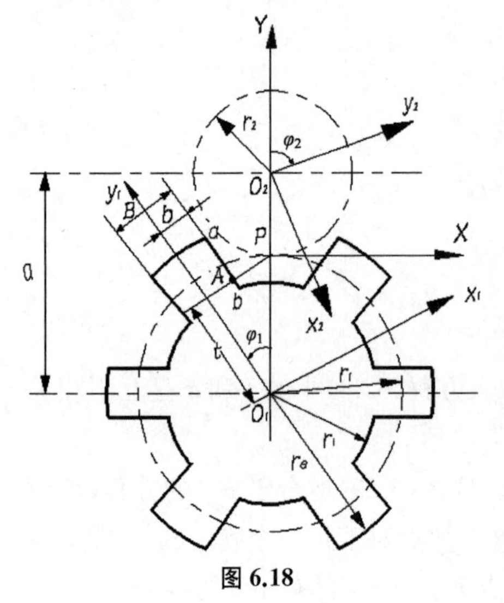

图 6.18

解 在图 6.18 中建立三个坐标系：原点为节点的固定坐标系 XY；固结于花键轴的动坐标系 $x_1O_1y_1$，图示位置 y_1 的转角为 φ_1；固结于插齿刀的动坐标系 $x_2O_2y_2$，y_2 轴的对应转角为 φ_2。

花键齿 ab 侧直线在 $x_1O_1y_1$ 坐标系中的参数方程可写为

$$x_1=b$$

$$y_1=t \quad r_i\leqslant t\leqslant r_e$$

该直线在插齿刀坐标系 $x_2O_2y_2$ 中的坐标可用坐标变换式写出

$$\begin{bmatrix}x_2\\y_2\\1\end{bmatrix}=\begin{bmatrix}\cos(\varphi_1+\varphi_2) & -\sin(\varphi_1+\varphi_2) & a\sin\varphi_2\\ \sin(\varphi_1+\varphi_2) & \cos(\varphi_1+\varphi_2) & -a\cos\varphi_2\\ 0 & 0 & 1\end{bmatrix}\begin{bmatrix}b\\t\\1\end{bmatrix}\tag{a}$$

或

$$\left.\begin{aligned}x_2&=b\cos(\varphi_1+\varphi_2)-t\sin(\varphi_1+\varphi_2)+a\sin\varphi_2\\y_2&=b\sin(\varphi_1+\varphi_2)+t\cos(\varphi_1+\varphi_2)-a\cos\varphi_2\end{aligned}\right\}\tag{b}$$

上式表示了花键齿廓的直线 ab 相对于插齿刀坐标系一系列位置的参数方程，实际上就是被包络曲线族（这里是直线族）的参数方程，将式(b)与式(6.29)作比较，位置参数 α 在此

处对应于花键的转角 φ_1。或(b)中的 $a=r_1+r_2$，$\varphi_2=r_1\varphi_1/r_2$。

根据式(6.30)，刀具齿廓(即包络线)除应满足(b)式外，还应满足

$$\frac{\partial y_2}{\partial t}\cdot\frac{\partial x}{\partial\varphi_1}=\frac{\partial y_2}{\partial\varphi_1}\cdot\frac{\partial x_2}{\partial t} \tag{c}$$

因有

$$\frac{\partial y_2}{\partial t}=\cos(\varphi_1+\varphi_2)$$

$$\frac{\partial x_2}{\partial\varphi_1}=-b\sin(\varphi_1+\varphi_2)\left(1+\frac{r_1}{r_2}\right)-t\cos(\varphi_1+\varphi_2)\left(1+\frac{r_1}{r_2}\right)+a\cos\varphi_2\frac{r_1}{r_2}$$

$$\frac{\partial y_2}{\partial\varphi_1}=b\cos(\varphi_1+\varphi_2)\left(1+\frac{r_1}{r_2}\right)-t\sin(\varphi_1+\varphi_2)\left(1+\frac{r_1}{r_2}\right)+a\sin\varphi_2\frac{r_1}{r_2}$$

$$\frac{\partial x_2}{\partial t}=-\sin(\varphi_1+\varphi_2)$$

代入式(c)并令 $r_1/r_2=i_{21}$，经整理可得 $t=t(\varphi_1)$ 的关系如下

$$t=\frac{ai_{21}}{1+i_{21}}\cos\varphi_1=r_1\cos\varphi_1 \tag{d}$$

此关系式表示，当花键轴在转角为 φ_1 时，刀具齿廓与花键齿廓(直线 ab)共轭点的位置参数 t 之值。若将(d)带入(b)即得刀具上的包络线方程：

$$\left.\begin{aligned}x_2&=b\cos(\varphi_1+\varphi_2)-r_1\cos\varphi_1\sin(\varphi_1+\varphi_2)+a\sin\varphi_2\\y_2&=b\sin(\varphi_1+\varphi_2)+r_1\cos\varphi_1\cos(\varphi_1+\varphi_2)-a\cos\varphi_2\end{aligned}\right\} \tag{e}$$

若将(x_2，y_2)进行坐标变换至固定坐标系 XY，则即可得啮合线方程

$$\begin{bmatrix}X\\Y\\1\end{bmatrix}=\begin{bmatrix}\cos\varphi_2 & \sin\varphi_2 & 0\\-\sin\varphi_2 & \cos\varphi_2 & r_2\\0 & 0 & 1\end{bmatrix}\begin{bmatrix}x_2\\y_2\\1\end{bmatrix}$$

或

$$\left.\begin{aligned}X&=x_2\cos\varphi_2+y_2\sin\varphi_2\\Y&=-x_2\sin\varphi_2+y_2\cos\varphi_2+r_2\end{aligned}\right\} \tag{f}$$

将式(e)代入(f)简化后可得

$$\left.\begin{aligned}X&=(b-r_1\sin\varphi_1)\cos\varphi_1\\Y&=(b-r_1\sin\varphi_1)\sin\varphi_1\end{aligned}\right\} \tag{g}$$

c. 被包络曲线为显函数形式

设已知被包络曲线为显函数形式 $y=f(x)$，则包络线方程应满足

$$\left.\begin{aligned} &y=f(x,\ a) \\ &\frac{\partial y}{\partial \alpha}f(x,\ \alpha)=0 \end{aligned}\right\} \tag{6.31}$$

在上式中消去 α，即可解出包络线方程

$$y=F(x)$$

(2) 齿廓法线法

这种方法是基于共轭曲线在接触点的公法线必通过两构件在此时的相对瞬心这一重要性质，再通过坐标变换方法由一根已知曲线的方程来导出另一根与之共轭的曲线方程。

下面以常见的传动比恒定的齿轮机构为例来分析和建立共轭曲线方程式的方法。

在图 6.19 中，一对传动比不变的齿轮传动，其瞬心线为两个圆，即齿轮的节圆，其半径分别为 r_1 和 r_2。取坐标系 $x_1O_1y_1$ 和 $x_2O_2y_2$ 分别与齿轮 1、2 相固结，XPY 为固定坐标系，P 为节点。由齿廓啮合基本定律知，当传动比恒定时节点 P 的位置在传动过程中不变。

设在已知曲线 K_1 上任取一点 M_1，过 M_1 作齿廓 K_1 的法线 M_1N_1，交瞬心线 j_1 与 P_1 点。下面来分析当 M_1 成为一对共轭齿廓的接触点(即啮合点)时，齿轮 1 转过的角度 φ_1。

由图 6.19 可知，当 M_1 成为啮合点时，P_1 点应转过 φ_1 角后与 P 点相重合，曲线 K_1 到达 K_1' 位置，M_1 点到达 M_1'。作 $O_1N_1 \perp M_1N_1$，根据直角三角形 $\triangle O_1N_1P_1$ 写出

$$O_1N_1=r_1\cos\left(\frac{\pi}{2}-\gamma-\varphi_1\right)$$

又据 M_1 点坐标 $(x_1,\ y_1)$ 写出

$$O_1N_1=x_1\cos\gamma+y_1\sin\gamma$$

由以上两式得

$$\sin(\gamma+\varphi_1)=\frac{x_1\cos\gamma+y_1\sin\gamma}{r_1} \tag{6.32}$$

式中，x_1、y_1、r_1 均为已知，而 γ 角是 K_1 曲线在 M_1 点的切线与坐标轴 x_1 之间的夹角，可通过计算 M_1 点切线斜率的公式求得，按给定 K_1 曲线的函数表达形式不同，有如下三种计算式：

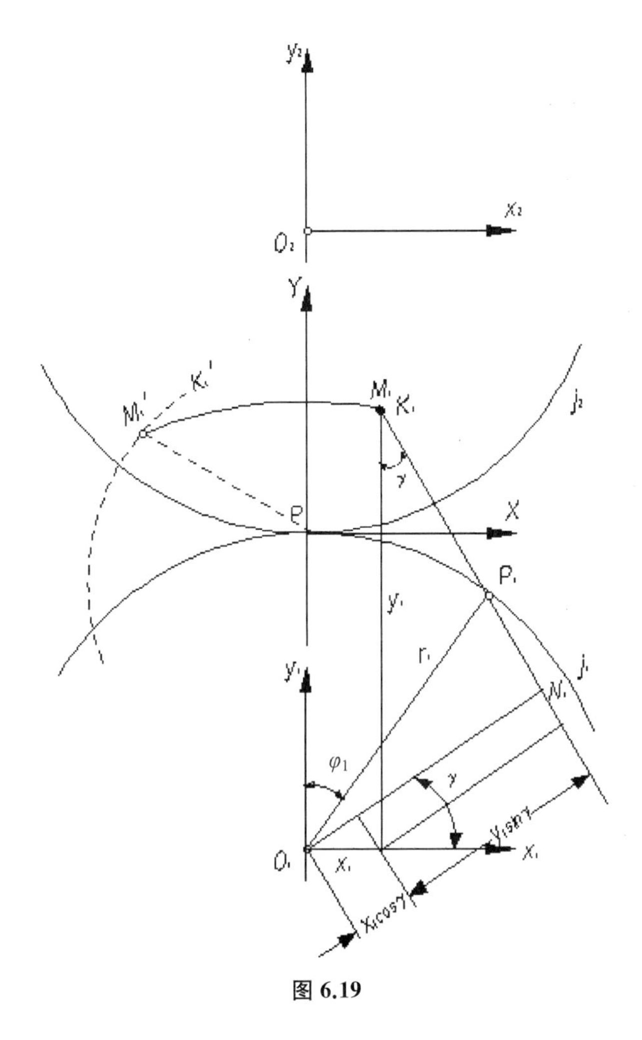

图 6.19

$$\left.\begin{array}{lll} \text{显函数形式} & y_1=f(x_1) & \operatorname{tg}\gamma=dy_1/dx \\ \text{隐函数形式} & f(x_1,\ y_1)=0 & \operatorname{tg}\gamma=\dfrac{\partial f/\partial x_1}{\partial f/\partial y_1} \\ \text{参数方程式} & \left.\begin{array}{l} x_1=x_1(t) \\ y_1=y_1(t) \end{array}\right\} & \operatorname{tg}\gamma=\dfrac{dy_1/dt}{dx_1/dt} \end{array}\right\} \tag{6.33}$$

于是由式(6.32)可解得出齿轮 1 的转角 φ_1。

当齿轮 1 转过 φ_1 角后，M_1 到了 M_1'点，M_1'在固定坐标系 XPY 中的坐标 X、Y 可由坐标变换式求出

$$\begin{bmatrix} X \\ Y \\ 1 \end{bmatrix}=\begin{bmatrix} \cos\varphi_1 & -\sin\varphi_1 & 0 \\ \sin\varphi_1 & \cos\varphi_1 & -r_1 \\ 0 & 0 & 1 \end{bmatrix}\begin{bmatrix} x_1 \\ y_1 \\ 1 \end{bmatrix}$$

或

$$\left.\begin{aligned}X&=x_1\cos\varphi_1-y_1\sin\varphi_1\\Y&=x_1\sin\varphi_1+y_1\cos\varphi_1-r_1\end{aligned}\right\}\tag{6.34}$$

此方程式乃是啮合点在固定平面上的轨迹方程，即啮合线方程。

再将此点变换到齿轮 2 的动坐标系中，即可得齿轮 2 的共轭曲线 K_2 的方程

$$\begin{bmatrix}x_2\\y_2\\1\end{bmatrix}=\begin{bmatrix}\cos\varphi_2 & -\sin\varphi_2 & r_2\sin\varphi_2\\\sin\varphi_2 & \cos\varphi_2 & -r_2\cos\varphi_2\\0 & 0 & 1\end{bmatrix}\begin{bmatrix}X\\Y\\1\end{bmatrix}$$

或

$$\left.\begin{aligned}x_2&=X\cos\varphi_2-Y\sin\varphi_2-r_2\sin\varphi_2\\y_2&=X\sin\varphi_2+Y\cos\varphi_2-r_2\cos\varphi_2\end{aligned}\right\}\tag{6.35}$$

式中 φ_2 为齿轮 2 的转角，可按传动比关系写出

$$\varphi_2=i_{21}\varphi_1$$

若再将式(6.34)代入(6.35)，经整理可得

$$\left.\begin{aligned}x_2&=x_1\cos[(i_{21}+1)\varphi_1]-y_1\sin[(i_{21}+1)\varphi_1]+a\sin(i_{21}\varphi_1)\\y_2&=x_1\sin[(i_{21}+1)\varphi_1]-y_1\cos[(i_{21}+1)\varphi_1]-a\cos(i_{21}\varphi_1)\end{aligned}\right\}\tag{6.36}$$

当已知两齿轮节圆半径 r_1、r_2 和共轭齿廓之一 K_1 的曲线方程，则可设定一系列的 1 齿轮转角 φ_1，依次由式(6.33)、(6.34)、(6.36)计算得共轭曲线 K_2 的坐标值(x_2, y_2)。

下面再来讨论当瞬心线 j_1 为直线的情况，即齿轮齿条的啮合情况。

在图 6.20 中，当 K_1 曲线上任一点 M_1 成为啮合点时，P_1 点应与 P 移动的距离 S 参照图形写出

$$S=x_1+y_1\operatorname{tg}\gamma\tag{6.37}$$

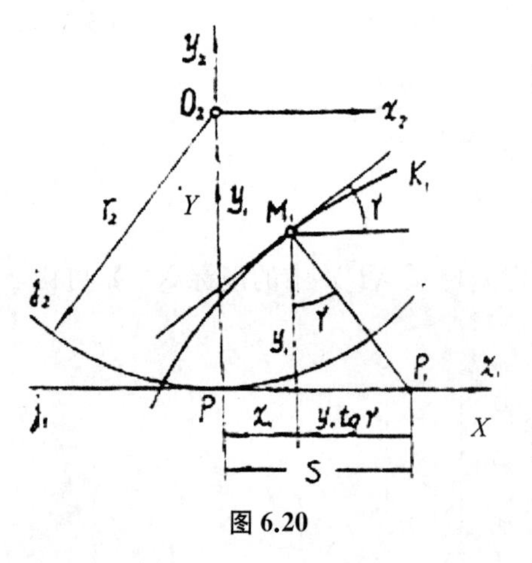

图 6.20

式中的 γ 为曲线 K_1 在 M_1 点切线之斜角，可由式(6.33)求出。当动坐标系 x_1y_1 向左移动 S 时，M_1 点在固定坐标系 XPY 中的坐标为

$$X=x_1-S,\ Y=y_1\tag{6.38}$$

上式就是啮合线方程。

将 X、Y 变换到动坐标系 $x_2O_2y_2$ 中，此时该动坐标系将顺时针转过

$$\varphi_2=S/r_2\tag{6.39}$$

故有

$$\begin{bmatrix} x_2 \\ y_2 \\ 1 \end{bmatrix} = \begin{bmatrix} \cos\varphi_2 & -\sin\varphi_2 & r_2\sin\varphi_2 \\ \sin\varphi_2 & \cos\varphi_2 & -r_2\cos\varphi_2 \\ 0 & 0 & 1 \end{bmatrix} \begin{bmatrix} X \\ Y \\ 1 \end{bmatrix}$$

将(6.38)代入上式可得

$$\left.\begin{aligned} x_2 &= (x_1 - S)\cos\varphi_2 - (y_1 - r_2)\sin\varphi_2 \\ y_2 &= (x_1 - S)\sin\varphi_2 + (y_1 - r_2)\cos\varphi_2 \end{aligned}\right\} \tag{6.40}$$

这就是齿轮 2 的共轭曲线方程式，当已知 r_2 和 K_1 的方程，即可由式(6.33)、(6.37)、(6.39)和(6.40)计算 K_2 曲线的坐标(x_2, y_2)。

例三 用插齿刀加工图 6.21 所示的三角形花键槽直线段 ab，已知花键齿的顶圆和根圆半径为 r_e 和 r_i，齿斜角为 β，花键轴与插齿刀的节圆半径为 r_1 和 r_2，求插齿刀齿廓曲线方程。

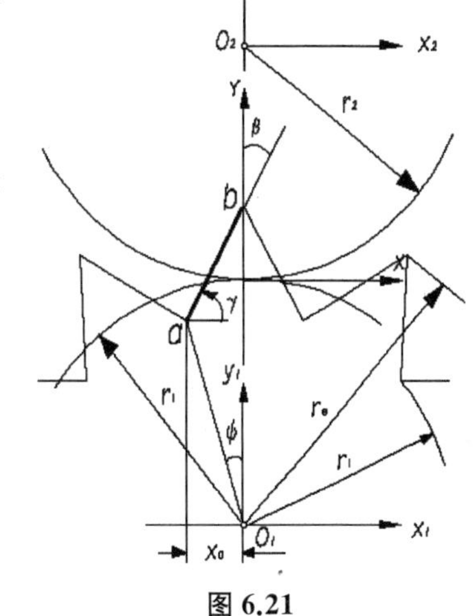

图 6.21

解 首先建立直线 ab 在坐标系 $x_1O_1y_1$ 中的方程式。显然，它可以利用斜截式写成如下的显函数形式

$$y_1 = x_1 \operatorname{ctg}\beta + r_e \tag{a}$$

直线 ab 各点之切线与 x_1 轴的夹角处处相等

$$\gamma = \frac{\pi}{2} - \beta \tag{b}$$

将式(a)、(b)代入(6.32)后整理得

$$\cos(\beta - \varphi_1) = \frac{x_1 + 0.5r_e\sin 2\beta}{r_1\sin\beta}$$

或

$$\varphi_1 = \beta - \arccos\left(\frac{x_1 + 0.5r_e\sin 2\beta}{r_1\sin\beta}\right) \tag{c}$$

由式(6.36)写出

$$\left.\begin{aligned} x_2 &= x_1\cos[(i_{21}+1)\varphi_1] - y_1\sin[(i_{21}+1)\varphi_1] + a\sin(i_{21}\varphi_1) \\ y_2 &= x_1\sin[(i_{21}+1)\varphi_1] + y_1\cos[(i_{21}+1)\varphi_1] - a\sin(i_{21}\varphi_1) \end{aligned}\right\} \tag{d}$$

式中

$$\left.\begin{aligned} i_{21} &= r_1/r_2 \\ a &= r_1 + r_2 \end{aligned}\right\} \tag{e}$$

将(a)、(c)、(e)代入式(d)即得插齿刀的廓线方程

$$x_2=f_1(x_1),\ y_2=f_2(x_1) \tag{f}$$

以 $-x_0\leqslant x_1\leqslant 0$ 区间内的一系列 x_1 值代入(f)即可计算出刀具廓线的坐标,式中 x_0 由下式确定

$$\left.\begin{aligned}&x_0=r_i\sin\psi\\&\psi=\arcsin\left(\frac{r_e}{r_i}\sin\beta\right)-\beta\end{aligned}\right\} \tag{g}$$

例四 已知齿条的齿廓曲线是半径为 R 的半圆,其圆心与节线 j_1 的偏距为 e,齿轮的节圆半径为 r。试求齿轮 2 的共轭齿廓方程。

解 取图示坐标系,曲线 K_1 在 $x_1O_1y_1$ 坐标系中的方程若用参数方程形式建立,则为

$$\left.\begin{aligned}&x_1=R\cos\theta\\&y_1=R\sin\theta-e\end{aligned}\right\} \tag{a}$$

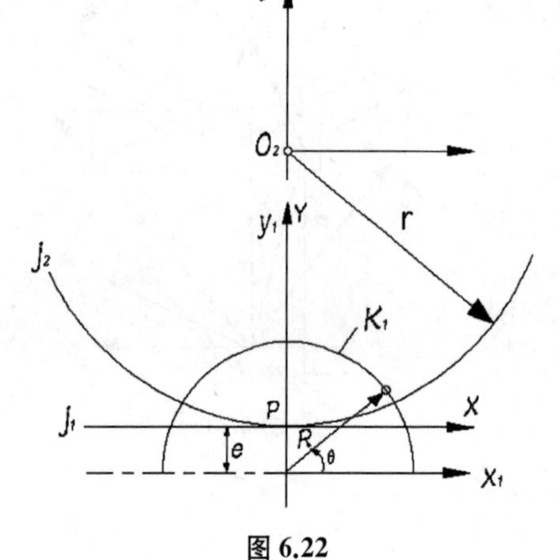

图 6.22

K_1 上各点切线与 x_1 轴的夹角由式(6.33)得

$$\operatorname{tg}\gamma=\frac{dy_1/d\theta}{dx_1/d\theta}=-\operatorname{ctg}\theta \tag{b}$$

将此式代入(6.37)并注意到式(a)得

$$S=x_1-y_1\operatorname{ctg}\theta=e\operatorname{ctg}\theta \tag{c}$$

由式(6.39)

$$\varphi_2=\frac{S}{r}=\frac{e\operatorname{ctg}\theta}{r} \tag{d}$$

于是按式(6.40)可写出齿廓 k_2 的方程式为

$$\left.\begin{aligned}&x_2=(x_1-S)\cos\varphi_2-(y_1-r)\sin\varphi_2\\&y_2=(x_1-S)\sin\varphi_2+(y_1-r)\cos\varphi_2\end{aligned}\right\} \tag{e}$$

计算 x_2、y_2 时,令 θ 在 $0\leqslant\theta\leqslant\pi$ 范围内取一系列数值,由式(a)、(c)、(d)计算出一系列对应的 x_1、y_1、S、φ_2,然后代入式(e)即得解。

第七章

组合机构的分析与综合

1 概述

机械原理课程中所讨论的机构主要有齿轮机构、凸轮机构、连杆机构以及间歇运动机构等。这些机构各自具有独特的运动规律和动力特性，在机构学中常称它们为基本机构。随着生产过程机械化、自动化的发展，要求机器实现的运动规律之多样化，对其动力性能的要求愈来愈高。如仅用单一的基本机构是难以实现这些要求的。因此，实际机械中常把多个基本机构按一定方式组合起来构成一种复合机构，以满足日益发展的多种多样运动，以及更为理想的动力性能要求。把这种复合机构称为组合机构，构造组合机构的各基本机构称为组合机构的子机构。

关于组合机构目前尚没有一个统一的定义和分类方法。一般常以组合机构的子机构名称来分。例如，齿轮—连杆机构，齿轮—凸轮机构，凸轮—连杆机构等。也有按子机构运动的传递路线与方式分成串联式、并联式、反馈式以及迭合式组合机构等。

组合机构的主要功能可归纳为如下方面。

(1) 实现给定的输出函数。

用组合机构实现给定的输出函数其作用与四杆机构相近，但又具有较好的动力性能，并能满足较多的精确位置要求。

(2) 实现预先给定的运动与轨迹。

使某构件在较大范围内顺应设计者意欲实现各种运动要求，包括位置、速度以及加速度等，还可使构件上的特定点精确地实现预期的轨迹曲线。这些关于运动方面的复杂要求，如用单一的基本机构是难以完成的。

(3) 实现运动的间歇与反向。

指在一个工作循环内，输出的运动有停歇或反向，实现这种特殊形式的运动要求是组合机构的最主要功能之一。

(4) 避免冲击。

机器运转需要平稳。对于高速机械，特别是具有停歇、反向的机械尤为重要。刚性冲击或柔性冲击在基本机构中很多时候是不可避免的，但所设计的组合机构能做到既无刚性冲击也无柔性冲击。

(5) 实现大摆角输出。

在基本机构中，摆动构件的输出摆角往往受到限制，但组合机构却能较容易地实现大摆角输出，且又能具有较好的动力性能。

显见，组合机构大大拓宽了基本机构的功能，并在很大程度上改善了其动力性能，所以应用将越来越广泛。据统计，现有的两千多种机构中，组合机构已占到30%。

当然，组合机构的构件数及运动副数较多，结构也较复杂。但是，组合机构的设计与制造在技术上的难度并不与结构上的复杂程度成正比。因为组合机构可以分解为若干个较简单的子机构，其子机构都是常用的基本机构，它们的性能、特点及适用范围都是人们所熟悉的。由此可知，组合机构的设计和制造较之创造一个全新机构的难度要小得多，其可靠性也比全新机构要好。

2 组合机构的结构分析

组合机构的结构分析是指对组合机构中的基本机构组成和联接方式进行分析，从形式复杂的组合机构中分解出各子机构及其相互间的运动传递路线，从而确定组合机构的类型。

2.1 串联式组合机构

将若干个子机构依次联接，即前一机构的输出构件做为后一机构的输入构件，按这种方式组合的机构，称为串联式组合机构。

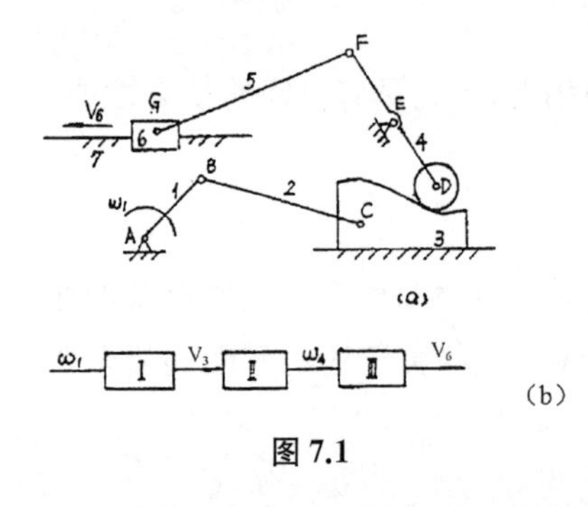

图 7.1

图 7.1(a)所示为冲压机床中所用的组合机构。该机构是以构件 1 为原动件作等速运动。从动件 6 是输出构件，输出预定规律的往复运动。所包含的子机构有：

Ⅰ：1－2－3－7　　曲柄滑块机构。

Ⅱ：3－4－7　　凸轮机构。

Ⅲ：4－5－6－7　　曲柄滑块机构。

串联的次序如图 7.1(b)所示。

图 7.2(a)所示为织布机的开口机构。该机构是以等速转动的构件 1 为原动件，要求执行构件 5 转动 180°后停歇。所包含的子机构有：

Ⅰ：1－2－3－6　　为曲柄滑块机构；

Ⅱ：3－2－4－5－6　　为导杆机构。运动传递关系如图 7.2(b)所示。

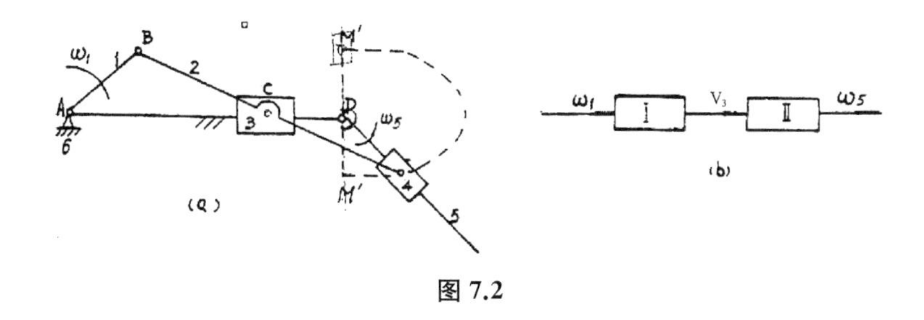

图 7.2

2.2　并联式组合机构

这种机构的组成是取一个或几个单自由度的机构作为附加机构，以一个多自由度机构作为基础机构。将附加机构的输出构件与多自由度的基础机构相连，按这种方式组成的机构称为并联式组合机构。一般将输入运动给予附加机构。

例如图 7.3(a)所示的铁板传递机构中，以单自由度的齿轮机构Ⅰ(图 b)和铰链四杆机构Ⅱ(图 c)为附加机构，接入到双自由度的差动轮系Ⅲ(图 d)的基础机构而组成。两附加机构以共同的构件 1 为输入构件。组合机构自由度 $F=1$。

运动的传递路线见图 7.3(e)。

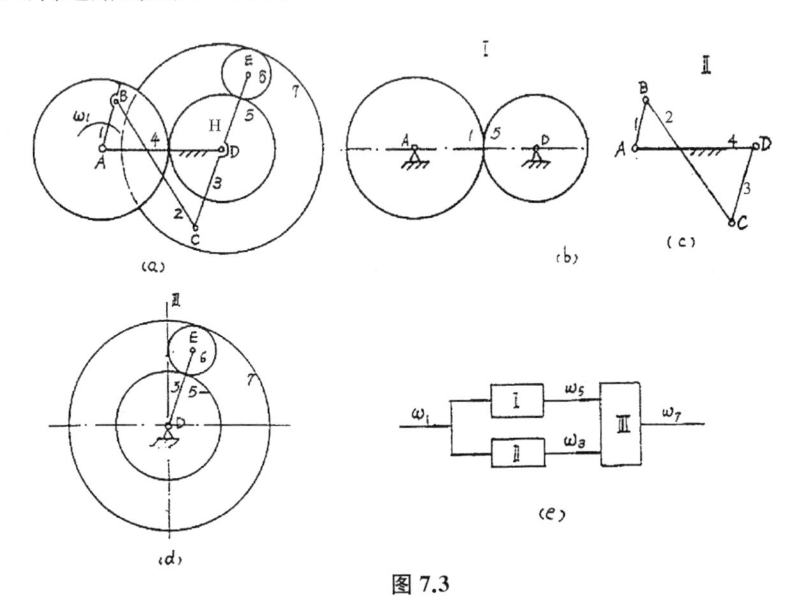

图 7.3

又如图 7.4(a)所示的刻字装置，它是能使 M 点实现给定轨迹“R”的联动凸轮组合机构。该机构是由两个附加机构Ⅰ、Ⅱ和基础机构Ⅲ所组成。该机构的自由度 $F=2$。子机构为：

Ⅰ：6－1－4　　　凸轮机构。

Ⅱ：6－2－3　　　凸轮机构。

Ⅲ：6－3－4－5－7　　矢量和机构。

传递路线见图 7.4(b)。

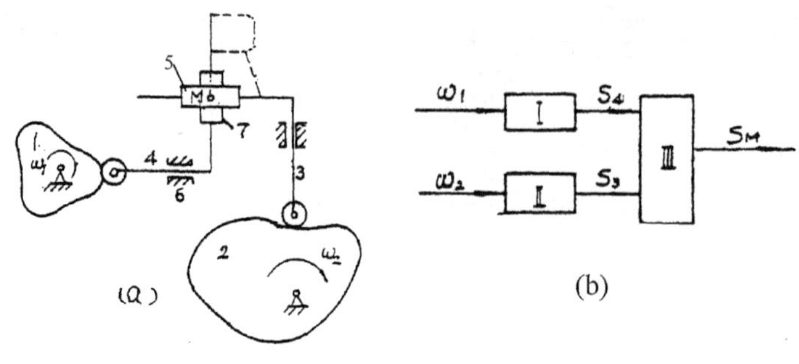

图 7.4

2.3 反馈式组合机构

以一个多自由度机构作为基础机构，通过一个或若干个单自由度的附加机构把基础机构的输出运动又反馈给基础机构的一个输入构件。按这种方式组合的机构，称为反馈式组合机构。

例如图 7.5(a)所示为一种误差校正机构。该机构是由自由度 $F=2$ 的蜗杆蜗轮机构Ⅰ做为基础机构(蜗杆转动并可沿轴向移动，见图 b)，凸轮及其从动件作为附加机构Ⅱ(图 c)所组成。组合机构的输入构件为蜗杆 1，输出构件为蜗轮 2，蜗轮与凸轮固连为同一构件 2，通过推杆 3 使蜗杆作附加的轴向移动，从而使蜗轮产生附加转动以校正蜗轮的输出误差。

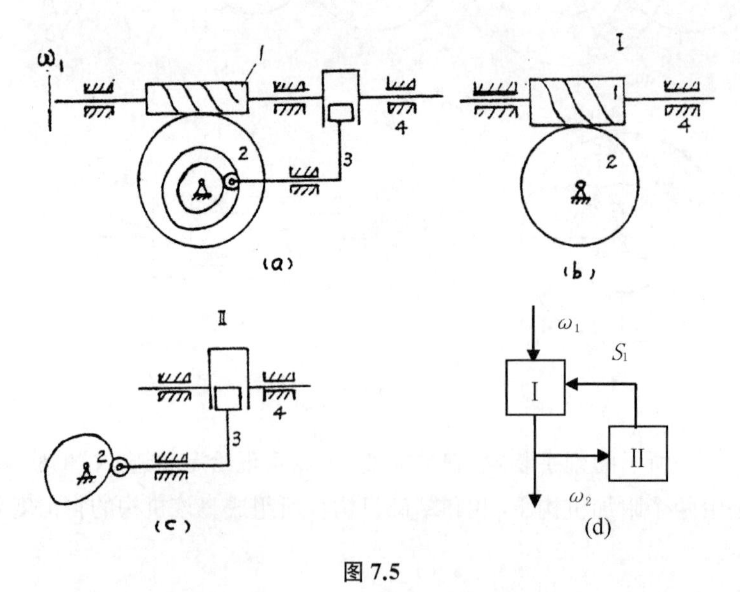

图 7.5

其运动关系如图(d)所示。

又例如图 7.6(a)所示为一个齿轮—连杆组合机构。它实现从动件 3 作往复摆动，工作时近似等速运动，返回时具有急回特性。其中以差动轮系Ⅲ（由齿轮 1、2、$2'$、3、H 组成）为基础机构，以简单齿轮机构（由定轴齿轮 $3'$、4 组成）Ⅰ、导杆机构（由构件 4、5、H 组成）Ⅱ为附加机构。分别见图 7.6(b)、(c)、(d)。运动传递关系见图(e)。

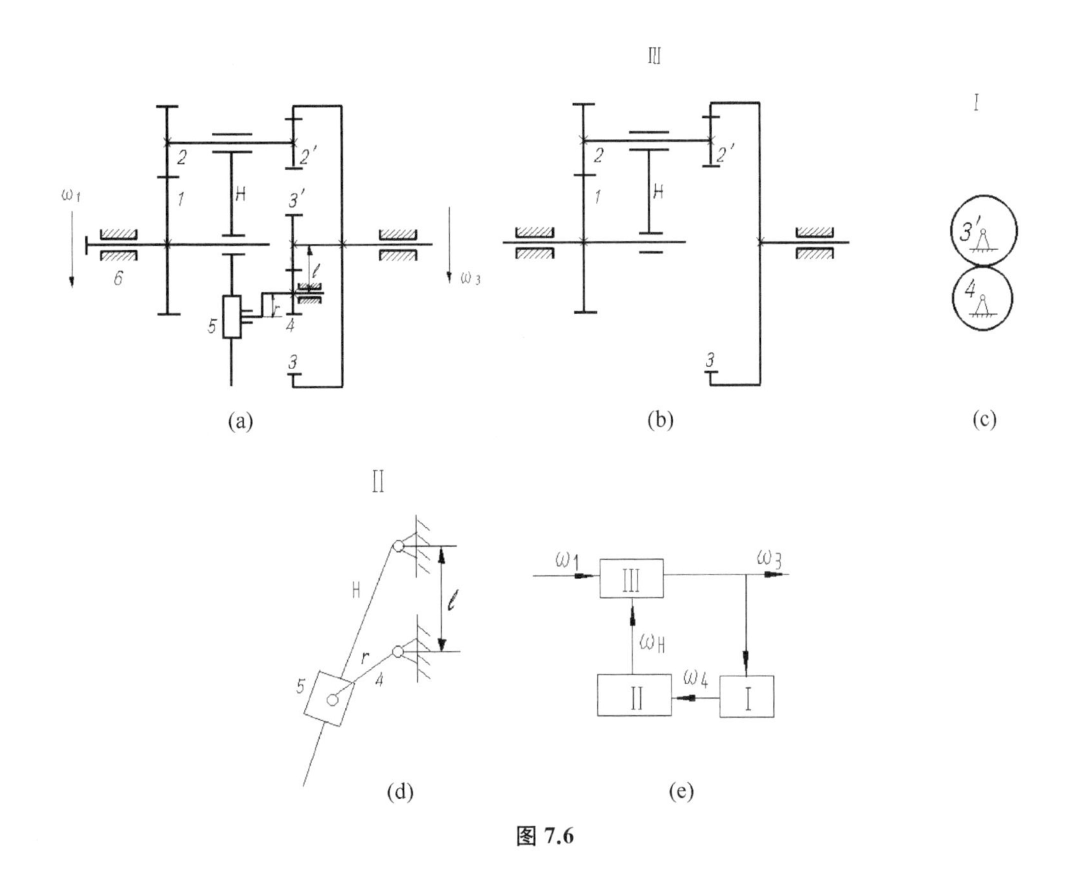

图 7.6

2.4　迭合式组合机构

若有两个单自由度机构Ⅰ、Ⅱ，其中一个子机构固定在另一个子机构的某个运动构件上，形成运载与被运载关系，按这种方式组合而成的机构，称为迭合式组合机构。

如图 7.7(a)所示的电风扇自动摇摆机构，以双摇杆机构为运载机构（见图 b），以蜗杆蜗轮机构Ⅱ为被运载机构（见图 c），当装在摇杆上的电机 M 带动风扇转动时，通过蜗杆蜗轮机构带动双摇杆机构的连杆 2（与蜗轮固连）相对构件 1 与 3 作整周转动，从而使两摇杆 1 作往复摆动，以带动风扇来回摇摆。其运动的传递关系如图(d)所示。

又如图 7.8(a)所示的齿轮减速器，它是由两个行星轮系机构所组成。其中Ⅱ为运载机构，它由机架 6、齿轮 4、5 和转臂 H 组成；被运载机构Ⅰ由齿轮 1、2、3 和转臂 h 组成。电动机轴与齿轮 1 相连将运动输入，由运载机构的系杆 H 将运动输出，齿轮 3 与 H 固结相连，见图(b)、(c)。运动的传递关系见图(d)。

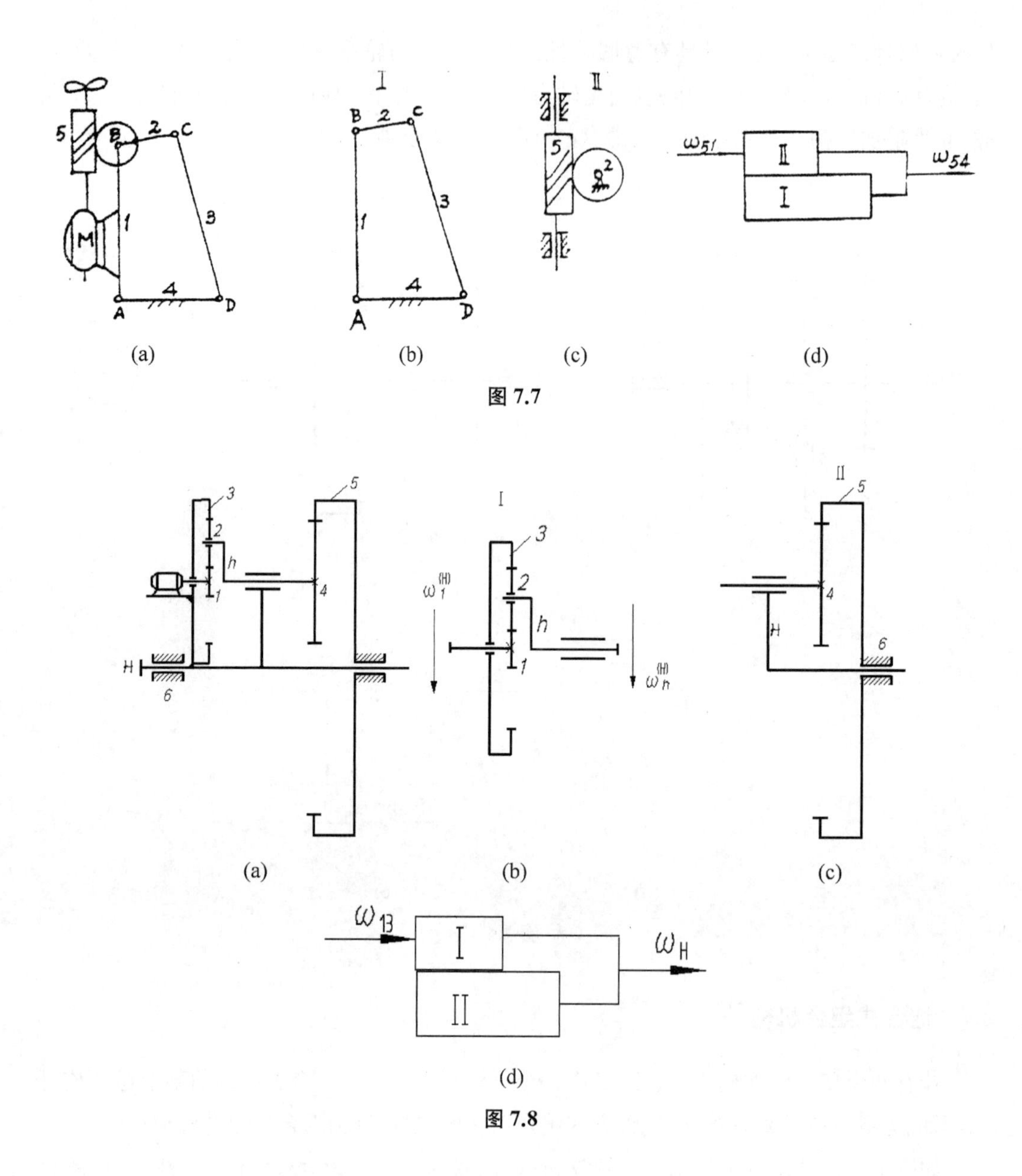

图 7.7

图 7.8

3 组合机构的运动分析

组合机构的运动分析是按照原动件的已知运动规律，求解从动件的位移、速度、加速度以及点的轨迹等问题。其步骤是先进行结构分析，然后按照传递路线画出结构框图，确定机构类型，再按相应的次序进行运动求解。

进行运动分析的方法有图解法、解析法、实验法等。以下用解析法对各种形式的组合机构运动分析作一简介。

3.1 串联式组合机构的运动分析

串联式组合机构，其原动件的运动是通过各子机构依次传递给执行构件的。因此，在作运动分析时，先从原动件所在的子机构开始，按照给定的运动规律，逐次对每个子机构进行分析，直到求得最后一个子机构的输出运动。

当前置机构的输出构件与后续子机构的输入构件刚性固连时，则组合机构的位移关系式是各子机构的位移函数递次构成的复合函数。设以 f_1、f_2、f_3表示各子机构所实现的函数关系，即：$\varphi_1=f_1(\varphi)$，$\varphi_2=f_2(\varphi_1)$，$\varphi_3=f_3(\varphi_2)$，则组合机构的位移关系式为 $\varphi_3=f_3\{f_2[f_1(\varphi)]\}$。此关系如图 7.9 框图所示。本问题的求解即按复合函数的各种求解方法去处理。

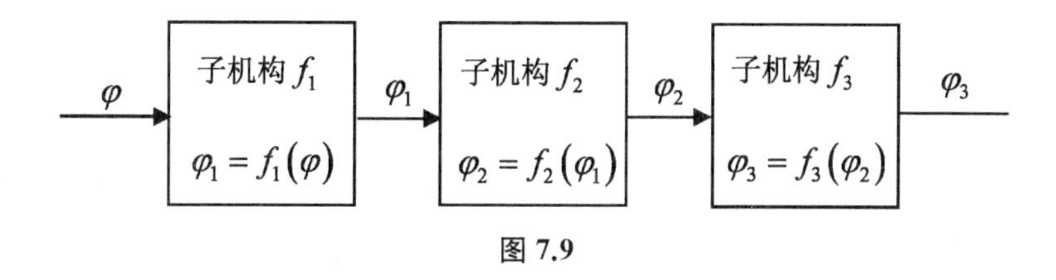

图 7.9

3.2 并联式组合机构的运动分析

在并联式的组合机构中，基础机构是一个多自由度的机构，其附加机构的输出运动输入给基础机构。所以在对组合机构进行运动分析时，应分别建立各附加机构及基础机构的运动方程式，再将附加机构的输出运动参数代入基础机构的方程式，即可求得并联组合机构的运动。

例题 如图 7.3(a)所示的铁板传递机构。已知：连杆机构Ⅱ各构件的长度为 $l_1=100\ \text{mm}$，$l_2=360\ \text{mm}$，$l_3=360\ \text{mm}$，$l_4=500\ \text{mm}$，各齿轮齿数为 $z_1=30$，$z_5=50$，$z_6=20$，$z_7=70$，原动件 1 等角速转动，$\omega_1=1/\text{s}$（顺时针）。求输出构件角速度 ω_7。

解：

(1) 结构分析，见图 7.3(b)。

(2) 运动分析

差动机构Ⅲ，

$$i_{57}^{H}=\frac{\omega_5-\omega_H}{\omega_7-\omega_H}=-\frac{z_7}{z_5}$$

$$\therefore\ \omega_7=\omega_H+\frac{1}{i_{57}^{H}}(\omega_5-\omega_H) \qquad (7.1)$$

齿轮机构Ⅰ：

$$i_{15}=\frac{\omega_1}{\omega_5}=-\frac{z_5}{z_1} \tag{7.2}$$

四杆机构Ⅱ：按《机械原理》分析有

$$\omega_3=\frac{l_1\cdot\sin(\varphi_1-\varphi_2)}{l_3\cdot\sin(\varphi_3-\varphi_2)}\cdot\omega_1$$

又 $\omega_H=\omega_3$

$$\therefore\ \omega_H=\frac{l_1\cdot\sin(\varphi_1-\varphi_2)}{l_3\cdot\sin(\varphi_3-\varphi_2)}\cdot\omega_1 \tag{7.3}$$

将式(7.2)、(7.3)代入式(7.1)得

$$\omega_7=\left[\left(1+\frac{z_5}{z_7}\right)\frac{l_1\cdot\sin(\varphi_1-\varphi_2)}{l_3\cdot\sin(\varphi_3-\varphi_2)}+\frac{z_1}{z_7}\right]\cdot\omega_1 \tag{7.4}$$

式(7.4)中的 φ_2、φ_3 均是 φ_1 函数，故 ω_7 也是 φ_1 的函数。通过电子计算机计算出的结果，画出曲线如图 7.10 所示。

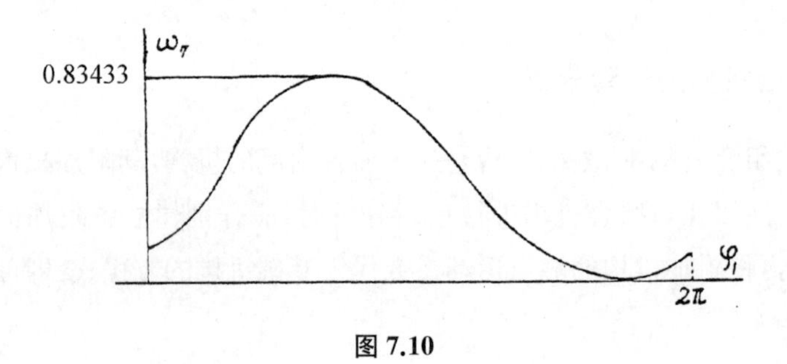

图 7.10

3.3 反馈式组合机构的运动分析

在反馈式组合机构中，基础机构的输入运动之一是由输出运动反馈而得。因此在进行运动分析时，必须先建立基础机构和附加机构的运动方程式，然后进行联立求解。

例题 如图 7.6(a)所示齿轮—连杆组合机构。已知原动件的角速度 ω_1，求输出构件 3 的角速度 ω_3。$r=20$ mm，机架 $l=60$ mm，各轮齿数为 $z_1=40$，$z_2=z_2'=20$，$z_3=80$，$z_4=z_3'=20$。

解：

(1) 结构分析，见第 2 节。

(2) 运动分析

差动轮系Ⅲ：

$$i_{13}^H=\frac{\omega_1-\omega_H}{\omega_3-\omega_H}=-\frac{z_3\cdot z_2}{z_2'\cdot z_1}$$

得
$$\omega_3 = [\omega_1 + \omega_H(i_{13}^H - 1)]/i_{13}^H \tag{7.5}$$

齿轮机构Ⅰ：

$$i_{43'} = \frac{\omega_4}{\omega_{3'}} = -\frac{z_{3'}}{z_4} \quad \omega_4 = i_{43'}\omega_{3'} \tag{7.6}$$

导杆机构Ⅱ：令 $\lambda = \frac{1}{r}$，$A = 1 - \lambda\cos\theta_1$，$B = 1 - 2\lambda\cos\theta_1 + \lambda^2$

则
$$\omega_H = \frac{A}{B}\omega_4 \tag{7.7}$$

又知

$$\omega_3 = \omega_{3'} \tag{7.8}$$

将式(7.6)、(7.7)、(7.8)的关系代入式(7.5)中，得

$$\omega_3 = \frac{B \cdot \omega_1}{B \cdot i_{13}^H - A \cdot i_{43'}(i_{13}^H - 1)} \tag{7.9}$$

式中 A、B 均是 θ_1 的函数，而 θ 又是 φ_1 的函数，所以 ω_3 是 φ_1 的函数。

3.4　迭合式组合机构的运动分析

迭合式组合机构中，运载与被运载机构各自作一定的运动，所以应分别对运载、被运载的机构进行运动分析，然后再按运载关系合成。

例题　图 7.8(a)所示齿轮减速器装置中，已知电机相对 H 的输入角速度 $\omega_1^{(H)}$，求输出构件 H 的角速度 ω_H。

解：

(1) 结构分析如第 2 节所述

(2) 运动分析

运载机构Ⅱ：
$$i_{4H} = \frac{\omega_4}{\omega_H} = 1 - i_{45}^H = 1 - \frac{z_5}{z_4}$$

得

$$\omega_H = \omega_4 / i_{4H} \tag{7.10}$$

被运载机构Ⅰ：

$$i_{1h}^{(H)} = \frac{\omega_1^{(H)}}{\omega_h - \omega_H} = 1 - i_{13}^{h(H)} = 1 + \frac{z_3}{z_1} \tag{7.11}$$

又有

$$\omega_4 = \omega_h \tag{7.12}$$

由式(7.11)解出 ω_h，且利用式(7.12)的关系代入式(7.10)，整理可得输出角速度

$$\omega_H = \frac{-\omega_1^{(H)}}{(1+z_3/z_1)z_5/z_4} \tag{7.13}$$

式中，$\omega_1^{(H)}$ 为电动机的输入角速度。

4 常用组合机构的综合

4.1 结构选型与尺度综合

组合机构的综合就是按给定的运动要求，确定组合机构的结构型式与尺寸参数。前者属于机构的结构综合，后者则是属于机构的尺度综合。一般情况下，应先进行结构选型，然后再进行尺度综合。

4.1.1 组合机构的结构选型

当用单一的基本机构去实现某种预定运动要求有困难时，可考虑采用组合机构的办法来解决。同样的运动要求，往往可以采用许多不同的组合方案来实现，所以组合机构的结构选型具有很大的灵活性。为做好选型工作，首先必须掌握各种不同型式基本机构的运动特性与运动规律，同时对组合机构的各种组成型式有足够的了解，在此基本条件下把单一的基本机构合理、协调地组合起来。

下面以几种较简单的实例说明结构选型的原则与方法。

例一 欲设计一个能实现 $Z=A\sin kx^2$ 函数的机构。

把 $Z=A\sin kx^2$ 复合函数分解为 $Z=A\sin Y$，$Y=kx^2$ 两个简单函数。对于平方函数可直接选用如图 7.11(a)所示的平方机构作为第一个子机构，再串联一个如图 7.11(b)所示的正弦机构，5 与 5′为同一构件即构造成一个串联型式的组合机构。当以构件 1 为原动件，输入转角设为变量 x 时，则组合机构的执行件 7 的输出位移即为 $Z=A\sin kx^2$。

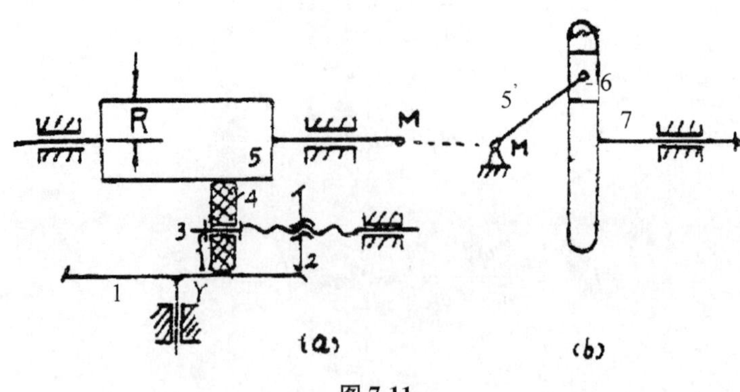

图 7.11

又如，要求实现大摆角或大冲程，并要求按一定运动规律输出运动，可采用凸轮—连杆组合机构。因为连杆机构较易实现大摆角或大冲程，但对确定的运动规律又难以完成；而凸轮机构是易实现各种复杂运动规律，但一般行程又不大，两机构串联使用，可满足多方面运动规律的要求。

举一具体例子，如图 7.12 所示凸轮—连杆机构。所实现的冲程 H 是曲柄长的二倍，即 $H=2r$，当连杆与曲柄长度之比 $\lambda=\frac{L}{r}$ 较大时，机构的压力角也很小，滑块具有确定的运动规律；如果再要求输出运动是按某一种预先给定的速度变化规律运动，则可在连杆机构的基础上串联一个凸轮机构而组成一个组合机构，使凸轮机构的从动件获得较大的冲程，并实现预定的速度规律。

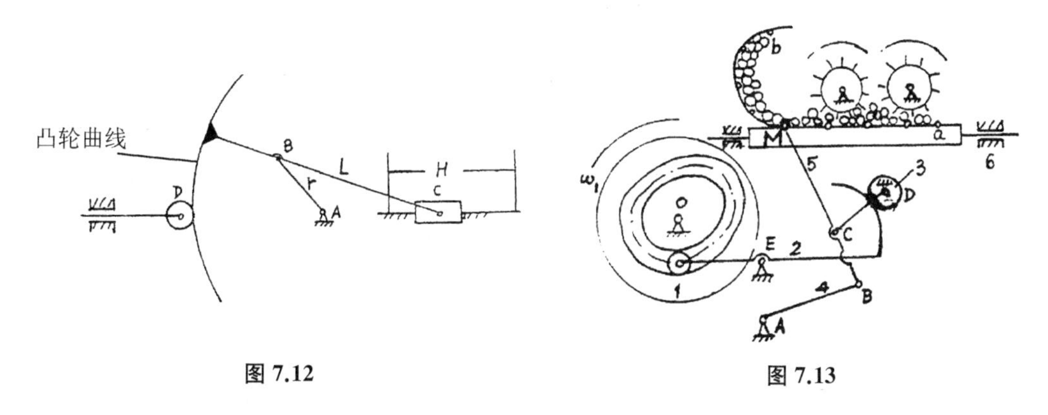

图 7.12　　图 7.13

图 7.13 是一种洗瓶机机构的例子。对机构要求推头上的一点 M 沿轨迹 ab 以较慢的均匀速度推瓶，并要求快速退回。点 M 所在的构件 5 是铰链四杆机构 $ABCD$ 的连杆 BC 杆，摇杆 CD 与小齿轮 3 相固连，与凸轮机构的从动件 2 相固连的扇齿轮与小齿轮 3 相啮合。为了使连杆点 M 实现 ab 轨迹和预定的速度要求，则通过凸轮机构来控制 CD 杆的运动。

4.1.2　组合机构的尺度综合

组合机构的尺度综合是在选定结构型式的基础上进行的。综合的方法有两种。

第一种方法是先建立组合机构的运动方程式，然后将给定的输出运动的数据代入运动方程式成为一个以结构参数为待定变量的方程组。通过对方程组求解即可求出组合机构的简图尺寸参数。这种方法求解较为复杂，计算工作量大。

第二种方法是按照已给定的运动要求，先对组合机构中某些子机构选定其结构尺寸参数，然后求出组合机构中其余子机构的位移函数，按这些运动要求再行设计这些子机构。这种设计方法的工作量小，便于用图解法完成，其设计步骤因具体问题而异。以下介绍几种常见组合机构的综合问题。

4.2　齿轮—连杆组合机构的综合

在组合机构中，齿轮—连杆组合机构因结构紧凑、运转可靠、较易制造，从动件能实现各种复杂而多样的运动，故在自动机械中得到广泛应用。此种组合机构比平面四杆机构具有更强的功能，主要表现在以下几方面：

（1）平面四杆机构可按两连架杆三对应位置进行综合，最多为四对与五对对应位置，而齿轮—连杆组合机构可使精确位置数增多。

（2）平面四杆机构仅作有限的简单的变速、停歇和反向，而齿轮—连杆组合机构可较方便地实现预期的变速、停歇和反向。

（3）平面四杆机构的连杆上点只能部分地满足点的曲线轨迹要求，而齿轮—连杆组合机构可实现更多的、变化多端的连杆点曲线。

（4）改善单一基本机构传动的动力性能，主要体现在减小或消除冲击。

齿轮—连杆组合机构的结构型式很多，从组成原理角度基本分成两类：

（1）以多自由度的周转轮系为基础机构，以单自由度的连杆机构为附加机构所构成的并联式的组合机构。各种的齿轮—四杆机构都属此类型，图 7.14(a)是其常用型式之一。

（2）以多自由度的连杆机构为基础机构，以单自由度的行星轮系为附加机构所组成的并联式的组合机构。如齿轮—五杆机构、齿轮—六杆机构等。见图 7.14(b)、(c)、(d)。

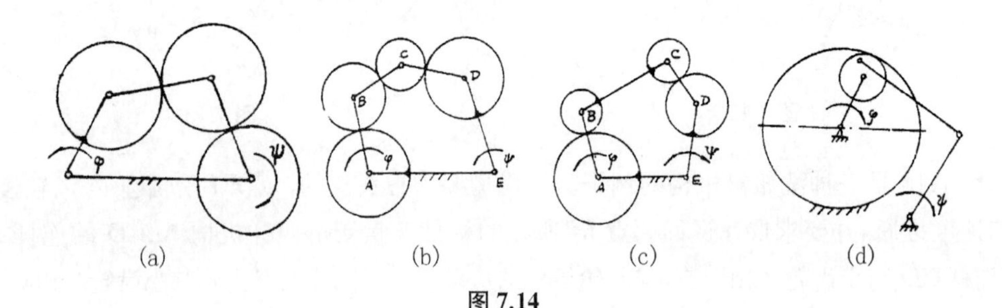

图 7.14

下面按几方面情况举例说明。

4.2.1　实现停歇运动的齿轮—连杆机构的分析与综合

讨论实现停歇的齿轮—四杆组合机构。

为实现从动件具有停歇运动，一般常用棘轮机构、槽轮机构，但这些间歇运动机构的缺点是有较大的冲击。而采用齿轮—连杆机构可以克服这一缺点，所以应用日益广泛。在此研究如图 7.15 所示的实现停歇运动的齿轮—四杆组合机构。

设各杆长度分别为 a、b、c、d，各齿轮的齿数为：z_1、z_2、z_3、z_4、z_5、z_6。

以下按顺序进行分析：

第一、从动件的运动规律。

齿轮—四杆机构的运动规律取决于四杆机构的各杆长度以及齿轮的齿数比。当曲柄 a 以等角速度 $\omega_a=\omega$ 回转一周，在此过程中由于杆的长度及齿数比不同，从动齿轮 6 的运动形式可出现以下三种情况。

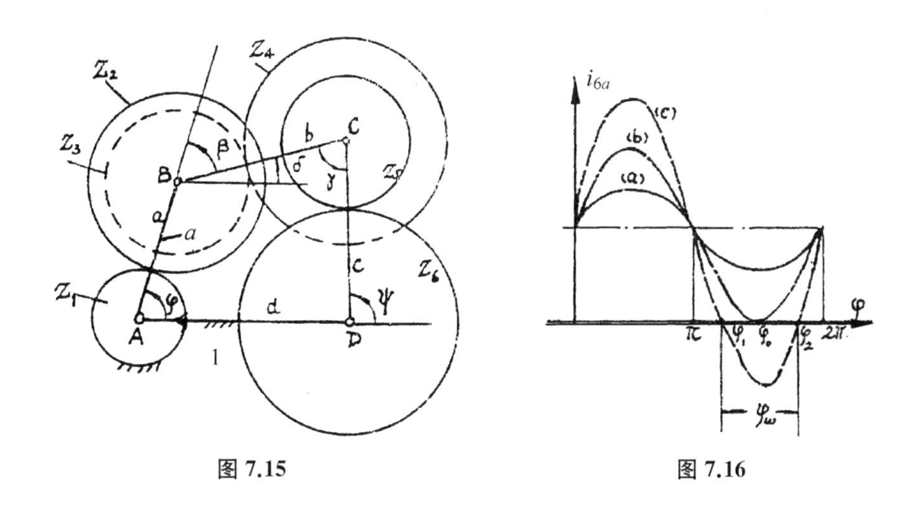

图 7.15　　　　图 7.16

(1) 作变速运动,但转动方向不变,即恒有

$$i_{6a}=\frac{\omega_6}{\omega}=\frac{d\theta_6}{d\varphi}>0 \tag{7.14a}$$

式中,φ 与 θ_6 分别为曲柄 a 与齿轮 6 的转角。i_{6a} 的变化如图 7.16 中的(a)曲线。

(2) 作变速运动,但有瞬停歇,如图 7.16 中的曲线(b)。它在 $\varphi=\varphi_0$ 有瞬时停歇,即有

$$\left.\begin{aligned}&i_{6a}=\frac{\omega_6}{\omega}=\frac{d\theta_6}{d\varphi}\Big|_{\varphi_0}=0\\&\frac{di_{6a}}{d\varphi}\Big|_{\varphi_0}=0\end{aligned}\right\} \tag{7.14b}$$

(3) 曲柄转动当在某一区间(φ_1, φ_2)内,从动轮作反向转动,如图 7.16 中的曲线(c),此情况有

$$\left.\begin{aligned}&i_{6a}=\frac{\omega_6}{\omega}=\frac{d\theta_6}{d\varphi}\Big|_{\varphi_1}=0\\&i_{6a}=\frac{\omega_6}{\omega}=\frac{d\theta_6}{d\varphi}\Big|_{\varphi_2}=0\end{aligned}\right\} \tag{7.14c}$$

第二、从动件的转角方程。

设其中铰链四杆机构各杆的转角分别为 φ, δ, ψ,各齿轮的角位移分别为 θ_1、θ_2、θ_3、θ_4、θ_5、θ_6。

下面分析齿轮 6 的角位移 θ_6 与原动件转角 φ 的关系,即建立 $\theta_6=f(\varphi)$ 的关系式。

该机构为并联式组合机构。它以 5－6－c 周转轮系为基础机构,周转轮系 3－4－b 及行星轮系 1－2－a 为两个附加机构而组成。现分别建立各子机构的位移方程式。

(1) 周转轮系　5 - 6 - c

$$i_{65}^{c}=\frac{\theta_6-(\psi-\psi_0)}{\theta_5-(\psi-\psi_0)}=-\frac{z_5}{z_6}$$

$$\therefore\ \theta_6=-\frac{z_5}{z_6}\theta_5+\left(1+\frac{z_5}{z_6}\right)(\psi-\psi_0) \tag{7.15a}$$

(2) 周转轮系　3 - 4 - b

$$i_{43}^{b}=\frac{\theta_4-(\delta-\delta_0)}{\theta_3-(\delta-\delta_0)}=-\frac{z_3}{z_4}$$

$$\therefore\ \theta_4=-\frac{z_3}{z_4}\theta_3+\left(1+\frac{z_3}{z_4}\right)(\delta-\delta_0) \tag{7.15b}$$

(3) 行星轮系　1 - 2 - a

$$i_{21}^{a}=\frac{\theta_2-\varphi}{\theta_1-\varphi}=-\frac{z_1}{z_2}$$

$$\therefore\ \theta_2=-\frac{z_1}{z_2}\theta_1+\left(1+\frac{z_1}{z_2}\right)\varphi \tag{7.15c}$$

由于 $\theta_4=\theta_5$，并将式(7.15b)代入式(7.15a)得

$$\theta_6=\frac{z_3z_5}{z_4z_6}\theta_3-\left(1+\frac{z_3}{z_4}\right)\frac{z_5}{z_6}(\delta-\delta_0)+\left(1+\frac{z_5}{z_6}\right)(\psi-\psi_0) \tag{7.15d}$$

又由于 $\theta_2=\theta_3$，并将式(7.15c)代入式(7.15d)得

$$\theta_6=-\frac{z_1z_3z_5}{z_2z_4z_6}\theta_1+\left(1+\frac{z_1}{z_2}\right)\frac{z_3z_5}{z_4z_6}\varphi-\left(1+\frac{z_3}{z_4}\right)\frac{z_5}{z_6}(\delta-\delta_0)+\left(1+\frac{z_5}{z_6}\right)(\psi-\psi_0) \tag{7.15e}$$

由于齿轮 1 与四杆机构的机架相固连，故有 $\theta_1=0$，代入式(7.15e)得

$$\theta_6=\left(1+\frac{z_1}{z_2}\right)\frac{z_3z_5}{z_4z_6}\varphi-\left(1+\frac{z_3}{z_4}\right)\frac{z_5}{z_6}(\delta-\delta_0)+\left(1+\frac{z_5}{z_6}\right)(\psi-\psi_0) \tag{7.15f}$$

上式设定机构以 $\varphi=\varphi_0=0$ 为初始位置，此时必有 $\theta_6=0$，而 δ，ψ 的对应初始角可记为 δ_0，ψ_0。

又由图 7.17 可建立如下角度关系：

$$\beta=\varphi-\delta,\ \gamma=\psi-\delta \tag{7.16a}$$

初始位置时，对应有

$$\beta_0=\varphi_0-\delta_0=-\delta_0,\ \gamma_0=\psi_0-\delta_0 \tag{7.16b}$$

将式(7.16a)、(7.16b)代入(7.15f)，经整理后可得：

$$\theta_6=\frac{z_1}{z_2}\cdot\frac{z_3}{z_4}\cdot\frac{z_5}{z_6}\varphi+\frac{z_3}{z_4}\cdot\frac{z_5}{z_6}(\beta-\beta_0)+\frac{z_5}{z_6}(\gamma-\gamma_0)+(\psi-\psi_0) \tag{7.15h}$$

(4) 以四杆机构作为附加机构建立角位移关系式

对图 7.17 四杆机构建立矢量方程式 $\vec{a}+\vec{b}+\vec{c}=\vec{d}$，再写出它在 x 轴 y 轴的投影表达式，用平方和法消去参数 δ 后得式

$$\begin{aligned}&a^2+c^2+d^2-b^2-2ad\cos\varphi\\&+2cd\cos\psi-2ac\cos(\varphi-\psi)=0\end{aligned} \tag{7.17a}$$

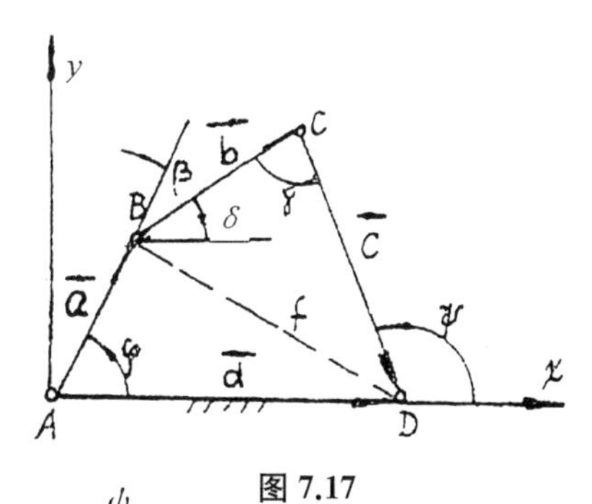

图 7.17

利用三角公式　$\cos\psi=\dfrac{1-\mathrm{tg}^2\dfrac{\psi}{2}}{1+\mathrm{tg}^2\dfrac{\psi}{2}},\ \sin\psi=\dfrac{2\cdot\mathrm{tg}\dfrac{\psi}{2}}{1+\mathrm{tg}^2\dfrac{\psi}{2}}$

并令 $A=a^2+c^2+d^2-b^2-2ad\cos\varphi$

$B=2cd-2ac\cos\varphi$

$C=4a\sin\varphi$

将其代入式(7.17a)，整理后得

$$(A-B)\mathrm{tg}^2\frac{\psi}{2}-C\cdot\mathrm{tg}\frac{\psi}{2}+(A+B)=0 \tag{7.17b}$$

通过对式(7.17b)求解得

$$\psi=2\mathrm{arctg}\left[\frac{C-\sqrt{C^2-4(A^2-B^2)}}{2(A-B)}\right] \tag{7.17c}$$

从图 7.17 中可见 $\overrightarrow{BD}=f$，

$$f^2=a^2+d^2-2ad\cos\varphi=b^2+c^2-2bc\cos\gamma$$

$$\therefore\ \gamma=\arccos\left[\frac{1}{2bc}(b^2+c^2-a^2-d^2+2ad\cos\varphi)\right] \tag{7.18a}$$

$$\beta=\varphi-\delta=\varphi-(\psi-\gamma)=\varphi-\psi+\gamma \tag{7.18b}$$

将式(7.18a)、(7.18b)、(7.17c)代入式(7.15h)即得到 $\theta_6=f(\varphi)$ 的关系式。

第三、传动比 i_{61}。

$$i_{61}=\frac{\omega_6}{\omega}=\frac{\frac{d\theta_6}{dt}}{\frac{d\varphi}{dt}}=\frac{d\theta_6}{d\varphi} \tag{7.19}$$

分别将式(7.15h)、(7.17a)、(7.18a)、(7.18b)对 φ 求导并整理得：

$$\frac{d\theta_6}{d\varphi}=\frac{z_1}{z_2}\cdot\frac{z_3}{z_4}\cdot\frac{z_5}{z_6}+\frac{z_3}{z_4}\cdot\frac{z_5}{z_6}\cdot\frac{d\beta}{d\varphi}+\frac{z_5}{z_6}\cdot\frac{d\gamma}{d\varphi}+\frac{d\psi}{d\varphi} \tag{7.20}$$

$$\left.\begin{aligned}&\frac{d\psi}{d\varphi}=\frac{ad\sin\varphi+ac\sin(\varphi-\psi)}{cd\sin\psi+ac\sin(\varphi-\psi)}\\&\frac{d\gamma}{d\varphi}=\frac{ad\sin\varphi}{bc\sin\gamma}\\&\frac{d\beta}{d\varphi}=1-\frac{d\psi}{d\varphi}+\frac{d\gamma}{d\varphi}\end{aligned}\right\} \tag{7.21}$$

将式(7.21)代入式(7.20)得

$$i_{6a}=\left(1+\frac{z_1}{z_2}\right)\frac{z_3}{z_4}\cdot\frac{z_5}{z_6}+\left(1+\frac{z_3}{z_4}\right)\frac{z_5}{z_6}\cdot\frac{ac\sin\varphi}{bc\sin\gamma}+\left(1-\frac{z_3}{z_4}\cdot\frac{z_5}{z_6}\right)\left\{\frac{a[d\sin\psi+c\sin(\varphi-\psi)]}{c[d\sin\psi+a\sin(\varphi-\psi)]}\right\} \tag{7.22}$$

将 a、b、d 在 DC 的垂直方向投影有

$$b\cdot\sin\gamma=d\sin\psi+a\sin(\varphi-\psi) \tag{7.23}$$

将式(7.23)代入式(7.22)得

$$i_{6a}=\frac{\left(1+\frac{z_1}{z_2}\right)\left(\frac{z_3}{z_4}\cdot\frac{z_5}{z_6}\cdot cd\sin\psi\right)+\left(1+\frac{z_5}{z_6}\right)\cdot a\cdot\left[d\sin\varphi+\left(1+\frac{z_1}{z_2}\cdot\frac{z_3}{z_4}\cdot\frac{z_5}{z_6}\right)\cdot c\sin(\varphi-\psi)\right]}{c[d\sin\psi+a\sin(\varphi-\psi)]} \tag{7.24}$$

这就是该组合机构的传动比计算式，式中的 ψ 由式(7.17c)确定。

第四、实现各种运动条件的分析。

令式(7.24)的分子部分为 U，分母部分为 V，则有

$$i_{6a}=\frac{U}{V} \tag{7.25a}$$

$$\frac{di_{6a}}{d\varphi}=\frac{U'V-V'U}{V^2} \tag{7.25b}$$

于是，实现各种不同运动的条件分析如下：

(1) 欲实现瞬时停歇，必须在停歇点有 $i_{6a}=0$，即

$$U=0; \tag{7.26}$$

(2) 要实现单向转动过程中有瞬时停歇，应有

$$\left.\begin{aligned} i_{6a}&=0 \\ \frac{di_{61}}{d\varphi}&=0 \end{aligned}\right\} \tag{7.27a}$$

或写成

$$\left.\begin{aligned} &U=0 \\ &U'V-V'U=0 \quad (\text{因只有 } U=0\text{，故本式也可写成 } U'V=0) \end{aligned}\right\} \tag{7.27b}$$

由上述分析可知，为实现机构有停歇或瞬时停歇，都必须满足式(7.25a)为零，即 $i_{6a}=0$，若令式(7.24)右端为零时，式中包含了三个杆长比：$\frac{b}{a}$、$\frac{c}{a}$、$\frac{d}{a}$ 以及三对齿轮的齿数比，共计六个独立变量。所以欲求出机构的参数，即解式(7.25)方程是件很复杂且计算量很大的工作。

当采用齿轮—对心铰链四杆机构(指极位夹角为零的机构)时，则可使分析与综合的工作大为简化，并在传动过程中也改善了动力性能(分析见文献[28])。如是单级、双级周转齿轮连杆机构可认为是三级周转齿轮连杆组合机构的特例。为了简化设计与计算，在实际中也多采用两级周转齿轮—连杆机构。文献[31]、[32]提供了采用优化技术进行两级周转齿轮—连杆组合机构设计的方法。

4.2.2 实现给定的传动函数

与四杆机构相比，齿轮—连杆组合机构在实现给定的传动函数和点的轨迹方面更为方便，并能实现较多的精确点要求。

齿轮—连杆组合机构，在一个运动周期的总体上看，从动件只能近似实现预期的运动规律与运动轨迹，只能在其中的某些点上才能实现预定的位置或其他要求，称这样的点为精确点；除精确点以外的其他点输出的运动与预期要求的运动之间存在误差。对于任一精确点，如只能实现从动件位置要求，称它为一次精确点，记为(P)，如同时满足位置、速度要求，称为二次精确点，其条件相当于二个一次精确点，记为(PP)；又如能同时满足位置、速度、加速度三方面要求的点，称为三次精确点，其条件相当于三个一次精确点，记为(PPP)；依次有四次精确点，记为(PPPP)；五次精确点记为(PPPPP)等。

如果某机构能实现五个精确点要求，其型式可有以下几种：

(a) PPPPP(一个五次精确点)，(b) PPPP－P(一个四次精确点和一个一次精确点)，(c) PP－PP－P，(d) PP－P－P－P，(e) PPP－PP，(f) PPP－P－P，(g) P－P－P－P－P。

它们各自的运动曲线见图 7.18。

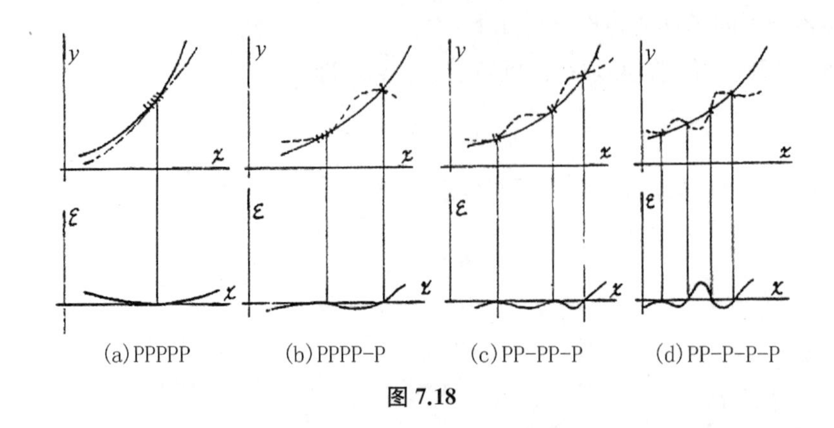

图 7.18

图 7.18 中虚线代表理论上要求的运动规律 $y=F(x)$，实线代表组合机构所能实现的运动规律 $y=f(x)$，其间的误差为 $\varepsilon=F(x)-f(x)$，称为结构误差。对不同的组合机构所能选的精确点数是不相同的。一般说来，精确点数愈多输出运动的精度愈高，但相应机构设计的复杂程度也愈大。

由于齿轮—五杆机构可以满足更多的精确点要求，以下讨论此种机构有关实现传动函数、运动轨迹的综合问题。

设给定的传动函数为 $y=f(x)$，拟用图 7.19 齿轮—五杆组合机构来实现，即以从动件转角 ψ 与主动件转角 φ 的对应关系 $\psi=f(\varphi)$ 来实现。经分析表明，这种对应转角关系只能在几个规定的精确点处满足给定传动函数的要求，而其余部分只能近似满足。对这种机构的综合方法很多，这里只介绍复数矢量法。

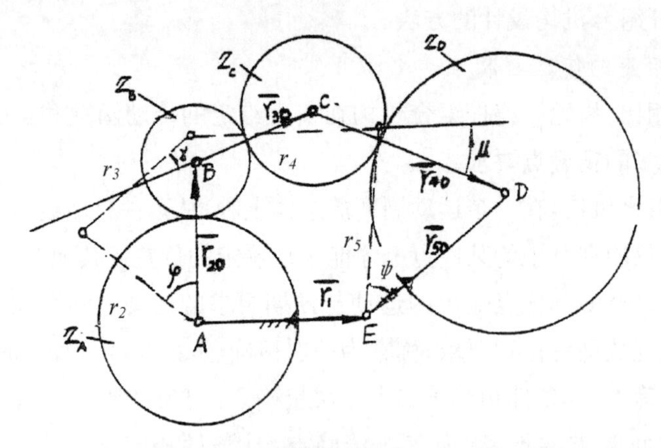

图 7.19

如图 7.19 所示的齿轮—五杆组合机构。将此机构各杆的位置用矢量表示，并将各矢量写成复数形式，再利用复数的性质可以较方便地进行机构的综合。

将五杆机构 $ABCDE$ 的各边用以下矢量表示：$\overrightarrow{r_1}$、$\overrightarrow{r_2}$、$\overrightarrow{r_3}$、$\overrightarrow{r_4}$、$\overrightarrow{r_5}$；初始位置记为 $\overrightarrow{r_{10}}$、$\overrightarrow{r_{20}}$、$\overrightarrow{r_{30}}$、$\overrightarrow{r_{40}}$、$\overrightarrow{r_{50}}$，则任意位置与初始位置的矢量关系参照第二章第 3 节的知识可表示为：

$$\left.\begin{aligned}\vec{r}_1&=\vec{r}_{10}\\ \vec{r}_2&=\vec{r}_{20}e^{i\varphi}\\ \vec{r}_3&=\vec{r}_{30}e^{i\gamma}\\ \vec{r}_4&=\vec{r}_{40}e^{i\mu}\\ \vec{r}^{5}&=\vec{r}_{50}e^{i\psi}\end{aligned}\right\} \tag{7.28}$$

式中 φ、γ、μ、ψ 分别表示构件 AB、BC、CD、DE 由初始位置到某位置的转角。

下面具体讨论在给定输出角函数 $\psi=f(\varphi)$ 时，齿轮—五杆组合机构的综合问题。

(1) 五杆机构的位置关系式

在图 7.19 中，设粗实线表示起始位置，按矢量封闭图形写出复数矢量方程式：

$$\vec{r}_1=\vec{r}_{20}e^{i\varphi}+\vec{r}_{30}e^{i\gamma}+\vec{r}_{40}e^{i\mu}+\vec{r}_{50}e^{i\psi} \tag{7.29}$$

(2) 齿轮机构的传动比

设装于铰链点 A、B、C、D 处各齿轮的齿数分别为：Z_A、Z_B、Z_C、Z_D，各轮的绝对转角为：θ_A、θ_B、θ_C、θ_D。

① 齿轮 A、B 之间的转角关系，有

$i_{BA}^{r_2}=\dfrac{\theta_B-\varphi}{\theta_A-\varphi}=-\dfrac{Z_A}{Z_B}$，因 $\theta_A=0$ 则有

$$\therefore\ \theta_B=\left(1+\frac{Z_A}{Z_B}\right)\varphi \tag{7.30}$$

② 齿轮 B、C 之间的转角关系，有

$i_{CB}^{r_3}=\dfrac{\theta_C-\gamma}{\theta_B-\gamma}=-\dfrac{Z_B}{Z_C}$

$$\text{即 }\theta_C=\left(1+\frac{Z_B}{Z_C}\right)\gamma-\frac{Z_B}{Z_C}\theta_B \tag{7.31}$$

③ 齿轮 C、D 之间的转角关系，有

$i_{DC}^{r_4}=\dfrac{\theta_D-\mu}{\theta_C-\mu}=-\dfrac{Z_C}{Z_D}$

$$\text{即 }\theta_D=\left(1+\frac{Z_C}{Z_D}\right)\mu-\frac{Z_C}{Z_D}\theta_C \tag{7.32}$$

由于 $\theta_D=\psi$，同时将式(7.30)、(7.31)代入式(7.32)中，经整理后得各杆转角间的关系式为：

$$\psi=\left(\frac{Z_A+Z_B}{Z_D}\right)\varphi-\left(\frac{Z_B+Z_C}{Z_D}\right)\gamma+\left(\frac{Z_C+Z_D}{Z_D}\right)\mu$$
$$=\frac{1}{Z_D}[(Z_A+Z_B)\varphi-(Z_B+Z_C)\gamma+(Z_C+Z_D)\mu] \tag{7.33}$$

由上式可见，在 ψ、φ、γ、μ 四个转角中，当给出其中三个转角时，即可求出第四个转角的值。

(3) 齿轮—五杆组合机构的综合方程式

联立式(7.29)与(7.33)，当要求满足四个精确位置时，所求出的解可为线性解；当要求的精确点超过四个时，还必须满足非线性的相容关系(此处从略)。

如果给出四个有限分离的一次精确点，第一个位置为 $\varphi_1=\gamma_1=\mu_1=\psi_1=0$，其余的三个精确位置为：

$$\varphi_2,\ \gamma_2,\ \mu_2,\ \psi_2;$$
$$\varphi_3,\ \gamma_3,\ \mu_3,\ \psi_3;$$
$$\varphi_4,\ \gamma_4,\ \mu_4,\ \psi_4;$$

则式(7.29)所示的机构综合方程式可写为下面矩阵式：

$$\begin{bmatrix}1 & 1 & 1 & 1\\ e^{i\varphi_2} & e^{i\gamma_2} & e^{i\mu_2} & e^{i\psi_2}\\ e^{i\varphi_3} & e^{i\gamma_3} & e^{i\mu_3} & e^{i\psi_3}\\ e^{i\varphi_4} & e^{i\gamma_4} & e^{i\mu_4} & e^{i\psi_4}\end{bmatrix}\begin{bmatrix}r_2\\ r_3\\ r_4\\ r_5\end{bmatrix}=\begin{bmatrix}\vec{r}_1\\ \vec{r}_1\\ \vec{r}_1\\ \vec{r}_1\end{bmatrix} \tag{7.34}$$

除要求满足一次精确点外，如果还要求满足二次精确点(速度)和三次精确点(加速度)，则需将式(7.29)对 φ 求一阶导数和二阶导数后得：

$$ie^{i\varphi}\cdot r_2+i\dot{\gamma}\cdot e^{i\gamma}\cdot r_3+i\dot{\mu}\cdot e^{i\mu}\cdot r_4+i\dot{\psi}\cdot e^{i\psi}\cdot r_5=0 \tag{7.35}$$

$$-e^{i\varphi}\cdot r_2+(-\dot{\gamma}^2+i\ddot{\gamma})e^{i\gamma}r_3+(-\dot{\mu}^2+i\ddot{\mu})e^{i\mu}r_4+(-\dot{\psi}^2+i\ddot{\psi})e^{i\psi}r_5=0 \tag{7.36}$$

式中 $\dot{\gamma}$、$\dot{\mu}$、$\dot{\psi}$,$\ddot{\gamma}$、$\ddot{\mu}$、$\ddot{\psi}$ 分别表示 γ、μ、ψ 对 φ 的一阶导数和二阶导数。

再将式(7.36)写成矩阵式，然后求解。如为获得线性解，其精确点数仍不能超过四个。所以在运动要求方面需注意，一个二次精确点相当于二个一次精确点，一个三次精确点相当于三个一次精确点等。文献[33]还给出了一种与图 7.19 不同型式的齿轮—五杆机构的按传动函数要求的综合方法与实例。

(4) 计算举例

要求实现函数 $y=\text{tg}\,x$ ($0°\leqslant x\leqslant 45°$)，试设计如图 7.19 所示的齿轮—五杆组合机构。

解：

① 按契贝歇夫间隔取四个精确点：

$$x_1=1.7126908°,\quad y_1=0.029901$$

$$x_2=13.8896623°,\quad y_2=0.247283$$

$$x_3=31.110377°,\quad y_3=0.603486$$

$$x_4=43.287289°,\quad y_4=0.941934$$

② 取曲柄 2 输入转角范围：$\varphi_{max}=90°$

输出构件 5 转角范围：$\psi_{max}=90°$

③ 将 x、y 数据转化为对应的转角 φ、ψ：

$$\varphi_1=0°,\quad \psi_1=0°$$

$$\varphi_2=24.353943°,\quad \psi_2=19.564380°$$

$$\varphi_3=58.795332°,\quad \psi_3=51.622650°$$

$$\varphi_4=83.149156°,\quad \psi_4=82.082970°$$

④ 取 $\gamma_2=20°$，$\gamma_3=30°$，$\gamma_4=40°$，

$$Z_A:Z_B:Z_C:Z_4=3:1:2:4$$

将上面数据代入式(7.33)，依次解出：

$$\mu_2=6.807037°,\ \mu_3=-4.781788°,\ \mu_4=-0.710791°。$$

⑤ 取 $\vec{r}_1$ 为沿 x 轴的单位矢量，并将以上数据：γ_i、μ_i、φ_i、ψ_i（$i=2$、3、4）代入式(7.34)，解线性方程组得：

$$\vec{r}_1=1.000+0.000i$$

$$\vec{r}_2=0.4026007-1.115427i$$

$$\vec{r}_3=-0.7087295+0.4749312i$$

$$\vec{r}_4=1.714269-0.4689372i$$

$$\vec{r}_5=-0.4081403+1.109433i$$

⑥ 各杆长度：

$$l_{机架}=1.000,\ l_{CD}=1.7772,\ l_{AB}=1.1858,\ l_{DE}=1.1821,\ l_{BC}=0.8532。$$

各齿轮的节圆直径：

$$r_A=0.889,\ r_B=0.296,\ r_B=0.284,\ r_C=0.569,\ r_{C'}=0.592,\ r_D=1.185。$$

⑦ 说明：

如任意变更转角范围 φ_{max}、ψ_{max}；或任意变更 γ_2、γ_3、γ_4 值；任意变更 $Z_A:Z_B:Z_C:$

Z_D，可得出不同的解。设计者可从中选取较优解。

4.2.3 实现给定轨迹的综合

齿轮—连杆组合机构能有效地再现预定的轨迹。通过固连在连杆上的点再现预期轨迹上某些规定的精确点。

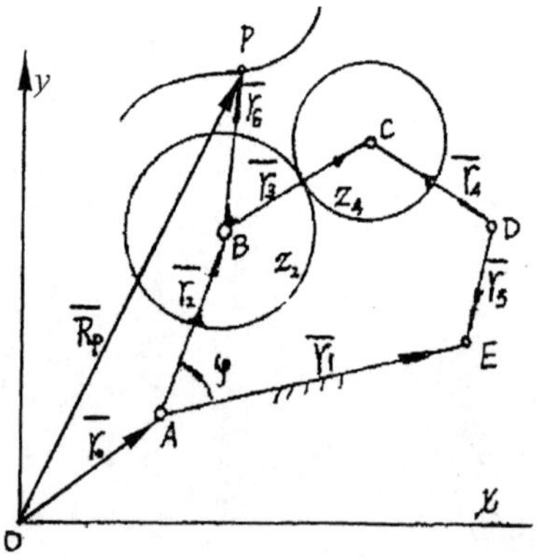

图 7.20

图 7.20 所示的组合机构是由连杆机构 $ABCDE$ 及齿数为 Z_2、Z_4 的齿轮机构组成。齿轮 Z_2 与 AB 构件固连，齿轮 Z_4 与 CD 杆固连。AB 为输入构件，连杆 BC 为输出构件，欲使连杆上的点 P 实现预定轨迹。

为解决上述问题，建立 xOy 坐标系。机构的固定铰链点 A 之位置以$\vec{r}_0$ 表示，机架以$\vec{r}_1$ 表示，其余各杆 AB、BC、CD、DE 分别以矢量 $\vec{r}_2$、$\vec{r}_3$、$\vec{r}_4$、$\vec{r}_5$ 表示，其转角分别以 φ、γ、μ、ψ 表示，连杆上点 P 的位置以 $\vec{r}_6$ 表示，在直角坐标系中动点 P 以矢量$\vec{R}_P$ 表示。

下面对机构进行分析，并建立运动方程式。

（1）周转轮系传动比

$$\frac{\mu-\gamma}{\varphi-\gamma}=-\frac{z_2}{z_4}$$

$$\therefore\ \mu=\gamma+(\gamma-\varphi)\frac{z_2}{z_4} \tag{7.37}$$

（2）动点 P 的位置矢量

$$\vec{R}_P=\vec{r}_0+\vec{r}_2+\vec{r}_6=\vec{r}_0+\vec{\mathring{r}}_2e^{i\varphi}+\vec{\mathring{r}}_6e^{i\gamma} \tag{7.38a}$$

（3）五杆机构的封闭矢量方程式

$$\vec{r}_1=\vec{r}_2+\vec{r}_3+\vec{r}_4+\vec{r}_5$$

$$\text{或}\ \vec{r}_1=\vec{\mathring{r}}_2e^{i\varphi}+\vec{\mathring{r}}_3e^{i\gamma}+\vec{\mathring{r}}_4e^{i\mu}+\vec{\mathring{r}}_5e^{i\psi} \tag{7.39a}$$

式中 $\vec{\mathring{r}}_2$、$\vec{\mathring{r}}_3$、$\vec{\mathring{r}}_4$、$\vec{\mathring{r}}_5$、$\vec{\mathring{r}}_6$ 分别表示矢量 $\vec{r}_2$、$\vec{r}_3$、$\vec{r}_4$、$\vec{r}_5$、$\vec{r}_6$ 的初始位置矢量。

（4）将式(7.38a)、(7.39a)分别写成如下形式

$$\vec{\mathring{r}}_2e^{i\varphi}+\vec{\mathring{r}}_6e^{i\gamma}=\vec{R}_p-\vec{r}_0 \tag{7.38b}$$

$$-\vec{r}_1+\vec{\mathring{r}}_2e^{i\varphi}+\vec{\mathring{r}}_3e^{i\gamma}+\vec{\mathring{r}}_4e^{i\mu}+\vec{\mathring{r}}_5e^{i\psi}=0 \tag{7.39b}$$

写成矩阵式

$$
\begin{bmatrix}
0 & 1 & 0 & 0 & 0 & 1 \\
0 & e^{i\varphi_2} & 0 & 0 & 0 & e^{i\gamma_2} \\
0 & e^{i\varphi_3} & 0 & 0 & 0 & e^{i\gamma_3} \\
-1 & 1 & 1 & 1 & 1 & 0 \\
-1 & e^{i\varphi_2} & e^{i\gamma_2} & e^{i\mu_2} & e^{i\psi_2} & 0 \\
-1 & e^{i\varphi_3} & e^{i\gamma_3} & e^{i\mu_3} & e^{i\psi_3} & 0
\end{bmatrix}
\begin{bmatrix}
\vec{r}_1 \\ \vec{\mathring{r}}_2 \\ \vec{\mathring{r}}_3 \\ \vec{\mathring{r}}_4 \\ \vec{\mathring{r}}_5 \\ \vec{\mathring{r}}_6
\end{bmatrix}
=
\begin{bmatrix}
\overrightarrow{R_{P_1}} - \vec{r}_0 \\ \overrightarrow{R_{P_2}} - \vec{r}_0 \\ \overrightarrow{R_{P_3}} - \vec{r}_0 \\ 0 \\ 0 \\ 0
\end{bmatrix}
\tag{7.40}
$$

(5) 选定 z_2/z_4、$\vec{r}_0$、$\overrightarrow{R_{P_1}}$、$\overrightarrow{R_{P_2}}$、$\overrightarrow{R_{P_3}}$，后面三个矢量是由精确点的位置确定的。则式(7.40)右端即为已知矢量。由于本题要求再现轨迹，故转角 γ_1、γ_2、γ_3 以及 φ_1、φ_2、φ_3、ψ_1、ψ_2、ψ_3 可任选。按式(7.37)依次求出 μ_1、μ_2、μ_3。将各量代入式(7.40)后可求出矢量 $\vec{r}_1$、$\vec{\mathring{r}}_2$、$\vec{\mathring{r}}_3$、$\vec{\mathring{r}}_4$、$\vec{\mathring{r}}_5$、$\vec{\mathring{r}}_6$。

对齿轮—五杆机构关于再现轨迹的综合，如要取得线性解，则所再现的精确点数不超过 3 个。但是，如要求增加再现的精确点数，在求解时即为求解非线性方程组问题。

4.3　凸轮—连杆组合机构综合

单一的凸轮机构在传递运动的功能以及在运转过程中的动力性能方面都存在着很大的局限性，而采用凸轮—连杆组合机构则可以扩大单一凸轮机构的功能，如扩大输出摆角，改善传动性能，并能很方便地实现良好的间歇运动以及实现较复杂的轨迹要求等。

按第一章所述的结构分析理论，凸轮—连杆组合机构可以得到许多不同的型式，型综合的结果见文献[29]。下面举例说明几种凸轮—连杆机构的尺度综合问题。

(1) 实现预定运动规律的几种简单的凸轮—连杆组合机构。

图 7.21(a)、(b)、(c)所示的凸轮—连杆组合机构都相当于连架杆长度可变的四杆机

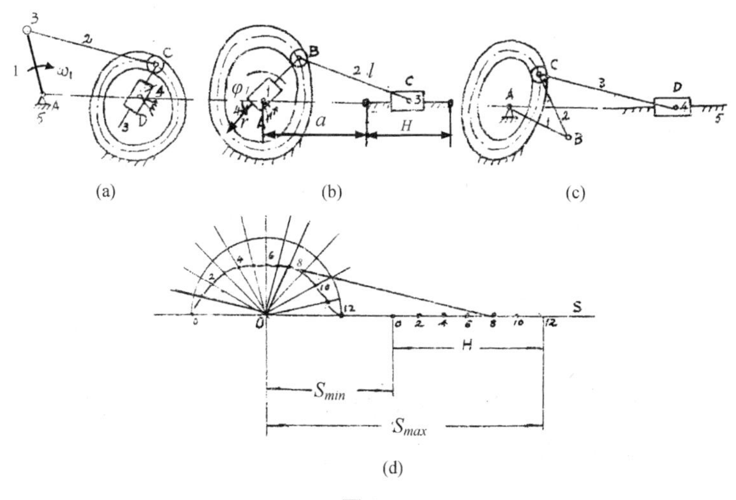

图 7.21

构。这些机构,实质上是利用凸轮机构来封闭具有两个自由度的五杆机构,所以这种组合机构综合的关键是按给定的输出运动要求设计凸轮廓线。

对于图 7.21(b)所示机构,若要求滑块 C 输出等速运动,且冲程为 H,则用图解法设计凸轮廓线的方法如图 7.21(d)所示。

(2) 实现连杆点的预定轨迹的凸轮—连杆组合机构

图 7.22 所示为凸轮—五杆组合机构,欲使铰链 C 再现预期的运动轨迹 α。图解设计的步骤如下。见图 7.23。

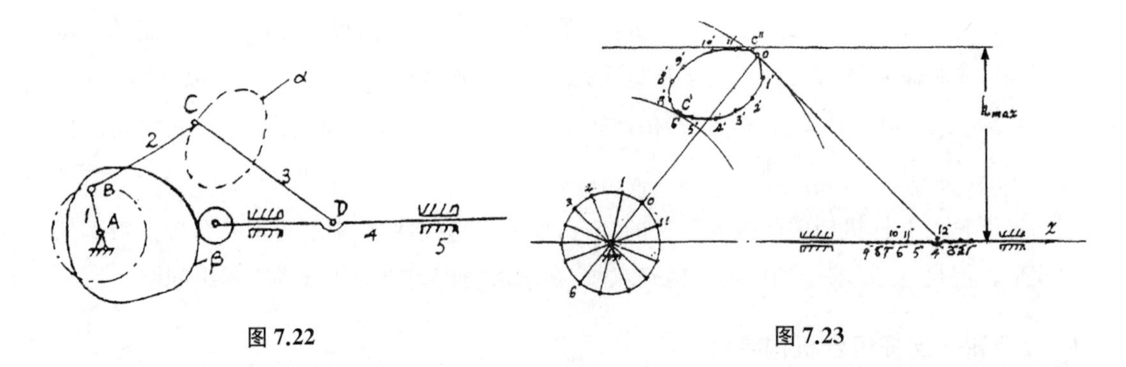

图 7.22　　图 7.23

① 参照机械的总体布置情况或其他的附加条件,选定曲柄轴心 A 与预期轨迹曲线之间的相对位置。

② 确定曲柄长度 l_1 及连杆长 l_2。

首先确定轨迹曲线上距点 A 最近点 C',最远点 C'',则 $l_1=\dfrac{\overline{AC''}-\overline{AC'}}{2}$,$l_2=\dfrac{\overline{AC''}+\overline{AC'}}{2}$。

③ 确定连杆长度 l_3。

首先确定轨迹曲线与导路的最大距离 h_{max},显然应使 $l_3>h_{max}$,从而选定恰当的 l_3。

④ 确定点 C、D 所对应的位置。

首先将曲柄上 B 点轨迹圆周分成若干等分(例如取等分点 $n=12$),将分点记为 1、2、3、…、12;找到 C 点轨迹上的相应点 $1'$、$2'$、$3'$、…、$12'$;再确定点 D 在导路 xx 上的对应位置:$1''$、$2''$、…、$12''$。

⑤ 再按 D 点在 x 轴线上的位移要求设计出凸轮的廓线 β。

4.4　其他形式组合机构综合简介

(1) 齿轮—凸轮组合机构

齿轮—凸轮组合机构常用作校正机构,特别是在齿轮加工机床中应用较多。

图 7.24 所示为齿轮加工机床中应用的一种校正机构。运动由轴 Ⅰ 输入,经分路传动,最后由滚刀及轴 Ⅱ 输出。

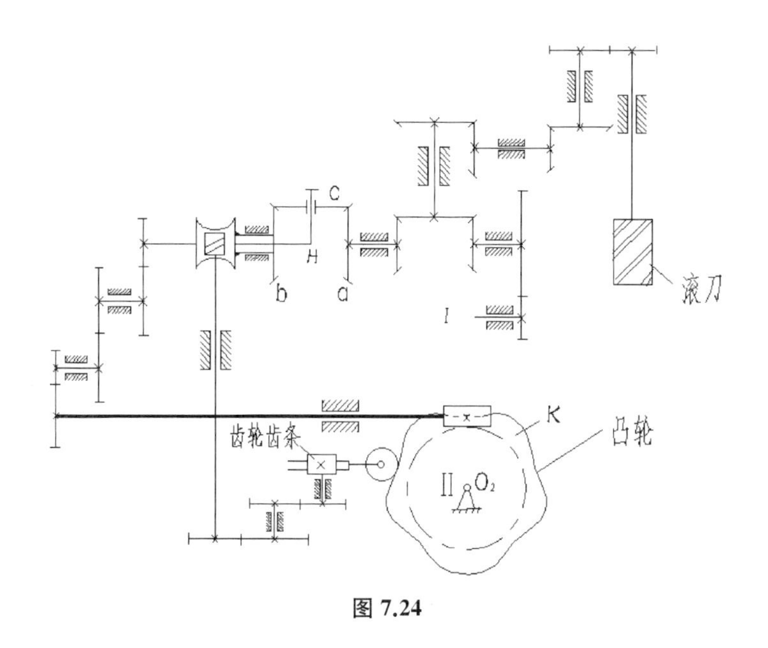

图 7.24

由于机床传动链较长，经过各传动件传递运动后，使得输出转角 φ_{II} 与名义值之间产生一定的累积误差。

为了将误差得以补偿，在机床运动链中加入差动轮系（由 a、b、c、H 组成）及凸轮机构。凸轮廓线应根据机构传动链中从动轴Ⅱ的运动输出误差 $\Delta\varphi_{\text{II}}$ 进行设计。

其设计的原则是，从动件Ⅱ在运动过程中的某段区间内如果误差 $\Delta\varphi_{\text{II}}=0$，则凸轮上与之对应的一段轮廓线应是以 O_2 为中心的圆弧，此时差动轮系的中心轮 b 静止不动，从动件Ⅱ的运动仅来自轴Ⅰ；从动件Ⅱ在运动过程中的某区间内，如果 $\Delta\varphi_{\text{II}}\neq 0$，则凸轮上相应的一段廓线应是与 $\Delta\varphi_{\text{II}}$ 的值相对应的一段校正曲线，借助此段曲线，使差动轮系中的齿轮 b 得到转动。此时，从动件Ⅱ的运动又得到来自校正凸轮的校正运动，从而使从动件的运动误差得以补偿。

（2）凸轮联动机构

在图 7.25 所示的联动凸轮机构中，欲使滑块上点 E 的运动轨迹为字母 R，其综合方法如下。

① 拟定描绘“R”轨迹的路线，从标号：0、1、2、…、29、30 所分间隔 $n=30$，共 31 个分点，见图 7.26(a)；

② 将凸轮的一周转角也分成相同等分，单位转角 $\Delta\varphi=360°/n$，即 $\Delta\varphi=12°$；

③ 按图(a)，确定每一个分点的 x，y 坐标值，再分别作出两个凸轮机构从动件的位移曲

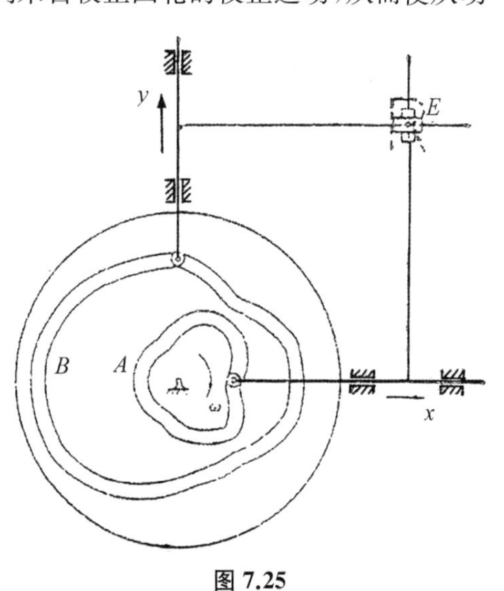

图 7.25

线 $x(\varphi_A)$（见图 b）和 $y(\varphi_B)$（见图 c）；

④ 再按凸轮的设计方法分别作出凸轮 A、B 的理论廓线，如图(d)所示，最后作滚子的包络线，即可得凸轮的工作曲线。

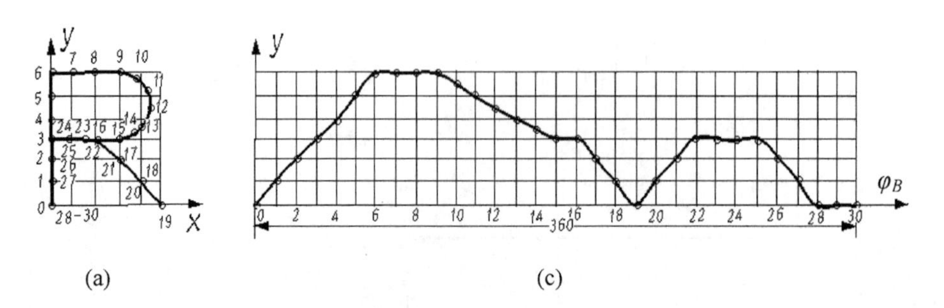

(a)　　(c)

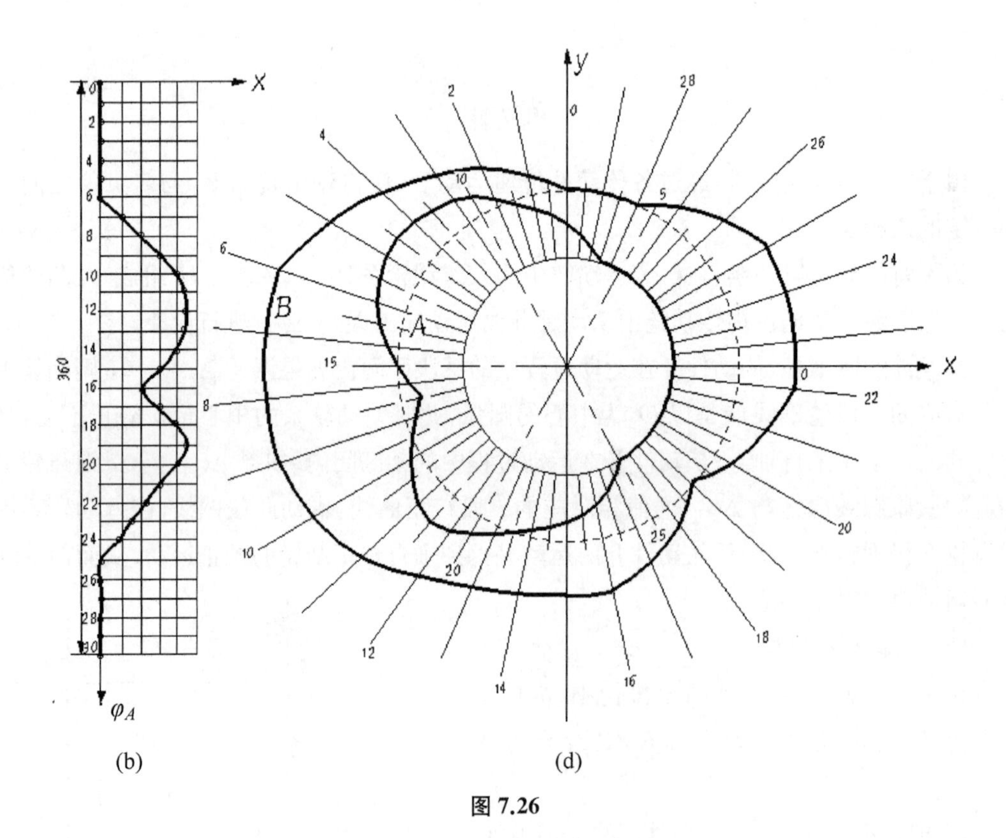

(b)　　(d)

图 7.26

第八章

机械系统动力学

1 机械系统动力学的研究内容和研究方法

近代机械向着高速、重载，特别是自动化方向迅猛发展，所以对机械系统动力学的研究也就更加迫切和重要。

机械系统，一般认为由三个基本的部分组成：动力装置、传动装置及工作装置。它们之间组成一个复杂的系统，研究其各部分之间的相互作用、特点及变化规律的问题是非常重要的。

动力装置（即原动机）实质上是能量转换装置，它将其他形式的能量如电能、热能以及化学能等以一定的方式转换为机械能。

传动装置的作用是将动力装置的机械能传递给工作装置，并使工作装置具有一定的力参数（如力和扭矩）和运动参数（位移、速度以及加速度）以适应工作过程的需要。

工作装置（即工作执行机构）是用来直接完成工艺过程的。

对于很多机械，应配置一些辅助装置，如操作控制系统，在一定条件下这些装置的性能对机械的工作效果和性能也将发生很大的影响。

机械系统进行工作必须能够运动，而系统的协调运动是取决于作用其上的外力，包括驱动与所有的阻力，以及各构件所具有的质量、转动惯量以及有关的尺寸。研究机械系统在外力作用下的运动是机械系统动力学的基本问题。机械中各构件在运动时，由于运动状态的变化而产生加速度，这将产生附加惯性力，原动机尚需随时克服这些惯性力。另外，惯性力引起对机械正常工作不利的冲击、振动及噪声等。在高速机械中，不平衡的离心惯性力是机械产生振动的主要原因之一，振动降低机械效率、降低产品质量，严重情况使机件遭到破坏以致发生事故，造成巨大的损失与严重后果，所以机械振动是一种非常有害的现象。此外，振动和噪音使操作人员加速疲劳，对工作人员的健康产生不良的影响，所以机械的平衡问题是动力学研究的又一个重要方面。

在高速机械中还应考虑构件的弹性和运动副中存在间隙的影响等。

一般说来，机械动力学的研究方法分为理论研究和实验研究两个方面。理论研究的方法是将所研究的对象抽象为数学模型或物理模型，然后通过对该模型进行分析计算得出具有普遍性的结论。然而，对于系统动力学的研究来说，即使是一个看起来较为简单的问题，欲建立方程式继而进行求解常常都会遇到很大的困难，而且相当复杂。鉴于此种情况，在进行研究时常采取一种转化的手段，即对原问题做某种假设，在保持原问题的运动与动力特性不变的原则下使问题得以简化，以便于对问题能够进行研究与求解。这样做所得出的结果必然与精确解之间产生一定的误差，其结果只能是近似的，有时甚至是概略性的结论。

实验研究方法，是在样机上、实验机上或用模型来进行，在一定的工作条件下，用相匹配的仪器，对在一定工况条件下的样机或模型进行测定。根据测定的结果进行分析，当初在设计机器时所做的假设与方案是否合理，找出机械设计的依据，发现机器的薄弱环节并研究所出现的问题，并提出改进原设计上不合理的地方。

近年来，由于电子计算机技术和各种测试新技术的发展，已很多采用计算机进行分析与大量的复杂计算，直接快速的处理大量的数据，对机器的受力及各种运动进行计算机模拟，可以一定程度的直观看到机器的运动及各种动力状态。这样，将理论研究和实验研究有机地结合起来，经济而迅速地获得研究成果。

2 驱动装置与工作装置的机械特性

驱动装置与工作装置在其力的作用下产生运动，此力与运动的关系称为“机械特性”或称“工作特性”。不论驱动装置（原动机）还是工作装置（执行工作装置），这一特性均可用力参数（力、力矩）与运动参数（位移、速度、时间）之间的函数关系来表示，很多时候是用力与运动函数式表示，并画出函数曲线以直观地表示其特征，该函数曲线称为“特性曲线”。

2.1 原动机的机械特性

由原动机发出的力（力矩）称为驱动力（力矩），用以驱动机械产生运动。不同的原动机有不同的机械特性，各种原动机的机械特性曲线一般是用理论分析及实验等方法取得。

2.1.1 常见的几种原动机特性曲线

常见的几种驱动装置的特性曲线见图 8.1。

驱动力按驱动装置的机械特性通常分为以下几类：

（1）驱动力是常数。如图 8.1(c)所示重锤产生的驱动力；

（2）驱动力是位移的函数。如图 8.1(a)所示弹簧作为驱动装置时，弹簧的驱动力与位移呈线性关系，即 $F = a + kS$；

（3）驱动力是速度的函数。如图 8.1(d)～(h)所示，驱动力以输出轴的力矩方式表示，其速度以转速表示，即驱动力矩 M 是转速 n 的函数。

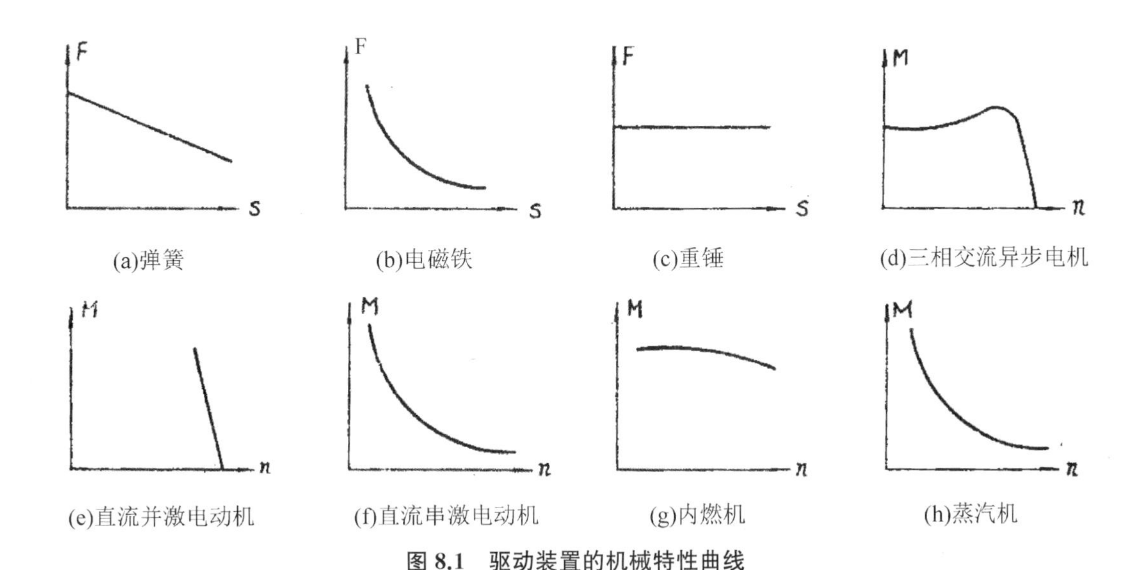

图 8.1　驱动装置的机械特性曲线

2.1.2　原动机特性曲线的刚度和过载性能

特性曲线的"刚度"定义为：曲线上某一个特定点处该曲线的切线斜率，其值称为刚度系数，即曲线在该点处的切线与横坐标夹角的正切值。由于不同的原动机有各自的特性曲线，故其特性曲线的刚度也有别，即使是同一原动机，其特性曲线在不同点处的刚度也多是变化的。刚度愈大，表示当载荷发生变化时，发动机的速度变化较小，由图 8.1 可见，直流并激电动机的特性曲线的刚度比内燃机的大。假如用内燃机驱动车辆，由于内燃机特性曲线刚度不足，则内燃机只适合在载荷变化不大的工况条件下工作。当载荷增大时，其所驱动的车辆必定减速。内燃机驱动的车辆装有变速器，其目的之一是在载荷不变的情况下可以改变车辆的行驶速度，而又在很多时候，由于载荷增大导致发动机速度下降时，可利用变速器改变速度，使车辆在变速范围内发动机主轴上的阻力矩大体保持不变，以使发动机得以维持正常工作。当然，如果车辆同时安装调速器，变矩器等附加装置，也能在一定程度上补偿因发动机特性曲线刚度之不足带来的问题。

原动机过载性能一般用"扭矩储备系数"表示，该系数定义为发动机最大扭矩与额定扭矩的比值。这个性能标志发动机的过载能力。选用各种发动机都应根据机械系统的工况，对发动机的过载性能提出一定的要求。

2.1.3　三相交流异步电动机的机械特性

三相交流异步电动机在各行各业得到极为广泛的应用，所以对其机械特性加以介绍。

图 8.2 中：M—电动机输出扭矩

n—电动机输出转速

M_H—额定扭矩(N·m)

n_H—额定转速(r/min)

M_K—最大扭矩

n_0—同步转速

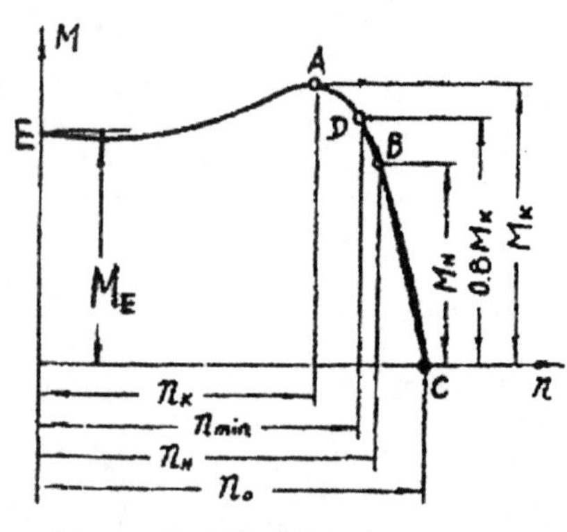

图 8.2 异步电动机机械特性曲线

图 8.2 为异步电动机的机械特性曲线，点 A 将曲线分成两部分，A 点对应着最大扭矩 M_K，曲线 AE 段是不稳定的，为非工作部分；AC 段为稳定的，是工作部分。

异步电机特性曲线上的四个特性点：

(1) C 点：由同步转速 n_0 确定的点，该点处电机的驱动力矩为零；

(2) B 点：额定转速 n_H 和相应的额定力矩 M_H 所确定的点；

(3) A 点：由电机的最大驱动力矩 M_K 及工作部分许可的最小转速 n_K 所确定的点；

(4) E 点：当电机启动时角速度为零而初始启动力矩 M_E 所确定的点。

在 AC 工作段，当电机所驱动的工作装置的外载荷增加时，则电机转速下降，而引起电机输出力矩增加，使外载荷达到新的平衡。所以，当外载荷在一定范围内变化时，按 AC 段曲线的特性，电机可以调节与外载荷相适应。但运转在 A 点左面的 AE 段时(即转速低于 n_K)，工作载荷增加，则工作机及连同电机转速下降，由图 8.2 可见电机的输出力矩也下降，造成转速进一步下降，不能与外载荷平衡，由于转速的持续下降，直到停止运转，所以曲线 AE 部分为非工作部分。

三相交流异步电机的工作部分曲线具有很大的刚性，外载荷的变动不会引起角速度很大的波动，基本保持以不变的角速度运转。

若已知电动机铭牌上标出下列参数：额定功率 P_H(kW)、额定转速 n_H(r/min)，同步转速 n_0(r/min)、扭矩储备系数 λ $\left(\lambda=\dfrac{\text{最大力矩 }M_K}{\text{额定力矩 }M_H}\right)$ 并定义电机的转差率

$$S=\frac{n_0-n}{n_0} \tag{8.1}$$

则额定转差率

$$S_H=\frac{n_0-n_H}{n_0} \tag{8.2}$$

可导出最大转差率

$$S_K=S_H(\lambda+\sqrt{\lambda^2-1})=\frac{n_0-n_K}{n_0}$$

额定力矩
$$M_H=9\,550\frac{P_H}{n_H}\quad(\text{Nm}) \tag{8.3}$$

最大力矩
$$M_K=\lambda M_H\quad(\text{Nm})$$

考虑电机运转的安全，通常使用的电机最大力矩只取 $0.8M_K$，即图 8.2 中曲线上的 D 点。

异步电动机的机械特性曲线其工作段上的曲线方程，常有如下两种表达式：

认为 BC 段近似于抛物线，则在特性曲线上取三个点的坐标 (n_i, M_i)，$i=1, 2, 3$，则曲线方程为

$$M=a+bn+cn^2 \tag{8.4}$$

式中待定系数 a，b，c 用给定的三点坐标值代入方程(8.4)求得。

当已知特性曲线 BC 上的两端点 $B(n_H, M_H)$、$C(n_0, 0)$ 时，则常用直线段 $\overline{BC}$ 的方程近似

$$M=a-bn \tag{8.5}$$

式中

$$\left.\begin{aligned} a&=\frac{M_H}{S_H} \\ b&=\frac{M_H}{n_0 S_H} \end{aligned}\right\} \tag{8.6}$$

式(8.4)、(8.5)方程中的转速 n 也可用电机主轴角速度 ω 来代替。

例一　已知三相鼠笼式电动机铭牌标出参数为：额定功率 $P_H=18.7$ kW，额定转速 $n_H=975$ r/min，扭矩储备系数 $\lambda=1.9$，同步转速 $n_0=1\,000$ r/min。试写出用直线段 $\overline{BC}$ 代替电机稳定工作段的特性曲线方程。

解： 额定力矩

$$M_H=9\,550\frac{P_H}{n_H}=9\,550\times\frac{18.7}{975}=183.16\ \text{Nm}$$

$$S_H=\frac{n_0-n_H}{n_0}=\frac{1\,000-975}{1\,000}=0.025$$

由式(8.6)得

$$a=\frac{M_H}{S_H}=\frac{183.16}{0.025}=7\,326$$

$$b=\frac{M_H}{n_0 S_H}=\frac{183.16}{0.025\times 1\,000}=7.326$$

代入式(8.5) $M=a-bn$ 中得

$$M=7\,326-7.326n \quad \text{Nm}$$

如若写出 $M(\omega)$ 形式，则先求

$$\omega_0=\frac{2\pi n_0}{60}=\frac{2\pi\times 1\,000}{60}=104.72\text{ rad/s}$$

$$b=\frac{M_H}{\omega_0 S_H}=\frac{183.16}{104.72\times 0.025}=69.96$$

代入式(8.5)得

$$M=7\,326-69.96\omega\quad \text{Nm}$$

例二 已知起重机用电动机特性曲线在稳定工作段上的三点坐标：

$$\omega_1=100\text{ rad/s},\quad M_1=10\text{ Nm}$$
$$\omega_2=52\text{ rad/s},\quad M_2=100\text{ Nm}$$
$$\omega_3=0,\quad M_3=145\text{ Nm}$$

试写出该电机用抛物线近似代替的特性曲线方程。

参见式(8.4)为

$$M=a+b\omega+c\omega^2$$

将三个已知点的坐标值代入后有：

$$\left.\begin{aligned}10&=a+100b+100^2c\\100&=a+52b+52^2c\\145&=a\end{aligned}\right\}$$

解得

$$a=145,\ b=-0.340\,4,\ c=-0.010\,1$$

故特性曲线方程为

$$M=145-0.340\,4\omega-0.010\,1\omega^2$$

其工作段曲线如图 8.3 所示。

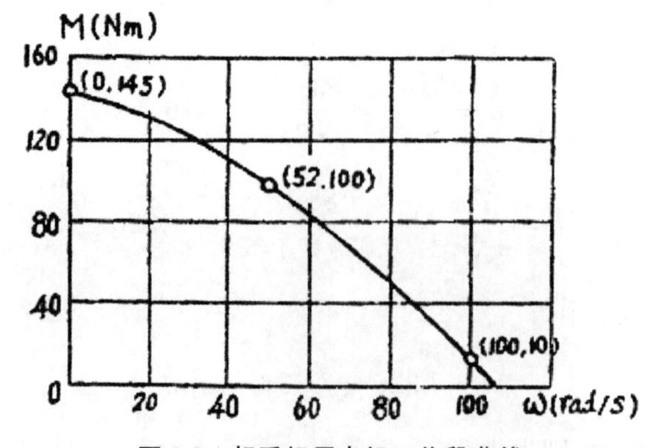

图 8.3 起重机用电机工作段曲线

2.2　工作装置的机械特性

工作装置又称工作机，它承受的载荷即机械系统中所承受的生产阻力。

工作机的机械特性通常也是用力参数（力、力矩）与运动参数（位移、速度等）之间的关系来表示，常见的有以下几种情况。

(1) 生产阻力是常数，如起重机、轧钢机、刨床等；

(2) 生产阻力是速度函数。如鼓风机、离心泵、排烟机、螺旋桨等；

(3) 生产阻力是位移的函数。如推土机、曲柄压力机、活塞压缩机等；

(4) 生产阻力是位移和速度的函数。如皮带运输机；

(5) 生产阻力是时间的函数。如碎石机、球磨机、揉面机等。

各种工作机的运行及特性的研究本是其所属不同各专业的主要任务。所以，对于许多各式各样的工作机的机械特性要参考各专业的专门书籍与文献。

3　等效动力学模型

3.1　机构中的受力分析

机械系统由原动机、传动装置以及工作机组成，可以看成是一个用各种分布的参数以及集中参数表征的复杂力学系统。例如：构件的质量、转动惯量、运动副中的摩擦、驱动力以及生产阻力等，这些参数可以用来描写构件的物理特性，也就是对机械系统各构件的运动产生影响的物理量。系统的运动是由作用其上的外力以及各构件的质量、转动惯量以及有关尺寸等因素所决定的。研究机械系统在各种外力作用下的运动是机械动力学要解决的基本问题。

机械系统是一个复杂的系统，对它的理论研究是十分困难的，为了研究这个系统，原则上可将系统分解，对每一个活动构件建立一组相应的微分方程式，其组数当然等于活动构件数，从而得到微分方程系，对方程系求解可以得到力、质量及运动参数之间的关系。

下面举例简单说明。

如图 8.4(a)所示四杆机构。设机构尺寸：$l_{AB}=a$，$l_{BC}=b$，$l_{CD}=c$，$l_{AD}=d$，各构件质心 S_1，S_2，S_3 的位置分别以 h_1、h_2、h_3 表示，质量为 m_1，m_2，m_3，对各质心的转动惯量分别为 J_1，J_2，J_3，作用于构件 3 上的外力简化为力$\vec{F}_r$ 及力矩 M_r。又已知原动件的运动参数 φ_1，$\dot{\varphi}_1$，$\ddot{\varphi}_1$。欲求各运动副的反力及作用于构件 1 上的平衡力矩 M_b。可用以下步骤进行分析：

(1) 在已知原动件运动规律 φ_1，$\dot{\varphi}_1$，$\ddot{\varphi}_1$ 的条件下，进行机构运动分析可求出构件 2 及 3 的角加速度$\ddot{\varphi}_2$，$\ddot{\varphi}_3$ 及质心点 S_2，S_3 的加速度$\vec{a}_{s2}$，$\vec{a}_{s3}$，再分别求出构件 1，2，3 的惯性力及惯性力矩 $\vec{P}_{I_1}$，$\vec{P}_{I_2}$，$\vec{P}_{I_3}$ 及 M_1，M_2，M_3。即

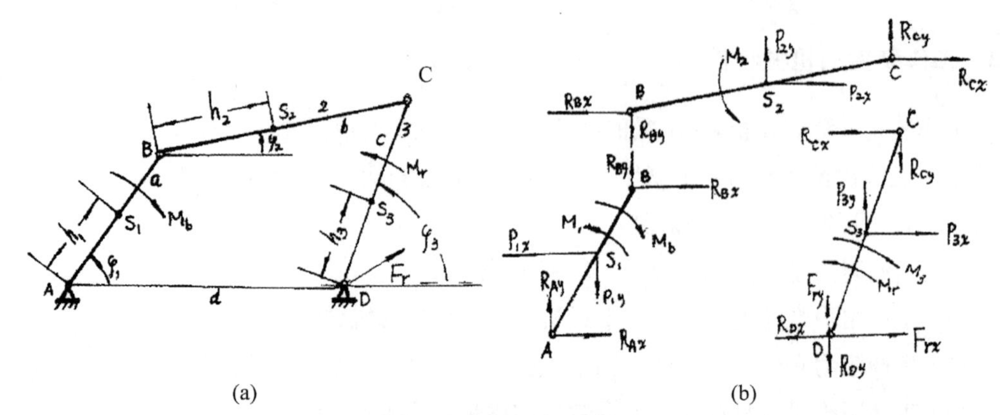

(a)　　　　　　　　　　　　(b)

图 8.4　四杆机构力分析

$$\vec{P}_{I_1}=-m_1 a_{s_1}\quad 分解为\begin{cases}P_{1x}=m_1 a_{1x}\\ P_{1y}=m_1 a_{1y}\end{cases},\quad M_1=-J_{s_1}\ddot{\varphi}_1 \tag{8.7}$$

$$\left.\begin{aligned}&\vec{P}_{I_2}=-m_2 a_{s_2}\quad 分解为\begin{cases}P_{2x}=m_2 a_{2x}\\ P_{2y}=m_2 a_{2y}\end{cases},\quad M_2=-J_{s_2}\ddot{\varphi}_2\\ &\vec{P}_{I_3}=-m_3 a_{s_3}\quad 解解为\begin{cases}P_{3x}=m_3 a_{3x}\\ P_{3y}=m_3 a_{3y}\end{cases},\quad M_3=-J_{s_3}\ddot{\varphi}_3\end{aligned}\right\} \tag{8.8}$$

(2) 解开各运动副，在拆下来的各动构件上画出所受诸力如图 8.4(b)所示。

(3) 写出各构件受力的平衡方程式

$$\left.\begin{aligned}
&构件1:\\
&\sum X=0,\ R_{Ax}+R_{Bx}-P_{1x}=0\\
&\sum Y=0,\ R_{Ay}+R_{By}-P_{1y}=0\\
&\sum M_A=0,\ P_{1x}h_1\sin\varphi_1+R_{By}a\cos\varphi_1-P_{1y}h_1\cos\varphi_1-R_{Bx}a\sin\varphi_1+M_1-M_b=0\\
&构件2:\\
&\sum X=0,\ -R_{Bx}+R_{Cx}+P_{2x}=0\\
&\sum Y=0,\ -R_{By}-R_{Cy}+P_{2y}=0\\
&\sum M_B=0,\ P_{2y}h_2\cos\varphi_2-P_{2x}h_2\sin\varphi_2+R_{cy}b\cos\varphi_2-R_{cx}b\sin\varphi_2+M_2=0\\
&构件3:\\
&\sum X=0,\ -R_{Dx}+P_{3x}-R_{Cx}+F_{rx}=0\\
&\sum Y=0,\ -R_{Dy}+P_{3y}-R_{Cy}+F_{ry}=0\\
&\sum M_D=0,\ R_{cx}c\sin\varphi_3-R_{cy}c\cos\varphi_3+P_{3y}h_3\sin\varphi_3-P_{3x}h_3\cos\varphi_3+M_r-M_3=0
\end{aligned}\right\} \tag{8.9}$$

将式(8.7)、(8.8)代入(8.9)换写成如下形式：

$$\left.\begin{aligned}
R_{Ax}+R_{Bx}&=m_1a_{1x}\\
R_{Ay}+R_{By}&=m_1a_{1y}\\
-R_{Bx}a\sin\varphi_1+R_{By}a\cos\varphi_1-M_b&=-m_1a_{1x}h_1\sin\varphi_1+m_1a_{1y}h_1\cos\varphi_1+J_{S_1}\ddot{\varphi}_1\\
-R_{Bx}+R_{Cx}&=-m_2a_{2x}\\
-R_{By}-R_{Cy}&=-m_2a_{2y}\\
-R_{cx}b\sin\varphi_2+R_{cy}b\cos\varphi_2&=m_2a_{2x}h_2\sin\varphi_2-m_2a_{2y}h_2\cos\varphi_2+J_{S_2}\ddot{\varphi}_2\\
-R_{Cx}-R_{Dx}&=-m_3a_{3x}-F_{rx}\\
-R_{Cy}-R_{Dy}&=-m_3a_{3y}-F_{ry}\\
R_{cx}c\sin\varphi_3-R_{cy}c\cos\varphi_3&=m_3a_{3x}h_3\cos\varphi_3-m_3a_{3y}h_3\sin\varphi_3-J_{S_3}\ddot{\varphi}_3-M_r
\end{aligned}\right\}\tag{8.10}$$

式(8.10)表示了由三个动构件共建立了由 9 个方程组成的方程系，式中：R_{Ax}，R_{Ay}，R_{Bx}，R_{By}，R_{Cx}，R_{Cy}，R_{Dx}，R_{Dy}，M_b 共 9 个未知量，即四个运动副反力：$\vec{R}_A$，$\vec{R}_B$，$\vec{R}_C$，$\vec{R}_D$，及平衡力矩 M_b。

由上面的分析，此铰链四杆机构的动态静力分析归结为如下矩阵形式的线性方程组求解问题，等式左边的列矩阵为未知量矩阵，9 阶方阵为未知量系数矩阵，等式右面表示已知的外力、质量及运动参数的列矩阵。

$$\begin{bmatrix}
1&0&1&0&0&0&0&0&0\\
0&1&0&1&0&0&0&0&0\\
0&0&-a\sin\varphi_1&a\cos\varphi_1&0&0&0&0&-1\\
0&0&-1&0&1&0&0&0&0\\
0&0&0&-1&0&-1&0&0&0\\
0&0&0&0&-b\sin\varphi_2&b\cos\varphi_2&0&0&0\\
0&0&0&0&-1&0&-1&0&0\\
0&0&0&0&0&-1&0&-1&0\\
0&0&0&0&c\sin\varphi_3&-c\cos\varphi_3&0&0&0
\end{bmatrix}
\begin{bmatrix}R_{Ax}\\R_{Ay}\\R_{Bx}\\R_{By}\\R_{Cx}\\R_{Cy}\\R_{Dx}\\R_{Dy}\\R_b\end{bmatrix}
=\begin{bmatrix}
m_1a_{1x}\\
m_1a_{1y}\\
-m_1a_{1x}h_1\sin\varphi_1+m_1a_{1y}h_1\cos\varphi_1+J_{S_1}\ddot{\varphi}_1\\
-m_2a_{2x}\\
-m_2a_{2y}\\
m_2a_{2x}h_2\sin\varphi_2-m_2a_{2y}h_2\cos\varphi_2+J_{S_2}\ddot{\varphi}_2\\
-m_3a_{3x}-F_{rx}\\
-m_3a_{3y}-F_{ry}\\
m_3a_{3x}h_3\cos\varphi_3-m_3a_{3y}h_3\sin\varphi_3-J_{S_3}\ddot{\varphi}_3-M_r
\end{bmatrix}\tag{8.11}$$

解式(8.11)线性方程组可求得各运动副的反力 $\vec{R}_A$，$\vec{R}_B$，$\vec{R}_C$，$\vec{R}_D$ 及平衡力矩 M_b。

但对于在给定外力作用下，求解机构及系统运动规律的问题远比运动分析与受力分析问题困难得多。同样是图 8.4(a)所示的铰链四杆机构，在给定外力 M_b，M_r，F_r 作用下，求解机构系统的运动规律，需建立动力学方程式进行求解。在式(8.10)的 9 个方程中，其独立的未知量有外力参数 R_{Ax}，R_{Ay}，R_{Bx}，R_{By}，R_{Cx}，R_{Cy}，R_{Dx}，R_{Dy} 及运动参数 $\ddot{\varphi}_1$ 共九个，由 $\ddot{\varphi}_1$ 通过积分可求得 $\dot{\varphi}_1$，φ_1，并由运动分析可解出 φ_2，$\ddot{\varphi}_2$，φ_3，$\ddot{\varphi}_3$，所以式(8.11)中的各构件质心加速度分量 a_{1x}，a_{1y}，a_{2x}，a_{2y}，a_{3x}，a_{3y} 以及从动构件的角加速度 $\ddot{\varphi}_2$，$\ddot{\varphi}_3$ 虽也为未知量，但不是独立的，归根结底是 $\ddot{\varphi}_1$ 的函数。

因此，在已知外力作用下的动力学求解系统运动的方程组却是一个复杂的非线性微分方程组。如果生产阻力及驱动力是个较复杂的函数，则更增加了求解的难度。总之，从动力学方程组求解机械系统的运动规律是一个很复杂的问题，解这种方程组有很大困难，甚至无法求解。

为了进一步研究系统动力学问题，必须将这个复杂系统按一定的原则进行简化，简化时将某些分散着的量用某种形式的集中参数替代，同时忽略某些无关紧要的参数等，这种简化后的系统称为等效动力学模型。这种简化，在实质上就是从动力学的角度设法求得一个与所研究的机械系统“完美等价”的系统。通过这个简化后的系统较易解决许多动力学方面的问题，再将求得的解转换到原来的复杂系统中去。

3.2 等效构件

在研究机械系统动力学问题时，首先确定等效构件。在研究单自由度机械系统时，为简化，一般选取系统中绕定轴转动构件或做直线移动的构件为等效构件。

例如图 8.5(a)所示六杆机构，系统中作用有外力 P_2、P_3、P_4 及力矩 M_1、M_4、M_5。为了简化，可取构件 AB 为等效构件，并视作匀质圆盘(图 b)；或取构件 AB 上点 B 为等效点并视作质量和受力集中在 B 点(图 c)；也可取移动构件 3 为等效构件，如(图 d)所示。

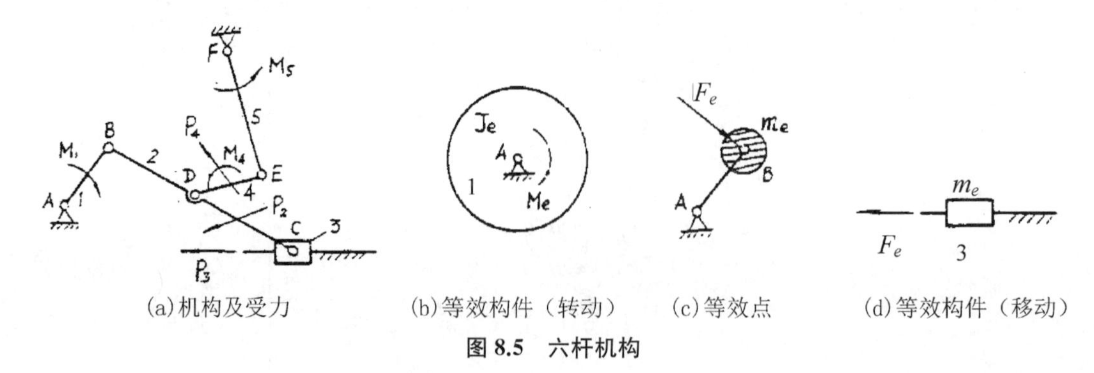

(a)机构及受力　(b)等效构件（转动）　(c)等效点　(d)等效构件（移动）

图 8.5　六杆机构

机械系统的运动取决于作用在系统中的所有外力、外力矩以及各构件的质量和转动惯量。为了使等效构件与机械系统中该构件的真实运动一致，假想地把作用在系统中的所有外力和外力矩等效地转化到等效构件上，称为等效力 F_e 或等效力矩 M_e；又把所有构件的质量及转动惯量都转化到等效构件上，称为等效质量 m_e 或等效转动惯量 J_e。使在等效力 F_e 或等效力矩 M_e 作用下，驱动质量为 m_e 或转动惯量为 J_e 的等效构件所作的运动将与系统中该构件的真实运动相同。这样，就将机械系统动力学问题转化为一个构件——等效构件的动力学问题，这将使研究大为简化。

决定等效构件位置的参量称为广义坐标。如转动等效构件的广义坐标取 $\varphi=\varphi(t)$，φ 为转动构件的转角，t 为时间；移动等效构件取广义坐标为 $S=S(t)$，S 为移动构件的位移。

从功、能的角度分析，原机构的动能改变等于外力所作的功。因此，如果在同一时间间隔内，等效构件具有的动能改变与整个机构的动能变化相同，又作用在等效构件上的力所作的功与作用在机构上所有外力作的功总和相等，则可认为，等效构件的运动规律将与机构中相应构件的真实运动规律相一致。这就是机械系统动力学计算中的等效基本原则。

3.3 等效力和等效力矩

等效力（或力矩）是按等功原则，基于虚位移原理进行转化的。即等效力 F_e 或等效力矩 M_e 作的元功与系统中所有外力和外力矩所作元功总和相等来确定在等效构件上的等效力或等效力矩。为方便，以下用功率计算。即等效力或等效力矩在某瞬时的功率与系统中所有外力与外力矩在同一瞬时的功率相等原则。

（1）等效构件为移动构件，求等效力 F_e，则由等功率原则有

$$F_e v=\sum_{i=1}^{n} F_i v_i \cos\alpha_i+\sum_{i=1}^{n}\pm M_i\omega_i$$

则

$$F_e=\sum_{i=1}^{n}\left(\frac{v_i}{v}\right)F_i\cos\alpha_i+\sum_{i=1}^{n}\pm\left(\frac{\omega_i}{v}\right)M_i \tag{8.12}$$

式中 F_e—等效力

n—活动构件数

F_i—作用在系统各构件上的外力

v_i—力 F_i 作用点之速度

α_i—第 i 构件受力点处$\vec{v}_i$ 与$\vec{F}_i$ 的夹角

M_i—各构件上的外力矩

ω_i—外力矩 M_i 所作用构件之角速度

式中的“±”号取法是：当 ω_i 与 M_i 方向一致时取“+”，否则取“−”。

若计算得 F_e 为正，表示等效力 F_e 与等效构件受力点的速度$\vec{v}$的方向一致，为负则方

向相反。

(2) 等效构件为绕定轴转动的构件，等效力矩 M_e 的计算由等功率原则有：

$$M_e \cdot \omega = \sum_{i=1}^{n} F_i v_i \cos\alpha_i + \sum_{i=1}^{n} \pm M_i \omega_i$$

则

$$M_e = \sum_{i=1}^{n} \frac{v_i}{\omega} F_i \cos\alpha_i + \sum_{i=1}^{n} \pm \left(\frac{\omega_i}{\omega}\right) M_i \tag{8.13}$$

若计算得到 M_e 为正时，表示等效构件的等效力矩与转动角速度同向；为负则表示反向。

由式(8.12)、(8.13)可见，所选等效构件不论是直移构件或是绕定轴转动的构件，其上的等效力或等效力矩不仅与作用在机构各构件上的外力 F_i、外力矩 M_i 有关，而且还与各构件的角速度 ω_i 与等效构件角速度 ω（或等效构件力作用点之速度 v）的比值 $\frac{\omega_i}{\omega}\left(或\frac{\omega_i}{v}\right)$，各构件受力点的速度 v_i 与等效构件角速度 ω 的比值 $\frac{v_i}{\omega}\left(或\frac{v_i}{v}\right)$ 有关，这些比值（速比）随等效构件的位置而变化，即速比 $\frac{\omega_i}{\omega}$、$\frac{v_i}{\omega}$、$\frac{\omega_i}{v}$、$\frac{v_i}{v}$ 均是等效构件位置 $\varphi(t)$ 或 $S(t)$ 的函数，特殊情况下也可能为常量，总的统称为广义坐标 $\varphi(t)$ 或 $S(t)$ 的函数。所以等效力矩 M_e（或等效力 F_e）可出现以下几种情形。

(1) 当所有的外力 F_i 及外力矩 M_i 均为常量，各速比也全部为常量时，则等效力矩 M_e（或等效力 F_e）是常量。

(2) 仅当外力 F_i、外力矩 M_i 为常量或为等效构件位置的函数，则等效力矩 M_e（或等效力 F_e）为等效构件位置的函数。

(3) 当外力 F_i 及外力矩 M_i 是等效构件速度（角速度）的函数，则等效力矩 M_e（或等效力 F_e）为等效构件位置及速度（角速度）的函数。

(4) 当外力 F_i、外力矩 M_i 是等效构件速度（角速度）的函数，而速比为常量，则等效力矩 M_e（或等效力 F_e）为等效构件速度（角速度）的函数。

例一 图 8.6 所示正弦机构。已知：曲柄 $l_{AB}=r$，滑块 3 上所受阻力 $F_3=cv_3$（c 为常数，F_3 与 v_3 方向相反）。如选曲柄 1 为等效构件，求等效力矩 M_e。

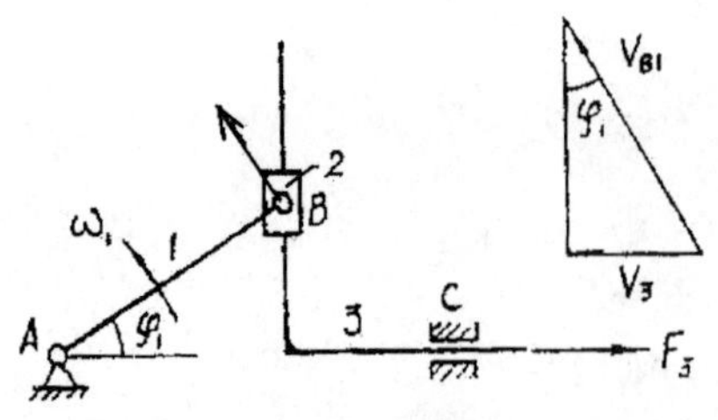

图 8.6　正弦机构

解：先作运动分析：$v_{B_1}=\omega_1 r$

$$v_3 = v_{B_1}\sin\varphi_1 = \omega_1 r\sin\varphi_1$$

$$cv_3 = c\omega_1 r\sin\varphi_1$$

再求阻力　$F_3 = -c\omega_1 r\sin\varphi_1$

代入式(8.13)后得

$$M_e = F_3 \frac{v_3}{\omega_1} \cdot \cos 180^\circ = -c\omega_1 r^2 \sin^2 \varphi_1$$

所计算出的等效力矩 M_e 为负,表示它与 ω_1 方向相反,且为等效构件位置 φ_1 及角速度 ω_1 的函数。

如在本题中另选构件 3,为等效构件,则应计算等效力 F_e,按式(8.12) $F_e = \frac{v_3}{v_3} F_3 \cos 180^\circ = -cv_3 = -c\omega_1 r_1 \sin \varphi_1$,从计算角度看较前者简单。

3.4　等效质量和等效转动惯量

根据等动能原则,即按照等效构件所具有的动能与机构中所有构件具有的动能之和相等原则来确定等效构件所具有的等效质量 m_e 或等效转动惯量 J_e。

(a) 选直线移动构件为等效构件,导出等效质量计算公式。设等效质量 m_e,等效构件移动速度为 v,根据等效构件所具有的动能与机构各构件具有的动能总和相等,得

$$\frac{1}{2} m_e v^2 = \sum_{i=1}^{n} \left(\frac{1}{2} m_i v_{si}^2 + \frac{1}{2} J_{si} \omega_i^2 \right)$$

则

$$m_e = \sum_{i=1}^{n} \left[m_i \left(\frac{v_{si}}{v} \right)^2 + J_{si} \left(\frac{v_{si}}{v} \right)^2 \right] \tag{8.14}$$

式中：n—机构中活动构件数目

m_i—第 i 构件的质量

J_{si}—第 i 构件绕质心 S_i 的转动惯量

ω_i—第 i 构件的转动角速度

v_{si}—第 i 构件质心点的速度

(b) 选定轴转动的构件为等效构件,导出等效转动惯量计算公式。设等效转动惯量为 J_e,等效构件的转动角速度为 ω,同样,根据等效构件具有的动能与机构各构件具有的动能总和相等,有：

$$\frac{1}{2} J_e \omega^2 = \sum_{i=1}^{n} \left(\frac{1}{2} m_i v_{si}^2 + \frac{1}{2} J_{si} \omega_i^2 \right)$$

则

$$J_e = \sum_{i=1}^{n} \left[m_i \left(\frac{v_{si}}{\omega} \right)^2 + J_{si} \left(\frac{\omega_i}{\omega} \right)^2 \right] \tag{8.15}$$

本文所研究的机械是全部由刚性构件所组成的机械系统。各构件的质量 m_i 和对质

心的转动惯量 J_{si} 均为常量。由式(8.14)、(8.15)可知,等效构件的等效质量 m_e 或等效转动惯量 J_e 必为正,且是速比 $\left(\frac{v_{si}}{v}、\frac{\omega_i}{v}、\frac{v_{si}}{\omega}、\frac{\omega_i}{\omega}\right)$ 的函数,一般情况下,它都是等效构件位置的函数,只有当各速比全部为常量时,m_e 或 J_e 也为常量。

例二 如图 8.7 所示提升装置。已知:电机 1 输出的驱动力矩 $M_d = M_d(\omega_1)$,卷筒直径 D,转动惯量 J_D,提升重物的重量为 Q,系杆长度为 R_H(即齿轮 1、2 的中心距),行星减速器各轮齿数为 Z_1、Z_2、Z_3,齿轮 1 及 2 绕各自质心的转动惯量为 J_1、J_2,系杆 H 对中心轴的转动惯量为 J_H,齿轮 2 的质量为 m_2。

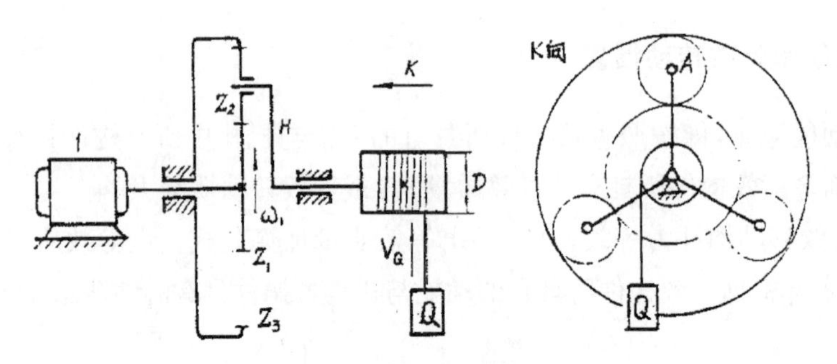

图 8.7 提升装置

当取电机轴为等效构件,求等效转动惯量 J_e 及等效力矩 M_e。

解:(1) 求等效转动惯量为 J_e

将已知各量代入式(8.15)得

$$J_e = J_1\left(\frac{\omega_1}{\omega_1}\right)^2 + 3\left[J_2\left(\frac{\omega_2}{\omega_1}\right)^2 + m_2\left(\frac{v_A}{\omega_1}\right)^2\right] + J_H\left(\frac{\omega_H}{\omega_1}\right)^2 + m_Q\left(\frac{v_Q}{\omega_1}\right)^2$$

式中

$$\frac{\omega_H}{\omega_1} = \frac{Z_1}{Z_1 + Z_3}, \quad \frac{\omega_2}{\omega_1} = -\frac{Z_1}{Z_2} \cdot \frac{Z_3 - Z_2}{Z_1 + Z_3},$$

$$\frac{v_A}{\omega_1} = \frac{\omega_H \cdot R_H}{\omega_1} = \frac{Z_1 \cdot R_H}{Z_1 + Z_3}, \quad \frac{v_Q}{\omega_1} = \frac{\omega_H \cdot \frac{D}{2}}{\omega_1} = \frac{Z_1 \cdot D}{2(Z_1 + Z_3)}$$

代入整理后得

$$J_e = J_1 + 3J_2\left[\frac{Z_1}{Z_2}\left(\frac{Z_3 - Z_2}{Z_1 + Z_3}\right)\right]^2 + \left[3m_2R_H^2 + \frac{QD^2}{4g} + J_H\right]\left(\frac{Z_1}{Z_1 + Z_3}\right)^2$$

(2) 求等效力矩 M_e

将已知量代入式(8.13)得

$$M_e = M_d\left(\frac{\omega_1}{\omega_1}\right) + Q \cdot \frac{V_Q}{\omega_1} \cdot \cos 180^\circ$$

故：
$$M_e = M_d(\omega_1) - Q\,\frac{Z_1}{Z_1 + Z_3} \cdot \frac{D}{2}$$

3.5　等效动力学模型

根据上面的讨论自然理解为：对于一个单自由度机械系统运动问题的研究，可以简化为对于具有一个独立广义坐标的假想构件，即等效构件的运动的研究。

如等效构件是直线移动构件，它具有的独立广义坐标为 $S(t)$，具有等效质量 m_e，且其上作用有一等效力 F_e，如等效构件是绕定轴转动的构件，则它具有的独立广义坐标为 $\varphi(t)$，其等效转动惯量为 J_e，并在其上作用一等效力矩 M_e。如此简化而得到的具有等效转动惯量 J_e，其上作用有等效力矩 M_e 的等效构件；或具有等效质量 m_e，其上作用有等效力 F_e 的等效构件，见图 8.8，常称为单自由度机械系统的等效动力学模型。

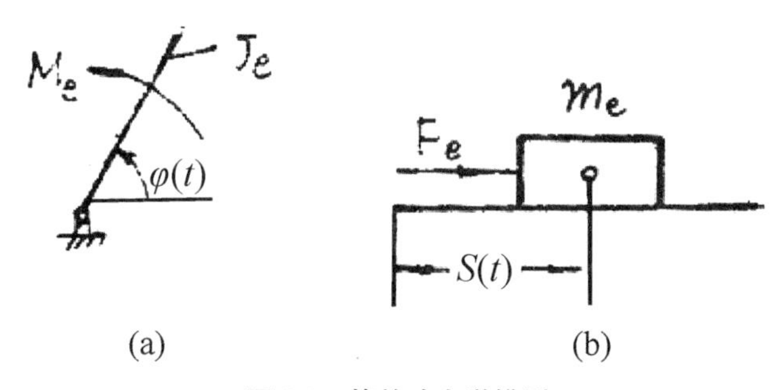

图 8.8　等效动力学模型

4　机械系统动力学方程式

如前所述，由刚性构件组成的单自由度机械系统，可按一定的原则进行等效转换，建立起一个等效动力学模型。于是可以把单自由度机械系统简化成一个等效构件来研究，通过建立动力学方程式，从而解出该构件的运动规律，这个运动规律也就是机械系统中同一构件的真实运动，为达此目的建立等效构件的运动方程式是必需的。

4.1　功能形式的动力学方程式

建立等效构件的运动方程式的依据是，在同一时间间隔里，所有外力作功（包括驱动功与阻力功）的总和 ΔW 等于动能的增量 ΔE。按两种情况分别说明。

4.1.1　等效构件为转动件

对于转动构件，确定其构件位置的参量为转角 $\varphi = \varphi(t)$，且称为等效构件的广义坐标，且作用其上的等效力矩为 $M_e = M_{ed} - M_{er}$，M_{ed}、M_{er} 分别为等效驱动力矩与等效阻力矩，M_{ed} 与等效构件的角速度 ω 同向，作正功；M_{er} 与 ω 反向，作负功。

当等效构件的转角由 φ_1 转到 φ_2，则角速度由 ω_1 变为 ω_2，对应两位置等效构件的转动惯量分别为 J_{e1}、J_{e2}，则功能关系式为：

$$\int_{\varphi 1}^{\varphi 2} M_e d\varphi = \int_{\varphi 1}^{\varphi 2} M_{ed} d\varphi - \int_{\varphi 1}^{\varphi 2} M_{er} d\varphi = \frac{1}{2} J_{e2} \omega_2^2 - \frac{1}{2} J_{e1} \omega_1^2 \tag{8.16}$$

4.1.2　等效构件为移动件

对于移动构件，确定其构件位置的参量为位移 $S = S(t)$，称为等效构件的广义坐标，且作用其上的等效力为 $F_e = F_{ed} - F_{er}$，F_{ed}、F_{er} 分别为等效驱动力与等效阻力，F_{ed} 作正功，F_{er} 作负功。

当等效构件在 Δt 间隔时间里由位置 1 移到位置 2，其坐标分别为 S_1、S_2，相应于两位置速度为 V_1、V_2，与两位置相对应的等效质量为 m_{e1}、m_{e2}，则功能关系式为：

$$\int_{S_1}^{S_2} F_e ds = \int_{S_1}^{S_2} F_{ed} ds - \int_{S_1}^{S_2} F_{er} ds = \frac{1}{2} m_{e2} v_2^2 - \frac{1}{2} m_{e1} v_1^2 \tag{8.17}$$

为了书写简便，把 F_e、M_e、m_e、J_e 简写为 F、M、m、J 等，则式(8.16)、(8.17)分别变成

$$\left.\begin{aligned} \int_{\varphi 1}^{\varphi 2} M d\varphi = \int_{\varphi 1}^{\varphi 2} M_d d\varphi - \int_{\varphi 1}^{\varphi 2} M_r d\varphi = \frac{1}{2} J_2 \omega_2^2 - \frac{1}{2} J_1 \omega_1^2 \\ \int_{S_1}^{S_2} F ds = \int_{S_1}^{S_2} F_d ds - \int_{S_1}^{S_2} F_r ds = \frac{1}{2} m_2 v_2^2 - \frac{1}{2} m_1 v_1^2 \end{aligned}\right\} \tag{8.18}$$

4.2　力矩(力)形式的动力学方程式

4.2.1　等效构件为转动件

将功能关系变成微分形式，$dW = Md\varphi$，$dE = d\left(\frac{1}{2} J \omega^2\right)$，$dW = dE$。则有 $Md\varphi = d\left(\frac{1}{2} J \omega^2\right)$

于是

$$M = \frac{\omega^2}{2} \frac{dJ}{d\varphi} + J\omega \frac{d\omega}{d\varphi} \tag{8.19}$$

又

$$\omega \frac{d\omega}{d\varphi} = \frac{d\varphi}{dt} \cdot \frac{d\omega}{d\varphi} = \frac{d\omega}{dt} = \varepsilon$$

式中的 ε 为等效转动构件的角加速度。于是可将式(8.19)表示为

$$M = M_d - M_r = \frac{\omega^2}{2}\frac{dJ}{d\varphi} + J\frac{d\omega}{dt} \tag{8.20}$$

4.2.2 等效构件为移动件

因为 $dW = Fds$, $dE = d\left(\frac{1}{2}mv^2\right)$，按 $dW = dE$ 关系可写出

$$F = F_d - F_r = \frac{v^2}{2}\cdot\frac{dm}{ds} + mv\frac{dv}{ds}$$

或

$$F = F_d - F_r = \frac{v^2}{2}\cdot\frac{dm}{ds} + m\frac{dv}{dt} \tag{8.21}$$

式中 F、F_d、F_r、m、v 分别为等效力、等效驱动力、等效阻力、等效质量及等效构件受力点的速度。

式(8.20)、(8.21)为等效构件的力矩和力形式的动力学方程式。

当 J_V、M_V 为常量时，则式(8.20)、(8.21)可写为：

$$M = M_d - M_r = J\frac{d\omega}{dt}\text{，即 } M = J\varepsilon \tag{8.22}$$

$$F = F_d - F_r = m\frac{dv}{dt}\text{，即 } F = ma \tag{8.23}$$

5 动力学方程式的求解

机械系统一般是由发动机通过传动装置将工作机联系起来，发动机及工作机的机械特性是多种多样的。因此，等效构件上的等效力矩(或力)可能是常量，也可能是时间、位置、速度及其组合形式的函数。随着函数关系的不同，方程式的求解过程也不一样。有些实际问题中的函数关系也可用数值表格或曲线形式给出，则可相应地用图解法解出。下面分别针对不同的函数关系式分析动力学方程式的求解方法。

5.1 M_e 和 J_e 均为常量

这种情况是机械系统动力学方程求解的最简单情况。常见于外载荷恒定不变且具有定传动比的传动装置，如齿轮传动、皮带传动等。或在有些情况下，虽等效力矩 M_e 及等效转动惯量 J_e 并不为常量，但为简化计算或做初步估算，也可经简化而把等效力矩 M_e

及 J_e 视为常量处理。这种做法多用于机械运转的过渡过程求解。

应用式(8.22) $$M=M_d-M_r=J\frac{d\omega}{dt}$$

有 $$\varepsilon=\frac{d\omega}{dt}=\frac{M_d-M_r}{J}=C(\text{常数}) \tag{8.24}$$

此情况的等效构件的角加速度 ε 为常量,即做等加速运动(或等减速运动)。

把式(8.24)对时间 t 积分两次

$$d\omega=\varepsilon dt$$

$$\int_{\omega_0}^{\omega}d\omega=\int_{t_0}^{t}\varepsilon dt=\int_{t_0}^{t}\frac{M_d-M_r}{J}dt$$

$$\left.\begin{aligned}&\omega=\omega_0+\frac{M_d-M_r}{J}(t-t_0)\\&\int_{\varphi_0}^{\varphi}d\varphi=\int_{t_0}^{t}\left[\omega_0+\frac{M_d-M_r}{J}(t-t_0)\right]dt\\&\varphi=\varphi_0+\omega_0(t-t_0)+\frac{M_d-M_r}{2J}(t-t_0)^2\end{aligned}\right\} \tag{8.25}$$

式中,φ_0、ω_0 为等效构件在起始时,即 t_0 时的初始位置角和初始角速度。

当 $t_0=0$ 时,则有式

$$\left.\begin{aligned}&\omega=\omega_0+\frac{M_d-M_r}{J}\cdot t\\&\varphi=\varphi_0+\omega_0 t+\frac{M_d-M_r}{2J}\cdot t^2\end{aligned}\right\} \tag{8.26}$$

例一 图 8.9 为一简易车床传动系统示意图。电机经速比 $i_P=1.5$ 的带传动至 Ⅰ 轴。齿轮箱各齿轮的齿数如图示。以主轴(Ⅳ轴)为等效构件时的等效转动惯量 $J=0.5\ \text{kg}\cdot\text{m}^2$。若要求在切断电源后 3 秒钟内刹住主轴,试求在主轴上应施加制动力矩的最小值 M_f。

解:切断电源时的驱动力矩 $M_d=0$,阻力矩 $M_r=M_f$,本题的等效转动惯量 J 及等效力矩 M 均为常数。

用式(8.25)求解:

$$\omega=\omega_0+\frac{M_d-M_r}{J}(t-t_0)$$

先求当 $t_0=0$ 时的主轴角速度 ω_0;

传动系统的总传动比

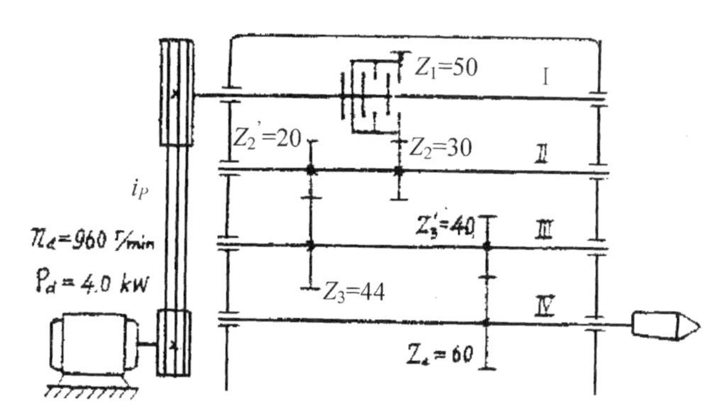

图 8.9　简易车床

$$i = i_P \frac{Z_2 Z_3 Z_4}{Z_1 Z_2' Z_3'} = 1.5 \times \frac{30 \times 44 \times 60}{50 \times 20 \times 40} = 2.97$$

$$n_0 = \frac{n_d}{i} = \frac{960}{2.97} = 322.15 \text{ r/min}$$

又当 $t = 3$ 秒时要求 $\omega = 0$。

将以上数据代入式(8.25)得

$$M_f = M_r = -\frac{(\omega - \omega_0) J}{t - t_0} = -\frac{(0 - 33.77) \times 0.5}{3} = 5.63 \text{ Nm}$$

5.2　M_e和J_e均为角位置的函数

等效力矩及等效转动惯量是角位置的函数，即 $M = M(\varphi)$ 或 $M_d = M_d(\varphi)$、$M_r = M_r(\varphi)$、$J = J(\varphi)$。此情况下研究等效构件的运动规律。

设初始时间为 t_0 时对应的初始位置角为 φ_0，初始角速度为 ω_0。

5.2.1　解析法求解

当 $M(\varphi)$及 $J(\varphi)$以解析函数形式给出，并较易用积分法求出 $\int M d\varphi$ 时，用动力学方程式(8.18)求解显然较为直接

$$\frac{1}{2} J(\varphi) \omega^2 = \frac{1}{2} J(\varphi_0) \omega_0^2 + \int_{\varphi_0}^{\varphi} M(\varphi) d\varphi$$

$$\omega = \sqrt{\frac{J_0}{J} \omega_0^2 + \frac{2}{J} \int_{\varphi_0}^{\varphi} M(\varphi) d\varphi} \tag{8.27}$$

由于 $\omega = \omega(\varphi) = \dfrac{d\varphi}{dt}$，则式(8.27)写成

$$\int_{t_0}^{t} dt = \int_{\varphi_0}^{\varphi} \frac{d\varphi}{\sqrt{\frac{J_0}{J}\omega_0^2 + \frac{2}{J}\int_{\varphi_0}^{\varphi} M(\varphi) d\varphi}}$$

$$t = t_0 + \int_{\varphi_0}^{\varphi} \frac{d\varphi}{\sqrt{\frac{J_0}{J(\varphi)}\omega_0^2 + \frac{2}{J(\varphi)}\int_{\varphi_0}^{\varphi} M(\varphi) d\varphi}} \tag{8.28}$$

如果$\int_{\varphi_0}^{\varphi} M(\varphi) d\varphi$是可积分的，则继续求解式(8.28)，其解的形式为 $\varphi = \varphi(t)$ 或者 $f(\varphi, t) = 0$。表明了等效构件角位置随时间的变化关系，即等效构件的运动规律。

例二 试求图示制动器中，当切断电磁铁 1 的电源后，制动带 5 抱住制动轮 4 所需要的时间 t。杠杆初始条件为：$t_0 = 0$，$\varphi_0 = 0$，$\omega_0 = 0$。

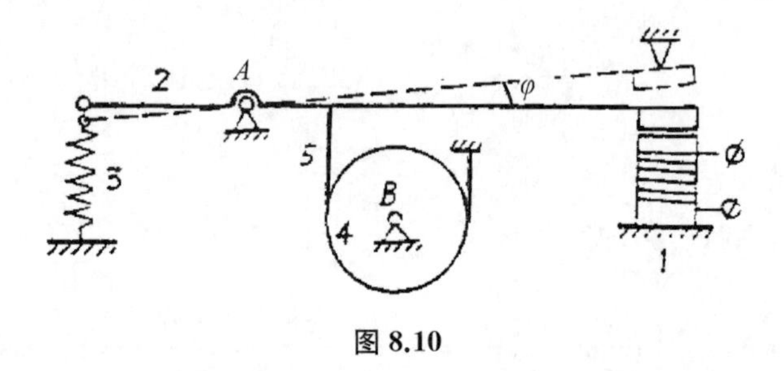

图 8.10

已知弹簧 3 拉力对点 A 的力矩 $M_d = a - b\varphi$，解是与衔铁固连的杠杆 2 的转角，衔铁杠杆的转动惯量为 J(常量)。

解：取杠杆 2 为等效构件，本题由弹簧 3 产生的力矩为驱动力矩 M_d，且 M_d 是构件 2 转角的函数，故用式(8.27)求解。将初始条件：$t_0 = 0$，$\varphi_0 = 0$，$\omega_0 = 0$ 代入式(8.27)、(8.28)中

$$\omega = \sqrt{\frac{J_0}{J}\omega_0^2 + \frac{2}{J}\int_{\varphi_0}^{\varphi} M(\varphi) d\varphi} = \sqrt{\frac{2}{J}\int_{0}^{\varphi} (a - b\varphi) d\varphi} = \sqrt{\frac{2}{J}\left(a\varphi - \frac{b}{2}\varphi^2\right)}$$

$$t = \int_{0}^{\varphi} \frac{1}{\omega} d\varphi = \int_{0}^{\varphi} \frac{1}{\sqrt{\frac{2}{J}\left(a\varphi - \frac{b}{2}\varphi^2\right)}} d\varphi = \sqrt{\frac{J}{2}}\int_{0}^{\varphi} \frac{1}{\sqrt{a\varphi - \frac{b}{2}\varphi^2}} d\varphi \tag{a}$$

积分公式

$$\int \frac{dx}{\sqrt{-Ax^2 + Bx + C}} = \frac{1}{\sqrt{A}} \arcsin \frac{2Ax - B}{\sqrt{(4AC + B^2)}} \tag{b}$$

式中要求 $A > 0$，$4AC + B^2 > 0$。

欲按(b)求解式(a)积分，可见式(a)的被积函数中，$A=\dfrac{b}{2}$，$C=0$，$B=a$ 代入(b)式并积分后得

$$t=\sqrt{\frac{J}{b}}\left[\arcsin\frac{b\varphi-a}{a}+\frac{\pi}{2}\right]=\sqrt{\frac{J}{b}}\left[\frac{\pi}{2}-\arcsin\frac{a-b\varphi}{a}\right] \tag{c}$$

式(c)表达了衔铁及构件 2 的转角 φ 与时间 t 的关系，即为构件 2(衔铁)的运动方程式。

当制动转角为 φ_m，则所需的时间为

$$t_m=\sqrt{\frac{J}{b}}\left[\frac{\pi}{2}-\arcsin\frac{a-b\varphi_m}{a}\right] \tag{d}$$

5.2.2　数值法求解

对上面例题分析表明，虽然问题的初始条件及力矩关系式 $M(\varphi)$ 都极为简单，但用解析法精确求解仍很复杂。则可预见到，对一般机械系统若求精确解也会遇到很大的困难；又在很多实际问题中，等效力矩不能用函数关系式表达或不能用较为简单的易于积分的函数关系式写出，此时用解析法求解精确解就有困难以至不可行，此情况可用数值解法或图解法求其近似解。

设等效力矩 $M_d(\varphi)$，$M_r(\varphi)$，等效转动惯量 $J(\varphi)$ 均已用函数关系式，或数据表格或曲线形式给出。首先画出 $M_d(\varphi)$，$M_r(\varphi)$ 及 $M(\varphi)$ 曲线，如图 8.11 所示。数值解的关键是解式 $\int_{\varphi_0}^{\varphi}M(\varphi)d\varphi$，求其解常用如下几种数值积分法。

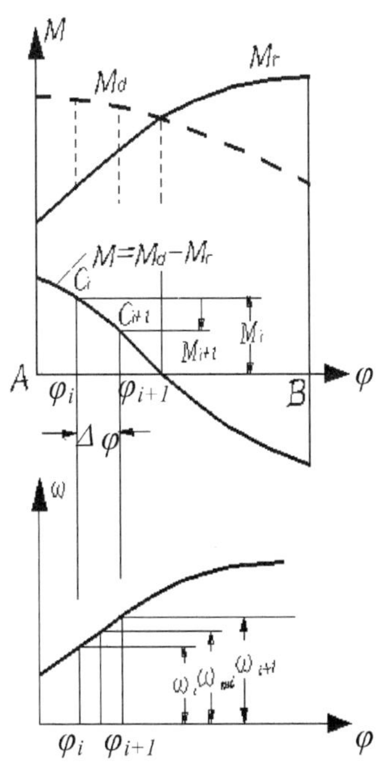

图 8.11　梯形法

(1) 梯形法

把等效构件的转角 φ 在所研究的区间[A，B]分成若干份(一般是等分)，将各分点记为：φ_0、φ_1、φ_2……φ_i、φ_{i+1}……φ_k，对应各点之角速度分别记为 ω_0、ω_1、ω_2……ω_i、ω_{i+1}……ω_k，对应力矩为：M_0、M_1、M_2……M_i、M_{i+1}……M_k。横坐标间隔 $\Delta\varphi_i=\varphi_{i+1}-\varphi_i$。

对所在位置 φ_i 处的 $\int_{\varphi_2}^{\varphi_{i+1}}M(\varphi)d\varphi$ 之近似值，最简单的方法是用梯形面积近似替代曲线 M 下的面积，即是在 φ_i 到 φ_{i+1} 段，用直线 $\overline{c_ic_{i+1}}$ 与 φ 轴所围之面积来替代。

若令 $M_i=M(\varphi_i)$，$M_{i+1}=M(\varphi_{i+1})$，$\Delta\varphi_i=\varphi_{i+1}-\varphi_i$，则

$$\int_{\varphi_i}^{\varphi_{i+1}}M(\varphi)d\varphi\approx\frac{1}{2}(M_i+M_{i+1})\Delta\varphi_i \tag{8.29}$$

将式(8.29)代入式(8.27)则得到以第 φ_i 为初始位置时的 φ_{i+1} 位置之角速度

$$\omega_{i+1}=\sqrt{\frac{J_i}{J_{i+1}}\omega_i^2+\frac{M_i+M_{i+1}}{J_{i+1}}\Delta\varphi_i} \tag{8.30}$$

按式(8.30)的基本关系,可求出等效构件运动规律的三种表达式。

(a) 角速度与角位移的关系式 $\omega(\varphi)$

不论 $M(\varphi)$, $J(\varphi)$以何种方式给出,式(8.30)的等号右面各量是已知的或是已求得的值,因而可求出 ω_{i+1}。继而以 φ_{i+1}、ω_{i+1} 为解的初始值,求出当 $\varphi=\varphi_{i+2}$ 时的 ω_{i+2} 之值,以此类推,对所研究的整个区间$[A, B]$进行逐点计算,即可得到与各分点 φ_1、φ_2、…、φ_i、φ_{i+1}、φ_{i+2}…所对应的各点之角速度:ω_1、ω_2、…、ω_i、ω_{i+1}、…之值,按以上求得的一系列点(φ_i, ω_i), $i=1, 2, \cdots, i, i+1, \cdots$ 即可绘出角速度与角位移的关系曲线 $\omega(\varphi)$。

(b) 角速度与时间 t 的关系式 $\omega(t)$

根据已求得的 $\omega(\varphi)$关系,依照关系式 $t_{i+1}=t_i+\int_{\varphi_i}^{\varphi_{i+1}}\frac{d\varphi}{\omega(\varphi)}$ 求出 $\varphi(t)$关系。具体做法如下:

由于已求出点列(φ_i, ω_i), $(\varphi_{i+1}, \omega_{i+1})$,其平均角速度表示为:$\omega_{mi}=\frac{\Delta\varphi_i}{\Delta t_i}=\frac{\Delta\varphi_i}{t_{i+1}-t_i}$,又 $\omega_{mi}\approx\frac{\omega_{i+1}+\omega_i}{2}$,所以 $t_{i+1}=t_i+\frac{\Delta\varphi_i}{\omega_{i+1}+\omega_i}$,即以 t_i 为初始点求出 t_{i+1},依此类推可得到 t_{i+2}、t_{i+3}、…,即点列(ω_i, t_i), $i=0, 1, 2, \cdots$ 从此求得 ω 与 t 的关系曲线 $\omega(t)$。

(c) 角位移与时间的关系式 $\varphi(t)$

按以上做法,当给出初始值 t_0、ω_0、φ_0 后,用数值解法可求出在整个研究区间内的一系列值$(t_i, \varphi_i, \omega_i)$, $(i=0, 1, 2, \cdots, n)$,按这 n 组数可得到$\varphi(t)$, $\omega(t)$, $\omega(\varphi)$等函数曲线。

(2) 辛普生积分法

梯形法的误差较大,为了提高计算精度,可采用其他积分法,辛普生法是常用的一种。

辛普生积分公式

$$\int_{\varphi_i}^{\varphi_{i+1}}M(\varphi)d\varphi\approx\frac{\Delta\varphi_i}{3}\left[M(\varphi_i)+4M\left(\frac{\varphi_{i+1}+\varphi_i}{2}\right)+M(\varphi_{i+1})\right] \tag{8.31}$$

或

$$\int_{\varphi_i}^{\varphi_{i+1}}M(\varphi)d\varphi\approx\frac{(\Delta\varphi_i+\Delta\varphi_{i+1})}{3}\left[M(\varphi_i)+4M\left(\frac{\varphi_{i+1}+\varphi_i}{2}\right)+M(\varphi_{i+2})\right] \tag{8.32}$$

将式(8.32)代入式(8.27)可写成

$$\omega_{i+2}=\sqrt{\frac{J_i}{J_{i+2}}\omega_i^2+\frac{2(\Delta\varphi_i+\Delta\varphi_{i+1})}{3J_{i+2}}(M_i+4M_{i+1}+M_{i+2})} \tag{8.33}$$

(a) 按初始条件：$\varphi=\varphi_0$，$\omega=\omega_0$，按上式可依次求出与转角偶数分点 φ_2、φ_4、φ_6…等相对应的角速度 ω_2、ω_4、ω_6…。

(b) 求奇数分点的角速度值 ω_1、ω_3、ω_5…

首先求 ω_1，应用式(8.31)，式中 $i=0$，$i+1=1$ 代入得

$$\int_{\varphi_0}^{\varphi_1}M(\varphi)d\varphi=\frac{\Delta\varphi_1}{3}\left[M(\varphi_0)+4M\left(\frac{\varphi_1+\varphi_0}{2}\right)+M(\varphi_1)\right]$$

用拉格朗日三点插值法求 $\dfrac{\varphi_1+\varphi_0}{2}$ 点的力矩 $M\left(\dfrac{\varphi_1+\varphi_0}{2}\right)$，其值记作 $\overline{M}$ 则有

$$\int_{\varphi_0}^{\varphi_1}M(\varphi)d\varphi=\frac{\Delta\varphi_1}{3}[M_0+4\overline{M}+M_1]$$

将上式代入式(8.27)得

$$\omega_1=\sqrt{\frac{J_0}{J_1}\omega_0^2+\frac{2\Delta\varphi_1}{3J_1}(M_0+4\overline{M}+M_1)} \tag{8.34}$$

以 ω_1、φ_1 为初值，按式(8.33)求得 ω_3、ω_5…等奇数点对应的角速度值，即求得点列 (ω_i, φ_i)，$i=1, 2, 3, \cdots, n-1$，即得到 ω-φ 关系。

5.3 M_e 为等效构件角速度的函数，J_e 为常量

等效力矩 $M=M(\omega)$，等效转动惯量 $J\equiv$常量，研究其等效构件的运动规律。

在第二节中所述的蒸汽机及各种电动机的驱动力矩 M_d 均为角速度 ω 的函数；鼓风机、搅拌机、离心泵等阻力矩也是角速度 ω 的函数。由这些装置所组成的机械系统的特性知，等效构件的等效转动惯量 J 近似为常量或可认为常量。

5.3.1 解析法

如果力矩以函数 $M=M(\omega)$ 给出，并可能用积分法求解时，则可用解析法求解。

按式(8.20)力矩方程式

$$M=\frac{\omega^2}{2}\cdot\frac{dJ}{d\varphi}+J\frac{d\omega}{dt}$$

由于 $J\equiv$常量，则 $\dfrac{dJ}{d\varphi}=0$，代入上式后得

$$M(\omega)=M_d-M_r=J\frac{d\omega}{dt} \tag{8.35}$$

设初始条件：$t=t_0$，$\omega=\omega_0$，$\varphi=\varphi_0$ 对式(8.35)积分

$$\int_{t_0}^{t} dt=\int_{\omega_0}^{\omega}\frac{J}{M(\omega)}d\omega \tag{8.36a}$$

或

$$t=t_0+J\int_{\omega_0}^{\omega}\frac{d\omega}{M(\omega)} \tag{8.36b}$$

式(8.36a)、(8.36b)给出了 $\omega-t$ 函数关系。

如需求 $\omega-\varphi$ 函数关系，则将式(8.35)写成

$$M(\omega)=J\omega\frac{d\omega}{d\varphi}$$

$$d\varphi=\frac{J\omega\cdot d\omega}{M(\omega)}$$

利用初始条件并积分后，得

$$\varphi=\varphi_0+J\int_{\omega_0}^{\omega}\frac{\omega d\omega}{M(\omega)} \tag{8.37}$$

以下介绍两种常用到的情况：

(1) M_d 是等效构件角速度 ω 的一次函数，等效阻力矩 M_e 为常数或是 ω 的一次函数，则等效构件的等效力矩可表达为

$$M=M_d-M_e=a+b\omega \quad (a,\ b\ 为常量) \tag{8.38}$$

将式(8.38)代入式(8.36b)得

$$t=t_0+J\int_{\omega_0}^{\omega}\frac{d\omega}{a+b\omega}=t_0+\frac{J}{b}\ln\frac{a+b\omega}{a+b\omega_0} \tag{8.39}$$

此即为 $\omega-t$ 函数关系式。

如将式(8.38)代入式(8.37)后得

$$\varphi=\varphi_0+J\int_{\omega_0}^{\omega}\frac{\omega}{a+b\omega}d\omega=\varphi_0+\frac{J}{b}\left[(\omega-\omega_0)-\frac{a}{b}\ln\frac{a+b\omega}{a+b\omega_0}\right] \tag{8.40}$$

例三 在以电机为原动机的某机械系统中，当设定电机轴为等效构件时，电机机械特性的近似直线方程为 $M_d=30000-250\omega$ Nm，等效阻力矩 $M_r=1000$ Nm，等效转动惯量 $J=10\ \text{kg}\cdot\text{m}^2$。求自启动后电机轴转速达到 960 r/min 所需的时间 t。

解： 本题是研究机械系统的启动过程，即过渡过程的运动规律问题。

等效力矩：$M=M_d-M_r=30000-250\omega-1000=29000-250\omega$，

初始条件：$t_o=0$，$\omega_o=0$，$\varphi_o=0$。

要求达到角速度：$\omega=\frac{2\pi n}{60}=\frac{2\pi\times 960}{60}=100.5\ \text{rad/s}$

将上面数据代入式(8.39)得

$$t=-\frac{10}{250}\ln\frac{29000-250\times 100.5}{29000}=-\frac{1}{25}\times(-2.012)=0.08\ \text{s}$$

(2) 设等效驱动力矩 M_d 为角速度 ω 的二次函数

M_d 为二次曲线，如用电动机特性曲线的二次曲线部分，M_r 为常量或是 ω 的一次、二次函数。此种情况下，等效力矩可用 ω 的二次方程表达，即

$$M=M_d-M_r=a+b\omega+c\omega^2\ (a,\ b,\ c\ \text{均为常数}) \tag{8.41}$$

(a) 求 $\omega-t$ 关系：

将其代入(8.36b)式得

$$t=t_o+J\int_{\omega_o}^{\omega}\frac{d\omega}{a+b\omega+c\omega^2}$$

当 $b^2<4ac$ 时，则

$$t=t_o+\frac{2J}{\sqrt{4ac-b^2}}\left[\text{arctg}\frac{2c\omega+b}{\sqrt{4ac-b^2}}-\text{arctg}\frac{2c\omega_0+b}{\sqrt{4ac-b^2}}\right] \tag{8.42}$$

当 $b^2>4ac$ 时，则

$$t=t_o+\frac{J}{\sqrt{b^2-4ac}}\left\{\ln\left[\frac{(2c\omega+b-\sqrt{b^2-4ac})(2c\omega_0+b+\sqrt{b^2-4ac})}{(2c\omega+b+\sqrt{b^2-4ac})(2c\omega_0+b-\sqrt{b^2-4ac})}\right]\right\} \tag{8.43}$$

(b) 求 $\varphi-\omega$ 关系：

将式(8.41)代入式(8.37)后得到

$$\varphi=\varphi_o+J\int_{\omega_o}^{\omega}\frac{\omega d\omega}{a+b\omega+c\omega^2}$$

当 $b^2>4ac$ 时，则

$$\varphi=\varphi_o+\frac{J}{2c}\left\{\ln\frac{a+b\omega+c\omega^2}{a+b\omega_0+c\omega_0^2}-\frac{b}{\sqrt{b^2-4ac}}\ln\left[\frac{(2c\omega+b-\sqrt{b^2-4ac})(2c\omega_0+b+\sqrt{b^2-4ac})}{(2c\omega+b+\sqrt{b^2-4ac})(2c\omega_0+b-\sqrt{b^2-4ac})}\right]\right\}$$

当 $b^2<4ac$ 时，则

$$\varphi = \varphi_o + \frac{J}{2c}\left\{\ln\frac{a+b\omega+c\omega^2}{a+b\omega_0+c\omega_0^2} - \frac{2b}{\sqrt{b^2-4ac}}\left[\text{arctg}\,\frac{2c\omega+b}{\sqrt{4ac-b^2}} - \text{arctg}\,\frac{2c\omega_0+b}{\sqrt{4ac-b^2}}\right]\right\}$$

例四 起重机用电机的机械特性曲线近于抛物(即二次曲线),以电机轴为等效构件的等效驱动力矩 $M_d = 145 - 0.3404\omega - 0.0101\omega^2\,\text{Nm}$,等效阻力矩 $M_r = 223\,\text{Nm}$,等效转动惯量 $J = 1\,\text{kg}\cdot\text{m}^2$。设开始时电机轴角速度 $\omega_0 = 100\,\text{rad/s}$,试分析其机械系统的运动情况。

解: 等效力矩 $M_d = M_d - M_r = -78 - 0.3404\omega - 0.0101\omega^2\,\text{Nm}$

按式(8.41) $a = -78$,$b = -0.3404$,$c = -0.0101$

计算 $b^2 - 4ac = (-0.3404)^2 - 4\times(-78)\times(-0.0101) = -3.04 < 0$

故应用(8.42)式,初始条件 $t_o = 0$,$\omega_0 = 100\,\text{rad/s}$,得

$$t = \frac{2\times 1}{\sqrt{3.04}}\left[\text{arctg}\,\frac{-2\times 0.0101\omega - 0.3404}{\sqrt{3.04}} - \text{arctg}\,\frac{-2\times 0.0101\times 100 - 0.3404}{\sqrt{3.04}}\right]$$

经整理后得

$$\omega \approx \frac{-0.195 + \text{tg}[53°33' - 0.8718t]}{0.0116} \approx \frac{-0.195 + \text{tg}[0.9345851 - 0.8718t]}{0.0116}$$

由此式可得出电机的角速度随时间而变化情况。

5.3.2 数值解法

很多实际问题中,力矩 M 与角速度 ω 之间的函数关系很复杂,不能或很难用积分法求得解析解。此时,M 与 ω 的关系可用表格或曲线形式给出,此情况用数值法求解。

将式(8.35)写成

$$\frac{d\omega}{dt} = \frac{M(\omega)}{J} = f(\omega) \tag{8.44}$$

上式是 ω 对 t 的一阶微分方程,在已知初始值 $t = t_0$,$\omega = \omega_0$ 的条件下可求解出 ω 与 t 的关系 $\omega(t)$。

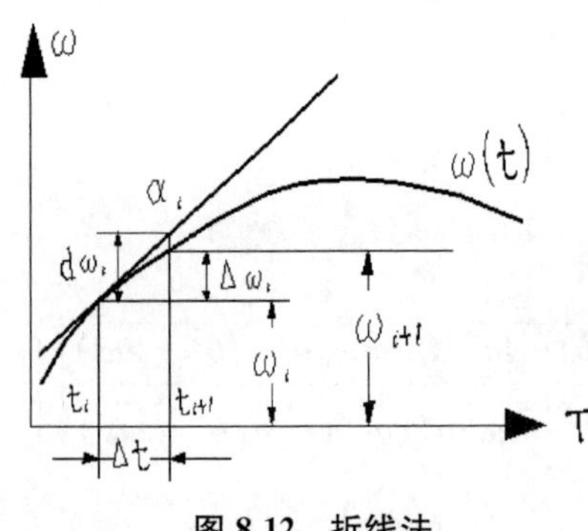

图 8.12 折线法

从 $t = t_0$,$\omega = \omega_0$ 起求出 $t = t_1 = t_0 + \Delta t$ 时对应的 ω_1;再求 $t_2 = t_1 + \Delta t$ 对应的 ω_2,……。依此类推,求出 t_i 分点对应的角速度 ω_i。解决这个问题的关键是:以已知量 $t = t_i$,$\omega = \omega_i$ 为初始值,如何求当 $t = t_{i+1}$ 时对应的 ω_{i+1}。以下介绍三种方法。

方法一:折线法(欧拉公式)。

见图(8.12),以 t_i,ω_i 为初始值,取步长 $h = \Delta t$,对于 $t_{i+1} = t_i + \Delta t$ 的 $\omega_{i+1} = \omega_i + \Delta\omega_i$,但取其近似值为

$$\omega_{i+1} \approx \omega_i + d\omega_i = \omega_i + \operatorname{tg}\alpha_i \cdot \Delta t = \omega_i + \left(\frac{d\omega}{dt}\right)_i \cdot \Delta t$$

或

$$\omega_{i+1} \approx \omega_i + f(\omega_i) \cdot \Delta t \tag{8.45}$$

当已知 $t = t_i$ 时的 ω_i 及步长 Δt，则先按式(8.44) $f(\omega) = M(\omega)/J$ 计算 $f(\omega_i)$，再代入式(8.45)，即可求得 t_{i+1} 所对应的 ω_{i+1} 之值。

但是折线法的累积误差较大，如需提高计算精度，可采用二阶龙格—库塔法或四阶龙格—库塔法求解。

方法二：二阶龙格—库塔法。

取步长 $h = \Delta t$，按下式确定 ω_{i+1}

$$\omega_{i+1} = \omega_i + f\left[\omega_i + \frac{\Delta t}{2} f(\omega_i)\right] \cdot \Delta t \tag{8.46}$$

当已知初始值 $t = t_0$，$\omega = \omega_0$ 后按式(8.44)计算 $\left(\frac{d\omega}{dt}\right)_0 = \frac{M(\omega_0)}{J} = f(\omega_0)$，记作 f_0，将其带入(8.46)式得

$$\omega_1 = \omega_0 + f\left|\omega_0 + \frac{f_0}{2} \cdot \Delta t\right| \cdot \Delta t$$

由此式得出 ω_1，且 $t_0 = t_0 + \Delta t$。又依已知的 ω_1，t_1 代入式(8.44)、(8.45)得 $\left(\frac{d\omega}{dt}\right)_1 = \frac{M(\omega_1)}{J} = f(\omega_1)$ 记作 f_1 和 $\omega_2 = \omega_1 + f\left|\omega_1 + \frac{f_1}{2} \cdot \Delta t\right| \cdot \Delta t$，且 $t_2 = t_1 + \Delta t$。依次类推得到点列 (t_i, ω_i)，$(i = 1, 2, \cdots)$，即为 ω 与 t 的关系。

方法三：四阶龙格—库塔法。

取步长 $h = \Delta t$，一般公式为

$$\omega_{i+1} = \omega_i + \frac{1}{6}(k_1 + 2k_2 + 2k_3 + k_4) \tag{8.47}$$

式中：

$$k_1 = f(\omega_i) \cdot \Delta t$$

$$k_2 = f\left(\omega_i + \frac{1}{2}k_1\right) \cdot \Delta t$$

$$k_3 = f\left(\omega_i + \frac{1}{2}k_2\right) \cdot \Delta t$$

$$k_4 = f(\omega_i + k_3) \cdot \Delta t$$

由已知初始值(t_0, ω_0)开始,依次计算 ω_1、ω_2、…,得到点列 (t_i, ω_i), ($i=1, 2, \cdots$), 由此得出 ω 与 t 的关系。

以上介绍了解析法与三种数值解法。下面对于 5.3.1 中的起重机机械系统例题分别用解析法、折线法、二阶龙格—库塔法、四阶龙格—库塔法四种方法求解,其结果列于表 1～表 4。

(1) 解析法

表 1 解析法计算结果

$t(s)$	0	0.1	0.2	0.3	0.4
tg(0.934 585 1−0.871 779 7t)		1.1323977	0.9508877	0.7972326	0.6535953
$\omega(s^{-1})$	100	80.891902	65.224774	51.961944	40.426968
$t(s)$	0.5	0.6	0.7	0.8	0.85
tg(0.934 585 1−0.871 779 7t)	0.5446096	0.4364363	0.3362122	0.2417101	0.1925068
ω	30.156654	20.9621	12.168726	4.0117279	0.0886365

画成曲线见图 8.13。

(2) 折线法

运动微分方程为:

$\dfrac{d\omega}{dt}=-78-0.3404\omega-0.0101\omega^2$。取步长 $h=\Delta t=0.1$ s。

计算结果列于表 2。

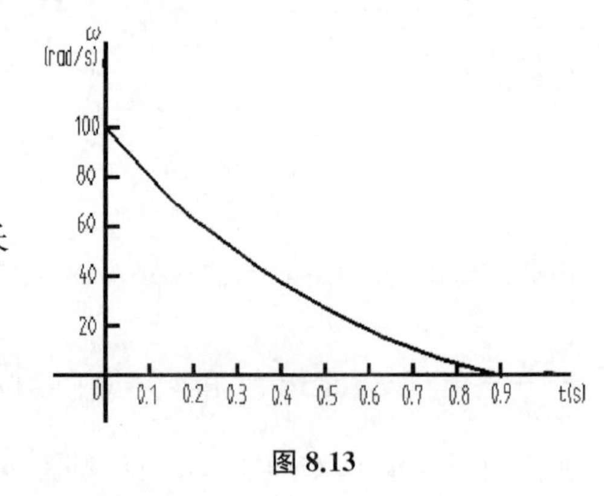

图 8.13

表 2 折线法计算结果

i	0	1	2	3	4
$t_i(s)$	0	0.1	0.2	0.3	0.4
$\omega_i(1/s)$	100	78.696	61.962197	48.175297	36.391342
$h\left(\dfrac{d\omega}{dt}\right)_i(1/s)$	−21.304	−16.733803	−13.7869	−11.783955	−10.376334
i	5	6	7	8	
$t_i(s)$	0.5	0.6	0.7	0.8	
$\omega_i(1/s)$	26.015008	16.645908	7.9994245	−0.1375666	
$h\left(\dfrac{d\omega}{dt}\right)_i(1/s)$	−9.3690993	−8.6464838	−8.1369311		

(3) 二阶龙格—库塔法

令 $f(\omega)=-78-0.3401\omega-0.0101\omega^2$，取步长 $h=\Delta t=0.1$ s，最后一步步长 $h_n=0.05$ s。计算结果列于表 3。表中 $k_1=h\cdot f(\omega_i)$，$k_2=h\cdot f\left(\omega_i+\frac{k_1}{2}\right)$。

表 3　二阶龙格—库塔法计算结果

i	0	1	2	3	4
t_i(s)	0	0.1	0.2	0.3	0.4
ω_i(1/s)	100	81.095698	65.520012	52.296989	40.77801
k_1(1/s)	−21.304	−17.202775	−14.366102	−12.342514	−10.867558
k_2(1/s)	−18.90426		−13.223023	−11.518979	−10.264824
i	5	6	7	8	9
t_i(s)	0.5	0.6	0.7	0.8	0.85
ω_i(1/s)	30.513186	21.177818	12.520289	4.6240687	0.6758264
k_1(1/s)	−9.7790339	−8.9738779	−8.3849906	−3.9894996	
k_2(1/s)	−9.3353678	−8.6495288	−7.9042203	−3.9482422	

可以看出，二阶龙格—库塔法较折线法要精确。

(4) 四阶龙格—库塔法

计算结果列于表 4。

表 4　四阶龙格—库塔法计算结果

i	0	1	2	3	4
t_i	0	0.1	0.2	0.3	0.4
ω_i	100	80.901578	65.243426	51.988712	40.461441
k_1	−21.304	−17.164406	−14.320158	−12.29955	−10.830807
k_2	−18.904302	−15.544144	−13.184569	−11.482578	−10.233474
k_3	−19.163151	−15.690732	−13.270841	−11.534475	−10.264874
k_4	−17.151628	−14.314756	−12.297308	−10.329973	−9.7488421
$\frac{1}{6}(k_1+2k_2+2k_3+k_4)$	−19.098422	−15.658152	−13.254714	−11.527272	−10.262724
i	5	6	7	8	9
t_i	0.5	0.6	0.7	0.8	0.85
ω_i	30.198717	20.86939	12.226511	4.0780277	0.1408119
k_1	−9.7490464	−8.9502808	−8.3671729	−3.9778063	

（续表）

i	5	6	7	8	9
k_2	−9.3097635	−8.6295194	−8.1391167	−3.9333529	
k_3	−9.3285245	−8.640316	−8.1448639	−3.9381864	
k_4	−8.9503419	−8.3673234	−7.9557657	−3.90239	
$\frac{1}{6}(k_1+2k_2+2k_3+k_4)$	−9.3293274	−8.6428792	−8.1484833	−3.9372158	

由以上各表中结果比较，用四阶龙格—库塔法计算所得结果与解析法最接近。

把以上四种结果汇总列于表5中，以进行比较。

表5 各种方法结果比较表

t_i(s)		0	0.1	0.2	0.3	0.4
角速度 ω (1/s)	精确值	100	80.891902	65.224774	51.961944	40.426968
	欧拉法	100	78.696	61.962197	48.175297	36.391342
	二阶龙格—库塔法	100	81.095698	65.520012	52.296989	40.77801
	四阶龙格—库塔法	100	80.901578	65.243426	51.988712	40.461441
t_i(s)		0.5	0.6	0.7	0.8	0.85
角速度 ω (1/s)	精确值	30.156654	20.819621	12.168726	4.0117277	0.0886365
	欧拉法	26.015008	16.645908	7.9994245	−0.1375666	
	二阶龙格—库塔法	30.513186	21.177818	12.528289	4.6240687	0.6758264
	四阶龙格—库塔法	30.198717	20.86939	12.226511	4.0780277	0.1408119

5.3.3 图解法

当等效力矩以曲线形式给出，且对计算精度要求不高时，可用图解法求解。图8.14给出了 $M_d(\omega)$、$M_r(\omega)$ 曲线。

若以 Δt、$\Delta\omega$ 分别近似代替式(8.35)中的 dt、$d\omega$，则有 $M=M_d-M_r=J\frac{\Delta\omega}{\Delta t}$ 或 $\Delta t=J\frac{\Delta\omega}{M}$。

依照式(8.36a)按以下步骤进行图解法求解。(见图8.14)

(1) 选取 M 与 ω 的比例尺分别为 μ_M、μ_ω；

(2) 选一恰当的起始角速度增量 $\Delta\omega_1$ $\left(\text{为实际值，图中长为}\frac{\Delta\omega_1}{\mu_\omega}\right)$，画出垂线 BC；

(3) 连 AB，当 $\Delta\omega_1$ 不大时，可近似认为

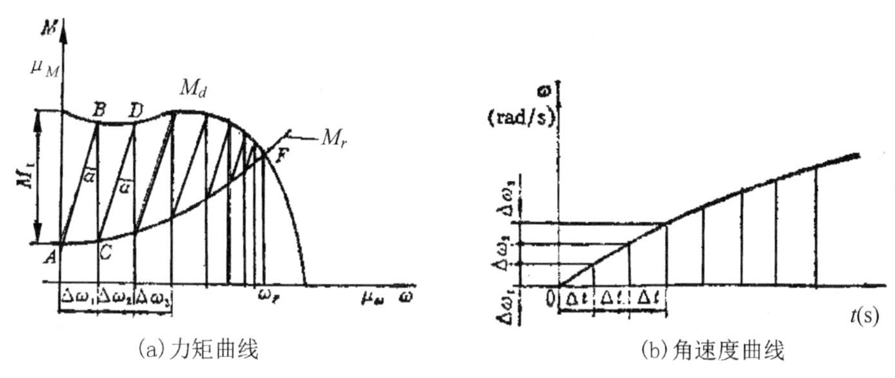

(a) 力矩曲线　　　　(b) 角速度曲线

图 8.14　图解法求等效构件角度

$$\operatorname{tg}\alpha=\frac{\Delta\omega_1}{M_{1m}}\cdot\frac{\mu_M}{\mu_\omega},\qquad \frac{\Delta\omega_1}{M_{m1}}=\operatorname{tg}\alpha\,\frac{\mu_\omega}{\mu_M}$$

式中：M_{1m}为在 $\Delta\omega_1$ 区间内等效力矩 M 的平均值。

由此得

$$\Delta t_1=J\,\frac{\Delta\omega}{M_{m1}}=J\cdot\operatorname{tg}\alpha\cdot\frac{\mu_\omega}{\mu_M}$$

(4) 由点 C 作 $CD\,/\!/\,AB$，交曲线于点 D，过点 D 作垂线。由于 AB 与 CD 的斜率相等，$\dfrac{\Delta\omega_2}{M_{m2}}=\dfrac{\Delta\omega_1}{M_{m1}}=\operatorname{tg}\alpha\,\dfrac{\mu_\omega}{\mu_M}$，于是可写出第二段角速度区间 $\Delta\omega_2$ 所对应的时间为

$$\Delta t_2=J\cdot\operatorname{tg}\alpha\cdot\frac{\mu_\omega}{\mu_M}$$

由此可见 $\Delta t_1=\Delta t_2$，即角速度增长 $\Delta\omega_2$ 的时间与 $\Delta\omega_1$ 增长时间相同。

(5) 重复上述作法，直到 M_d 与 M_r 交点 F 为止。由于各条斜线均平行，各斜线的斜率 $\operatorname{tg}\alpha$ 不变。所以，对应于角速度增量 $\Delta\omega_1$、$\Delta\omega_2$、$\Delta\omega_3$、…… 所需的时间间隔也相等，均为 Δt。

如到达 F 点的时间间隔数为 n，则到达平衡的角速度所需的时间为 $n\Delta t$。

(6) 对于 $t=0$，Δt，$2\Delta t$，…，$n\Delta t$，列出相应的角速度值：$\omega_0=0$，$\omega_1=\omega_0+\Delta\omega_1$，$\omega_2=\omega_1+\Delta\omega_2$，…。画出如图 8.14(b)所示的 $\omega-t$ 曲线。

5.4　M_e 为角位移及角速度的函数

这是机械系统中常遇到的情况，其动力学方程式也是具有普遍性的。常见情况列举如下：

(1) 外力及外力矩是等效构件角速度的函数，且机构各部分的传动比是等效构件角

位移及角速度的函数；

(2) 驱动力矩为角速度函数 $M_d = M_d(\omega)$（如异步电机的驱动力矩），工作阻力是等效构件角位移的函数 $M_r = M_r(\varphi)$，即使阻力为常数，但因传动比是角位移的函数，则其等效阻力矩仍为角位移的函数，故等效力矩 $M = M_d - M_r$ 仍为等效构件角速度及角位移的函数。这种问题的典型形式为：$M_d = M_d(\omega)$，$M_r = M_r(\varphi)$，$J = J(\varphi)$，则 $M = M_d - M_r = M(\varphi, \omega)$。

对于求解上述问题，一般用力矩形式运动方程式(8.19)求解会更有利一些。

5.4.1 解析法

按式(8.19)有

$$M = \frac{\omega^2}{2}\frac{dJ}{d\varphi} + J\omega\frac{d\omega}{d\varphi}$$

或写成

$$\frac{d\omega}{d\varphi} = \frac{M(\varphi, \omega) - \frac{\omega^2}{2}\frac{dJ}{d\varphi}}{J\omega} = f(\varphi, \omega) \tag{8.48}$$

式(8.48)是两个变量 ω 与 φ 的一阶微分方程。如函数 $f(\varphi, \omega)$ 的形式适于对式(8.48)用分离变量法求解，则可得到该方程的解析解。

5.4.2 数值解法

如式(8.48)的函数关系复杂，不易用解析法求解，或 $M_d(\omega)$ 及 $M_r(\varphi)$ 是以曲线形式或数据表格给出，则可采用微分方程的数值解法。如前所述，用欧拉公式，二阶、四阶龙格—库塔法求一阶微分方程的近似解。具体解法介绍如下。

方法一：采用欧拉公式求数值解

将式(8.48)代入式(8.45)有

$$\omega_{i+1} = \omega_i + \frac{d\omega}{dt}\Delta t = \omega_i + \left(\frac{d\omega}{d\varphi/\omega}\right)\frac{\Delta\varphi}{\omega} = \omega_i + \left(\frac{d\omega}{d\varphi}\right)\Delta\varphi$$

$$= \omega_i + \frac{M(\varphi_i, \omega_i) - \frac{\omega_i^2}{2}\left(\frac{dJ}{d\varphi}\right)_i}{J_i\omega_i} \cdot \Delta\varphi$$

式中 $\left(\frac{dJ}{d\varphi}\right)_i$ 用向前差商 $\frac{J_{i+1} - J_i}{\varphi_{i+1} - \varphi_i} = \frac{J_{i+1} - J_i}{\Delta\varphi} = \left(\frac{dJ}{d\varphi}\right)_i$ 代替，则上式可写成

$$\omega_{i+1} = \omega_i + \frac{M(\varphi_i, \omega_i)\Delta\varphi}{J_i\omega_i} - \frac{\omega_i(J_{i+1} - J_i)}{2J_i}$$

$$= \frac{3J_i - J_{i+1}}{2J_i}\omega_i + \frac{M(\varphi_i, \omega_i)}{J_i\omega_i} \cdot \Delta\varphi \tag{8.49}$$

根据所给的初值：$\varphi=\varphi_0$ 时 $\omega=\omega_0$，(即 $i=0$)，取步长 $\Delta\varphi$，有 $\varphi_1=\varphi_0+\Delta\varphi$，按式(8.49)可求出 ω_1，即得到一组值 (φ_1, ω_1)。再依次可求出 $(\varphi_2, \omega_2)\cdots\cdots(\varphi_i, \omega_i)\cdots\cdots$ 一系列的数值。

由于 $\Delta\varphi\approx\frac{1}{2}(\omega_i+\omega_{i+1})\Delta t$，则有

$$t_{i+1}=t_i+\frac{2\cdot\Delta\varphi}{\omega_i+\omega_{i+1}} \tag{8.50}$$

当求得 ω_{i+1} 以后，按上式即可得出 t_{i+1}。由此可求得 ω、φ、t 三者之间的对应数值。

方法二：用四阶龙格—库塔法求解

将式(8.48)中的 $f(\varphi, \omega)$ 代入式(8.47)中有

$$\omega_{i+1}=\omega_i+\frac{1}{6}(k_1+2k_2+2k_3+k_4) \tag{8.51}$$

式中：

$$k_1=\Delta\varphi\cdot f(\varphi_i, \omega_i)$$

$$k_2=\Delta\varphi\cdot f\left(\varphi_i+\frac{h}{2}, \omega_i+\frac{k_1}{2}\right)$$

$$k_3=\Delta\varphi\cdot f\left(\varphi_i+\frac{h}{2}, \omega_i+\frac{k_2}{2}\right)$$

$$k_4=\Delta\varphi\cdot f(\varphi_i+h, \omega_i+k_3)$$

根据所给的初值：当 $\varphi=\varphi_0$ 时 $\omega=\omega_0$，取步长 $\Delta\varphi$。按式(8.51)进行计算，自 $i=0$ 起，取 $\varphi_1=\varphi_0+\Delta\varphi$，$\varphi_2=\varphi_1+\Delta\varphi$，$\cdots\cdots\varphi_i=\varphi_{i-1}+\Delta\varphi$，$\cdots\cdots\varphi_n=\varphi_{n-1}+\Delta\varphi$，依次计算出相应的 ω_1，ω_2，$\cdots\cdots\omega_i\cdots\cdots\omega_n$，由此得到 ω 与 φ 之间的关系。

如需要，可按式(8.50)求出对应的 t_1，t_2，$\cdots\cdots t_n$ 之值，得到 $(\varphi_i, \omega_i, t_i)$，$(i=0, 1, 2, \cdots\cdots n)$ 的数值对应关系。

例五　设一电动机驱动的牛头刨床。取主轴为等效构件，已知：等效驱动力矩 $M_d=5500-100\omega$，等效阻力矩 $M_r(\varphi)$ 及等效转动惯量 $J(\varphi)$ 的数值列于表中，初始条件为：$t_0=0$，$\varphi_0=0$，$\omega_0=5\ \mathrm{rad/s}$。试求 ω，φ 之关系。

解：按所给的已知条件，采用欧拉公式数值解法。其解法如下：

(1) 等效力

$$M=M_d-M_r=5500-100\omega-M_r(\varphi) \tag{a}$$

(2) 取步长 $\Delta\varphi=15^\circ$，即 $\Delta\varphi=\frac{2\pi\times15^\circ}{360^\circ}=0.2618\ \mathrm{rad}$

表 6 $J(\varphi)$、$M_r(\varphi)$数据表

i	φ°	$J(\varphi)(\mathrm{kg\cdot m^2})$	$M_r(\varphi)(\mathrm{Nm})$	i	φ°	$J(\varphi)(\mathrm{kg\cdot m^2})$	$M_r(\varphi)(\mathrm{Nm})$
0	0	34.0	789	16	240	31.6	132
1	15	33.9	812	17	255	31.1	132
2	30	33.6	825	18	270	31.2	139
3	45	33.1	797	19	285	31.8	145
4	60	32.4	727	20	300	32.4	756
5	75	31.8	85	21	315	33.1	803
6	90	31.2	105	22	330	33.6	818
7	105	31.1	137	23	345	33.9	802
8	120	31.6	181	24	360	34.0	789
9	135	33.0	185	25	375	33.9	812
10	150	35.0	179	26	390	33.6	825
11	165	37.2	150	27	405	33.1	797
12	180	38.2	141	28	420	32.4	727
13	195	37.2	150	29	435	31.8	85
14	210	35.0	157	30	450	31.2	105
15	225	33.0	152	31	465	31.3	137

(3) 按式(8.49)、(8.50)写出

$$\omega_{i+1}=\frac{(3J_i-J_{i+1})}{2J_i}\omega_i+\frac{[5500-100\omega_i-M_r(\varphi_i)]}{J_i\omega_i}\cdot\Delta\varphi$$
$$=\frac{1}{J_i}\left\{\frac{(3J_i-J_{i+1})}{2}\omega_i+\frac{[5500-100\omega_i-M_r(\varphi_i)]}{\omega_i}\times 0.2618\right\}\tag{b}$$

$$t_{i+1}=t_i+\frac{2\cdot\Delta\varphi}{\omega_i+\omega_{i+1}}=t_i+\frac{0.5236}{\omega_i+\omega_{i+1}}\tag{c}$$

(4) 令 $i=0,1,2,\cdots\cdots$ 由式(b)、(c)即可求出 (ω_1,t_1)、(ω_2,t_2)、……。例如当 $i=0$ 时,

$$\omega_1=\frac{1}{340}\left(\frac{3\times 34.0-33.9}{2}\times 5+\frac{5500-100\times 5-789}{5}\times 0.2618\right)=4.56\ \mathrm{rad/s}$$

$$t_1=0+\frac{0.5236}{5.0+4.56}=0.054\ \mathrm{s}$$

当 $i=1$ 时

$$\omega_2=\frac{1}{33.9}\left(\frac{3\times 33.9-33.6}{2}\times 4.56+\frac{5500-100\times 4.56-812}{4.56}\times 0.2618\right)=4.80\ \mathrm{rad/s}$$

$$t_2=0.054+\frac{0.5236}{4.56+4.80}=0.110\ \mathrm{s}$$

(5) 计算结果从略，$\omega(\varphi)$曲线见图 8.15。

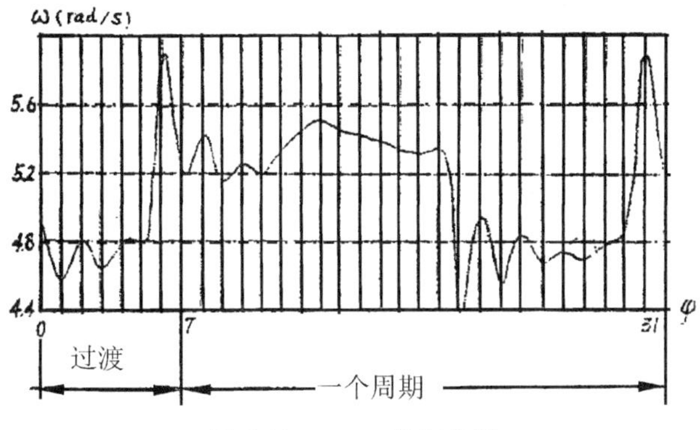

图 8.15　ω、φ 关系曲线

对其结果加以说明：

(1) 从图 8.15 中可见，按所给定的初始条件，在开始运转阶段没有达到周期稳定运转状态，属于过渡过程。

(2) $i=7(\varphi=105°)$ 与 $i=31(\varphi=465°)$ 的角速度相同，认为是一个周期，故从 $i=31$ 以后，机械系统进入第二个周期，即 $i=7$ 后机械系统进入稳定运转阶段。

(3) 从图中可见曲线的弯折程度较大，说明计算精度尚低，为提高计算精度，可减小步长 $\Delta\varphi$ 之值，或用精度更高的四阶龙格—库塔法计算。

5.5　M_e 是角速度、角位置和时间的函数

等效驱动力矩是角速度函数，即 $M_d=M_d(\omega)$，等效阻力矩是等效构件角位置及时间的函数，$M_r(\varphi)=M_r(\varphi, t)$，又 $J=J(\varphi)$。此情况的等效力矩 M 将是等效构件角位置 φ、角速度 ω 及时间 t 三个参量的函数，即 $M=M(t, \varphi, \omega)$。

按力矩形式的运动方程式(8.20)写出

$$\left.\begin{aligned} \frac{d\omega}{dt}&=\frac{M(t, \varphi, \omega)-\dfrac{\omega^2}{2}\cdot\dfrac{dJ}{d\varphi}}{J(\varphi)}=f(t, \varphi, \omega) \\ \frac{d\varphi}{dt}&=\omega \end{aligned}\right\} \tag{8.52}$$

式(8.52)为二元 ω 与 φ 对 t 的一阶微分方程组。可用四阶龙格—库塔法求解。

$$\omega_{i+1}=\omega_i+\frac{1}{6}(c_1+2c_2+2c_3+c_4) \tag{8.53}$$

$$\varphi_{i+1}=\varphi_i+\frac{1}{6}(d_1+2d_2+2d_3+d_4)$$

式中：

$$c_1=\Delta t\cdot f(t_i,\varphi_i,\omega_i),\qquad d_1=\Delta t\cdot\omega_i$$

$$c_2=\Delta t\cdot f\left(t_i+\frac{h}{2},\varphi_i+\frac{d_1}{2},\omega_i+\frac{c_1}{2}\right),d_2=\Delta t\cdot\left(\omega_i+\frac{c_1}{2}\right)$$

$$c_3=\Delta t\cdot f\left(t_i+\frac{h}{2},\varphi_i+\frac{d_2}{2},\omega_i+\frac{c_2}{2}\right),d_3=\Delta t\cdot\left(\omega_i+\frac{c_2}{2}\right)$$

$$c_4=\Delta t\cdot f\left(t_i+\frac{h}{2},\varphi_i+d_3,\omega_i+c_3\right),d_4=\Delta t\cdot(\omega_i+c_3)$$

根据初始值：$t=t_0$，$\varphi=\varphi_0$，$\omega=\omega_0$。取步长 Δt。令 $i=0,1,2,\cdots\cdots$ 按上面诸式即可逐步求得 $\varphi=\varphi_i$，$\omega=\omega_i(i=0,1,2,\cdots\cdots)$。得出所需求的运动规律。

5.6 $M_d=M_d(\omega)$，$M_r=M_r(t)$，J_e 为常量

这是机械系统常见的另一种情况，等效力矩的函数关系也较复杂，求解难度较大。在此情况下，工程中常忽略一些次要因素以使问题得以简化。

采用式(8.20)力矩形式运动方程式求解

$$M_d(\omega)-M_r(t)=J\frac{d\omega}{dt}$$

或写成

$$\frac{d\omega}{dt}=\frac{M_d(\omega)-M_r(t)}{J}\tag{8.54}$$

为求解式(8.54)举一个例题加以说明。

例六 设电动机驱动力矩 $M_d(\omega)=a-b\omega$，即为角速度一次式。

解： 将 $M_d(\omega)$代入式(8.54)则有

$$\frac{d\omega}{dt}+\frac{b}{J}\omega=\frac{a-M_r(t)}{J}$$

将上式两边均乘以 $e^{\frac{b}{J}t}\cdot dt$，则有

$$\left(e^{\frac{b}{J}t}\frac{d\omega}{dt}+\frac{b}{J}e^{\frac{b}{J}t}\cdot\omega\right)dt=e^{\frac{b}{J}t}\frac{[a-M_r(t)]}{J}dt$$

即为

$$d(e^{\frac{b}{J}t}\cdot\omega)=e^{\frac{b}{J}t}\cdot\frac{[a-M_t(t)]}{J}\cdot dt$$

$$\int_{t_0}^{t} d\left(e^{\frac{b}{J}t}\cdot\omega\right)=\int_{t_0}^{t} e^{\frac{b}{J}t}\,\frac{[a-M_r(t)]}{J}\cdot dt$$

$$e^{\frac{b}{J}t}\omega-e^{\frac{b}{J}t_0}\omega_0=\int_{t_0}^{t} e^{\frac{b}{J}t}\,\frac{[a-M_r(t)]}{J}dt \tag{8.55}$$

如果上式中 $[a-M_r(t)]$ 是代数多项式或三角多项式,则方程右面的积分是可解的。例如 $M_r=k_1+k_2\sin ct$,初始条件:$t=t_0=0$,$\omega=\omega_0=0$,求解如下。

将初始数据代入式(8.55)后,得

$$\begin{aligned}\omega e^{\frac{b}{J}t}&=\int_0^t \frac{e^{\frac{b}{J}t}}{J}[a-k_1-k_2\sin ct]dt\\&=\frac{1}{J}\int_0^t e^{\frac{b}{J}t}[a-k_1-k_2\sin ct]dt\\&=\frac{1}{J}\left\{\frac{J(a-k_1)}{b}\left(e^{\frac{b}{J}t}-1\right)-\frac{k_2}{\left(\frac{b}{J}\right)^2+c^2}\left[e^{\frac{b}{J}t}\left(\frac{b}{J}\sin ct-c\cos ct\right)+c\right]\right\}\end{aligned}$$

经整理后得:

$$\omega=\frac{(a-k_1)}{b}\left(1-\frac{1}{e^{\frac{b}{J}t}}\right)-\left[\frac{k_2}{\left(\frac{b}{J}\right)^2+c^2}\left(\frac{b}{J}\sin ct-c\cos ct+\frac{c}{e^{\frac{b}{J}t}}\right)\right]\cdot\frac{1}{J}$$

可知角速度 ω 是按周期变化的,周期 $T=\frac{2\pi}{c}$。当求出 ω 的表达式后代入 $M_d=a-b\omega$,可求出发动机的驱动力矩特性方程,

$$M_d=a-b\left[\frac{a-k_1}{b}\left(1-\frac{1}{e^{\frac{b}{J}t}}\right)-\frac{k_2}{\left(\frac{b}{J}\right)^2+c^2}\left(\frac{b}{J}\sin ct-c\cos ct-\frac{c}{e^{\frac{b}{J}t}}\right)\right]$$

可见等效驱动力矩 M_d 也做周期性变化。

6 几种常用传动装置的动力学分析

6.1 齿轮减速器

6.1.1 构件的惯性引起的动力载荷问题

图 8.16 是一轴系构件的简化图,轴上所安装的零件未画出,左端作用有驱动力矩

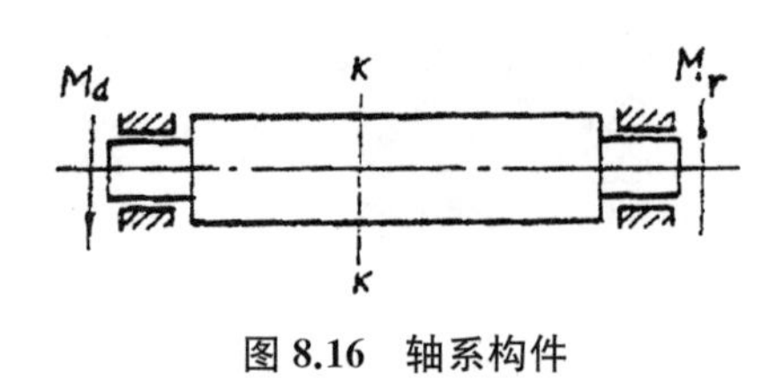

图 8.16 轴系构件

M_d，右端作用有来自工作装置的阻力矩 M_r（包括摩擦力矩 M_f）。

则轴系的动力学方程式写成

$$J\varphi''=M_d-M_r \tag{8.56}$$

当 $M_d>M_r$ 时，整个机械系统便开始启动，且加速运动，φ''为轴的角加速度。

就轴的某一截面 KK 处，右边部分的转动惯量为 J_1，当轴在加速运转时，KK 截面右侧的扭矩为

$$M_1=M_r+J_1\varphi''=M_r+\frac{J_1}{J}(M_d-M_r) \tag{8.57}$$

由此可见，轴系在不同截面处的扭矩将随 J_1 而变化；显然，越靠近发动机处的扭矩 M_1 就越大。

式(8.57)等号右端第二项 $\frac{J_1}{J}(M_d-M_r)$ 就是由轴系惯性引起的附加动载荷。

6.1.2 齿轮减速装置的动力学分析

图 8.17 为二级齿轮减速器简图，设三根轴Ⅰ、Ⅱ、Ⅲ(含轴上安装的齿轮)的转动惯量分别为常量 J_1、J_2、J_3，其转角分别用 φ_1、φ_2、φ_3 表示，两级传动比为 i_1、i_2，各轮齿数为 z_1、z_2、z_2'、z_3。

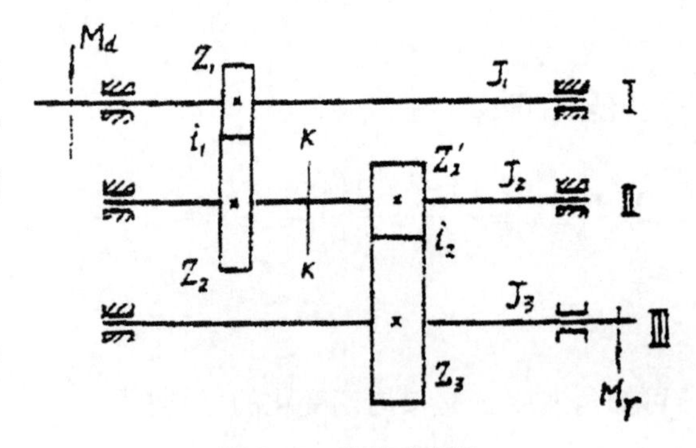

图 8.17 齿轮减速器

取轴Ⅰ为等效构件。进行动力学分析如下。

各轴运动方程式：

各轴传动比：

$$i_1=\frac{z_2}{z_1},\ i_2=\frac{z_3}{z_2'}$$

各轴转角：

$$\varphi_2=\frac{\varphi_1}{i_1},\quad \varphi_3=\frac{\varphi_1}{i_1\cdot i_2}$$

对上式求导后得

$$\varphi_2'=\frac{\varphi_1'}{i_1},\quad \varphi_3'=\frac{\varphi_1'}{i_1\cdot i_2}$$

$$\varphi_2''=\frac{\varphi_1''}{i_1},\quad \varphi_3''=\frac{\varphi_1''}{i_1\cdot i_2}$$

等效构件的等效转动惯量

$$J=J_1+\frac{J_2}{i_1^2}+\frac{J_3}{i_1^2\cdot i_2^2} \tag{8.58}$$

等效构件的等效力矩

$$M=M_d-\frac{M_r}{i_1\cdot i_2} \tag{8.59}$$

将上式代入 $M=J\varphi_1''$ 中有

$$\left.\begin{aligned}\varphi_1''&=\frac{M}{J}=\frac{1}{J}\left(M_d-\frac{M_r}{i_1\cdot i_2}\right)\\ \varphi_2''&=\frac{\varphi_1''}{i_1}\\ \varphi_3''&=\frac{\varphi_1''}{i_1\cdot i_2}\end{aligned}\right\} \tag{8.60}$$

式(8.60)就是减速器三根轴以角加速度表示的运动方程式。

6.1.3　动力载荷和动力因数

如图 8.17,若Ⅱ轴 KK 截面右面一段的转动惯量为 J_2',KK 截面右侧扭矩为 M_{II}',则由力矩形式的动力学方程有

$$M_{\mathrm{II}}'=\frac{M_r}{i_2}+\left(\frac{J_3}{i_2^2}+J_2'\right)\varphi_2''=\frac{M_r}{i_2}+\left(\frac{J_3}{i_2^2}+J_2'\right)\frac{\varphi_1''}{i_1} \tag{8.61}$$

如不考虑构件惯性的影响时,其力矩应是 $M_{\mathrm{II}0}'=\frac{M_r}{i_2}$;但考虑机械系统的惯性力矩,则 M_{II}' 应由式(8.61)表示,故等号右端第二项即为动力载荷。

令比值 $\frac{M_{\mathrm{II}}'}{M_{\mathrm{II}0}'}=k$,称为动力因数。

$$k=\frac{M_{\mathrm{II}}'}{M_{\mathrm{II}0}'}=1+\frac{\left(\frac{J_3}{i_2^2}+J_2'\right)\frac{\varphi_1''}{i_1}}{\frac{M_r}{i_2}} \tag{8.62}$$

将式(8.60)的第一式代入式(8.62)得

$$k=1+\left[\frac{\left(\frac{J_3}{i_2^2}+J_2'\right)\frac{\left(M_d-\frac{M_r}{i_1\cdot i_2}\right)}{Ji_1}}{\frac{M_r}{i_2}}\right] \tag{8.63}$$

关于动力载荷及动力因数问题做以下几点说明：

(1) 以上讨论是在主轴角加速度 $\varphi_1'' \neq 0$ 条件下进行的，对齿轮减速器是指机械系统的过渡过程。就整个系统，$M_d - \dfrac{M_r}{i_1 \cdot i_2} \geqslant 0$ 是启动的必要条件。因此，凡是运转的机械当考虑惯性时，在启动的过程中总是要引起附加的动力载荷，所以其动力因数总是大于1。

(2) 从分析过程可知，传动系统各轴的不同截面处的动力因数 k 也是不相等的，而且越靠近发动机处其动力因数的值越大。

(3) 从降低动力因数角度考虑，如在系统中有转动惯量大的零件应尽量放在低转速轴上，$\left(\text{由于 } J_3 \text{ 等效到 Ⅱ 轴上为} \dfrac{J_3}{i_2^2}\right)$。当然，如由于某种原因需放高速轴上时，则应尽量减小转动惯量的值。

(4) 当传动装置作变速运转或机械系统运转的过渡过程中，它不仅要把用来克服工作阻力及摩擦力所需要的动力传递给工作装置，而且还要传递与承受整个机械系统的附加动力载荷，即包括传动装置及工作装置整个系统各构件因为惯性所需的附加扭矩和作用力。有些场合的附加动载荷会很大，甚至导致机器构件的损坏，因此在机械设计中为了提高强度不能单纯依靠增大构件的尺寸，因为当构件尺寸加大后，其重量及惯性也随之加大，动力载荷亦必然增加，很可能会出现与期望相反的结果。

其次，由于构件的惯性力会使机器启动时的过渡过程延长，如为缩短机器运转的过渡过程时间，就只有加大发动机的驱动功率，降低了经济性。

6.2 摩擦离合器

图 8.18 所示为摩擦离合器。摩擦盘的计算半径为 R，摩擦面间的摩擦系数为 μ。

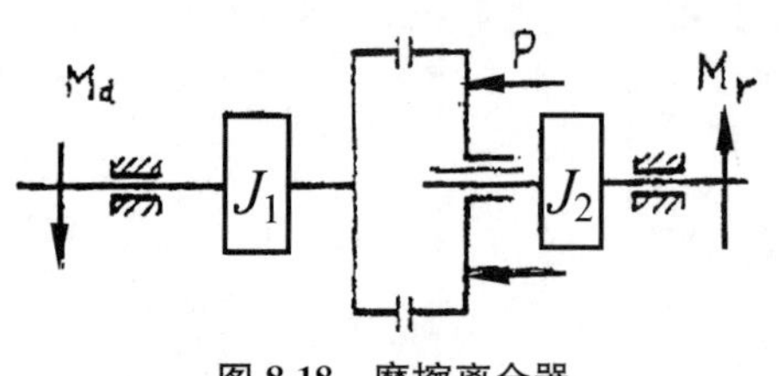

图 8.18 摩擦离合器

如所加的轴向力为 P，则摩擦盘被压紧后产生的摩擦力矩为

$$M_f = P \cdot \mu \cdot R$$

发动机产生的驱动力矩为 M_d，借助摩擦离合器传递到工作装置以克服生产阻力 M_r。如以离合器的中心轴为等效构件，设离合器主动部分的等效转动惯量为 J_1，从动轴的等效转动惯量为 J_2。离合器在接合前主动轴角速度 $\omega_1 = \omega_0$，从动轴角速度 $\omega_2 = 0$，驱动力矩 $M_d = a - b\omega_1$，阻力矩 $M_r =$ 常数。

下面研究离合器在接合过程中的动力学问题。

离合器接合过程中的动力学方程式如下：

主动部分：

$$M_d - M_f = J_1 \frac{d\omega_1}{dt}$$

将 $M_d = a - b\omega_1$ 代入上式后得出

$$a - b\omega_1 - M_f = J_1 \frac{d\omega_1}{dt}$$

即

$$dt = J_1 \frac{d\omega_1}{a - b\omega_1 - M_f} \tag{8.64}$$

从动部分：

$$M_f - M_r = J_2 \frac{d\omega_2}{dt} \tag{8.65}$$

下面分两种情况分析接合过程中的运动情况。

(1) 假定在开始就全力接合离合器，则视 M_f 为常量。

对式(8.64)积分 $\int_0^t dt = J_1 \int_{\omega_0}^{\omega_1} \frac{d\omega_1}{a - b\omega_1 - M_f}$ 积分后经整理得

$$\omega_1 = \left(\omega_0 - \frac{a - M_f}{b}\right) e^{-\frac{b}{J_1}t} + \frac{a - M_f}{b} \tag{8.66}$$

对式(8.65)积分得

$$\omega_2 = \frac{M_f - M_r}{J_2} t \tag{8.67}$$

从式(8.66)、(8.67)可见，当离合器自接合后，主动部分的 ω_1 开始减小，从动部分的 ω_2 逐渐加大，直到某个时刻 t_0'，使 $\omega_1 = \omega_2 = \omega_0'$，$\omega_0'$ 为主、从部分同步运转的初始角速度。此后，离合器的主动部分与从动部分一起同步加速运转，直到稳定运转。

为求主、从动部分达到同步运转所需的时间 t_0'，将式(8.66)与式(8.67)联立，并令 $\omega_1 = \omega_2$，则有

$$\left(\omega_0 - \frac{a - M_f}{b}\right) e^{-\frac{b}{J_1}t} - \frac{M_f - M_r}{J_2} t + \frac{a - M_f}{b} = 0 \tag{8.68}$$

通过对上式求解，所得解即为 t_0'，将 t_0' 代入式(8.66)或(8.67)即求得同步运转之角速度 ω_0'。

下面讨论同步运转后的情况：

离合器主动部分与从动部分结合为一体，以离合器的主轴为等效构件的等效转动惯

量 $J=J_1+J_2$，原力矩关系不变，即 $M_d=a-b\omega$，$M_r=c$。初始条件为 $t=t_0'$，$\omega=\omega_0'$。

等效构件的运动方程式为：

$$M_d-M_f=(J_1+J_2)\frac{d\omega}{dt}$$

将 M_d、M_r 的关系式代入上式有

$$dt=(J_1+J_2)\frac{d\omega}{a-b\omega-M_r}$$

对上式积分

$$\int_{t_0'}^{t}dt=(J_1+J_2)\int_{\omega_0'}^{\omega}\frac{d\omega}{a-b\omega-M_r}$$

所得结果，即同步转速 ω_3 为

$$\omega_3=\omega_0' e^{\frac{b}{J_1+J_2}(t_0'-t)}+\frac{a-M_r}{b}\left[1-e^{\frac{b}{J_1+J_2}(t_0'-t)}\right] \tag{8.69}$$

式(8.69)表明，从 $t=t_0'$、$\omega_1=\omega_2=\omega_0'$ 开始，离合器的主动部分与从动部分同步运转，此过程的 ω 随时间 t 而变化。对式(8.69)取极限，即 $\lim\limits_{t\to\infty}\omega=\dfrac{a-M_r}{b}$，表明最终的同步运转角速度完全取决于发动机的机械特性(a 与 b 之值)及工作阻力矩 M_r。

例题 设 $M_d=2\,000-160\omega_1$，$M_r=32(\mathrm{N\cdot m})$，$M_f=40(\mathrm{N\cdot m})$，$J_1=7(\mathrm{kg\cdot m^2})$，$J_2=15(\mathrm{kg\cdot m^2})$，初始值：$t_0=0$ 时 $\omega_0=12.5(\mathrm{rad/s})$。试分析离合器的工作过程。

解：将已知数据分别代入式(8.66)、(8.67)、(8.69)后得

$$\omega_1=0.25e^{-22.8t}+12.25 \tag{a}$$

$$\omega_2=1.14t \tag{b}$$

$$\omega_3=\omega_0' e^{7.27(t_0'-t)}+12.30\left[1-e^{7.72(t_0'-t)}\right] \tag{c}$$

对于式(c)，应先求出同步运转的时间 t_0' 及同步角速度初始值 ω_0'，但实际上通过式(8.68)求 t_0' 值是很困难的，为此采用如下较为粗略的近似解法。

由式(a)，当 $t\to\infty$，$\omega_1'=12.25(\mathrm{rad/s})$，当 ω_2 也达到 12.25(rad/s)时由(b)式求出 $t'=10.74$ s。由于 t_0' 与 t' 相差极小，故可用 t' 时的 ω_2(或 ω_1) $\approx\omega_0'$，$t_0'\approx t'$。

将同步运转的初值 $t_0'=10.74$ s，$\omega_0'=12.25$ 代入(c)式得：

$$\omega_3=12.25e^{7.27(10.74-t)}+12.30\left[1-e^{7.27(10.74-t)}\right] \tag{8.70}$$

从上式可见，离合器主从动部分同步运转时的转速始于 $\omega_0'=12.25(\mathrm{rad/s})$，然后一同加速

到 $\omega_0'=12.3(\text{rad/s})$ 后等速运转。见图 8.19 实线所示。

(2) 一般情况下，离合器并非一开始就全力压紧，为接合平稳应逐步加力达到压力 P 值，使摩擦力矩由零逐渐上升到 $M_f=\mu \cdot P \cdot R$ 值。在此过程，认为 M_f 是随 ω_2 或 t 而变化的一个变量。下面按两种情况分别讨论。

第一种：认为摩擦力矩 M_f 是角速度 ω_2 的函数，即 $M_f=M_f(\omega_2)$，且一般设为线性函数，即

$$M_f(\omega_2)=\alpha+\beta\omega_2 \tag{8.71}$$

将式(8.71)代入式(8.65)得离合器从动部分的运动方程式

$$\alpha+\beta\omega_2-M_r=J_2\frac{d\omega_2}{dt}$$

解此微分方程式得

$$\omega_2=\frac{\alpha-M_r}{\beta}(e^{\frac{\beta}{J_2}t}-1) \tag{8.72}$$

见图 8.19 虚线 ω_{21} 所示。

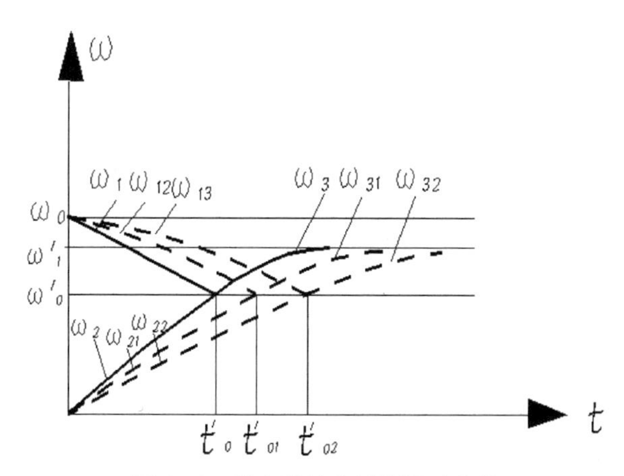

图 8.19　离合器接合过程运动曲线

第二种：认为 M_f 是时间 t 的函数，一般也设为线性函数，则有

$$M_f(t)=\alpha'+\beta' t \tag{8.73}$$

将上式代入式(8.65)得 $\alpha'+\beta' t-M_r=J_2\dfrac{d\omega_2}{dt}$，解此微分方程式得

$$\omega_2=\frac{1}{J_2}\left[(\alpha'-M_r)t+\frac{\beta'}{2}t^2\right] \tag{8.74}$$

式(8.74)所表示的离合器从动部分的角速度 ω_2 在图 8.19 以虚线 ω_{22} 表示之。

离合器在接合过程中，主动部分的角速度 ω_1 在图 8.19 中按第一种、第二种情况分别以虚线 ω_{12}、ω_{13} 表示；接合后的同步运转角速度分别以虚线 ω_{31}、ω_{32} 表示。总之，由于离合器接合过程之假设的不同，离合器的主动部分、从动部分及同步运转的运动不同。

当接合时的摩擦力矩 M_f 是逐渐增加到定值时，从动轴的速度 ω_2 上升得较慢，使结合的时间拖长，导致离合器打滑时间拉长，磨损加剧。所以在设计离合器时，要恰当地选择 M_f 的数值及接合机构的机械特性是完全必要的。

6.3 差速器

图 8.20 所示为汽车后桥差速器。动力由齿轮 Z_0 输入，转速为 n。当汽车直线向前行驶时，$n_1=n_2=n$，齿轮 Z_0（与转臂 H 固结），Z_H、Z_1、Z_2 之间无相对运动而成为一个刚体以同一转速 n 一起转动。

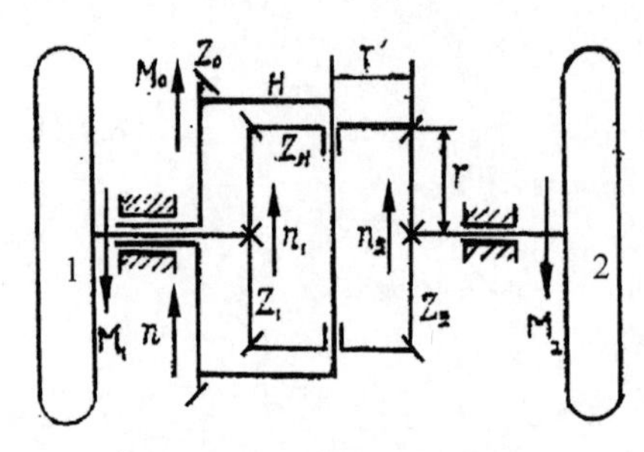

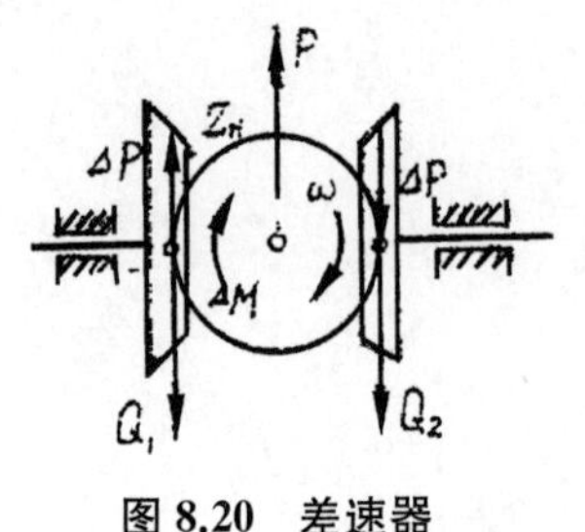

图 8.20 差速器

车辆在转弯时，是靠行星轮的自转来适应左、右两车轮转速差的要求，以防止车轮与地面产生滑动摩擦而损坏轮胎，并使转弯得以顺利进行。此时两轮的转速关系虽然 $n_1 \neq n_2$，但仍保持 $n_1+n_2=2n$。

下面对差速器进行力分析，以说明产生差速的条件。

如图 8.20 所示，驱动轮 Z_0 与系杆 H 固连，设驱动力矩为 M_0，通过行星轮轴（系杆 H）作用于行星齿轮轴心处的力为 $P=\dfrac{M_0}{r}$。设车辆运行时两车轮的阻力矩为 M_1、M_2，则齿轮 Z_1、Z_2 作用于行星轮 Z_H 上的力为 $Q_1=\dfrac{M_1}{r}$，$Q_2=\dfrac{M_2}{r}$。

由行星轮的力平衡条件有

$$P=Q_1+Q_2=\frac{1}{r}(M_1+M_2)$$

$$M_0=M_1+M_2$$

(1) 当车辆作直线行驶时，大略有 $M_1 \approx M_2$，则有

$$Q_1 \approx Q_2=\frac{P}{2}=\frac{M_0}{2r}$$

$$M_1 \approx M_2=\frac{M_0}{2}$$

表明差速器将总的驱动力矩大体平均分配给两车轮轴。

对行星轮来说有

$$Q_1 \cdot r' - Q_2 \cdot r' = 0$$

表明作用于行星轮上的力矩是平衡的，行星轮不会发生自转，两车轮轴的转速相等且等于驱动齿轮 Z_0 的转速。差动系统中的行星轮、中心轮、系杆之间无相对运动，即成一刚体。

(2) 当车辆转弯时，比如向右转，两车轮轴的阻力矩不再相等，即 $M_1' \neq M_2'$，可以设想，如果不安装差速器，由于外侧车轮 1 的行程比内侧轮 2 的行程大，因而外侧车轮有向前滑动的趋势，而内侧车轮有向后滑动的趋势，则在每个轮子上都势必产生一个与滑动方向相反的附加滑动摩擦阻力，从而导致内侧阻力矩加大，外侧阻力矩减少，即 $M_1' < M_2'$。

附加的阻力 ΔP 使轮轴齿轮对行星轮的反作用力发生改变，则

$$Q_1' = Q_1 - \Delta P = \frac{P}{2} - \Delta P$$

$$Q_2' = Q_2 + \Delta P = \frac{P}{2} + \Delta P$$

作用在行星轮上的附加阻力矩即为两轮阻力矩的差值

$$\Delta M = Q_2' r - Q_1' r = 2r' \Delta P$$

设行星轮转动时的内部摩擦阻力矩为 M_f。当 $\Delta M = 2 \cdot r' \Delta P > M_f$ 时，行星轮将产生自转。

综上可知，只要左、右两车轮的阻力矩差值超过差速器内部的摩擦阻力矩时，差速器便可起到差速的作用。

由于差速器内部的摩擦阻力都很小，所以只要两轮轴的受力略有差异，即两轮所走的路程略有不等时就能起到差速作用。而且，也正因为摩擦力矩值不大，故两轴分得的力矩实际上也大体相等，即体现出“差速不差力”的性质。

差速器的“差速不差力”性质，在车辆的使用过程中会产生不利的影响。如有一侧车轮陷入泥泞中，由于附着力不够而打滑；而另一车轮的驱动力矩非但不增加反而与打滑车轮一样，使车辆的牵引力急骤下降，其数值基本上由打滑一侧车轮的附着力而决定。如果总的牵引力低于使车轮向前行驶所必须克服的阻力时，则车轮将不能再前进。

为改善这种情况，可以采用装有“差速锁”的装置。在遇到上述情况时，利用差速锁使左、右两轮连成一体，并使转动轴传来的全部驱动力矩都传递给不打滑的车轮，助车轮走出泥地，从而改善了车辆的行驶性能。

参考文献

［1］ 白师贤.高等机构学[M].上海：上海科学技术出版社，1988.

［2］ 楼鸿棣，邹慧君.高等机构原理[M].北京：高等教育出版社，1990.

［3］ 曹惟庆.机构组成原理[M].北京：高等教育出版社，1983.

［4］ C. H. Suh, C. W. Radcliffe: "Kinematics and Mechanisms Design", John Wiley & Sons Inc. 1978.

［5］ （日）牧野洋.自动机械机构学[M].北京：科学出版社，1980.

［6］ 梁崇高，阮平生.连杆机构的计算机辅助设计[M].北京：机械工业出版社，1986.

［7］ 华大年，唐之伟.机构分析与设计[M].北京：纺织工业出版社，1985.

［8］ 黄锡恺，郑文纬.机械原理(第六版)[M].北京：高等教育出版社，1989.

［9］ 孙桓，付则绍.机械原理(第四版)[M].北京：高等教育出版社，1989.

［10］ 《机械原理电算程序集》编写组.机械原理电算程序集[M].北京：高等教育出版社，1987.

［11］ 张启先.空间机构的分析与综合[M].北京：机械工业出版社，1984.

［12］ 黄真.空间机构学[M].北京：机械工业出版社，1991.

［13］ 张策.平面连杆机构设计中布氏曲线的坐标计算[D].河北矿冶学院学报，1979. No.1.

［14］ George. N. Sandor、A. G. Erdmam: "Advanced Mechanism: Analysis and Synthesis (Vol.2)", Prentice Hall, Inc. 1984.

［15］ 华南工学院等九院校合编.机械设计[M].北京：人民教育出版社，1980.

［16］ 天津大学.机械原理[M].北京：人民教育出版社，1979.

［17］ U.U.阿尔托包列夫斯基等.平面机构综合(下册)[M].孙可宗等译.北京：高等教育出版社，1965.

［18］ 付则绍.机构设计学[M].成都：成都科技大学出版社，1988.

［19］ 曹龙华，蒋希成.平面连杆机构综合[M].北京：高等教育出版社，1980.

［20］ 曹惟庆，徐曾荫主编.机构设计[M].北京：机械工业出版社，1993.

［21］ 杨基厚.机构运动学与动力学[M].北京：机械工业出版社，1985.

[22] 唐锡宽，金德闻.机械动力学[M].北京：高等教育出版社，1983.

[23] 《机构学译文集》编写组编.机构学译文集[M].北京：机械工业出版社，1982.

[24] 南京大学数学系计算数学专业.常微分方程数值解法[M].北京：科学出版社，1979.

[25] 黄友谦，李岳生编.数值逼近[M].北京：高等教育出版社，1987.

[26] 汪铁民.工程机械动力学基础[M].北京：中国铁道出版社，1984.

[27] B.A.济诺维也夫、A.л.别松诺夫.机组动力学基础[M].北京：科学出版社，1976.

[28] 叶达钧.组合机构原理[D].洛阳工学院，1985.

[29] 严振英编.组合机构，武汉工学院研究生部，1985.

[30] 洪允楣.机构设计的组合与变异方法[M].北京：机械工业出版社，1982.

[31] 汪萍，侯慕英.齿轮四杆组合机构的优化综合[D].内蒙古工学院学报，1987.No.2.

[32] 汪萍，侯慕英.非回归式齿轮四杆组合机构优化设计程序[J].机械设计，1989.No.6.

[33] 侯慕英，汪萍.齿轮五杆组合机构综合[D].全国机构创造发明学会第三届学术年会论文，1988.

[34] 张春林.高等机构学[M].北京：北京理工大学出版社，2005.